항해실습(Ⅱ)

박영수 편저
윤귀호
이형기
이윤석
김종성
배병덕
정창현
김원욱

도서출판 상학당

머리말

1995년에 대폭 개정된 국제해사기구(IMO)의 STCW 협약은 선원의 교육과 훈련목적 및 성취해야 할 자질의 향상, 해기사 시험 평가기준 설정 및 해기사 교육기관에 대한 내부 및 외부 감사제도 설정의 국내법 입법화 등이 추가되었으며, 특히 당직 해기사로서의 임무를 수행할 수 있는 능력의 평가를 강조하여 해기면허를 발급하는 주무관청이 승인한 훈련기록부에 실습생의 승선실습 내용을 기록하도록 하였다.

이에 따라 우리나라에서도 STCW 협약의 제 Ⅱ/1조 및 STCW 코드의 제 A-Ⅱ/1의 기준에 따라 훈련기록부가 만들어져 현재 실습생들은 교육받은 내용 및 훈련내용을 개개인의 훈련기록부에 기록하고 있다.

이 교재는 2006학번부터 졸업 이수 학점 상향에 따른 교과목의 변동으로 기존 실습 교육 교재의 개정 필요성에 따라 3학년 교과목의 내용을 중심으로 편찬되었다.

이 교재의 주요 구성은 다음과 같다.

항해실습(Ⅰ) : 당직근무, 지문항해, 천문항해, 비상대응

항해실습(Ⅱ) : 전파항해 및 항해기기, 해사통신영어(SMCP)

항해실습(Ⅲ) : 선박조종 및 기상도, 선박 적화, 컨테이너선, 탱커선, 벌크선, LNG Carrier

항해실습(Ⅳ) : PSC, ISPS, ISM Code, 선체구조 및 유지, 항해기기의 유지

이 교재는 항해계열 학생이 정박과 항해중에 필요한 내용과 실습에 대해서 정리를 하여 실습생이나 수업에 임하는 교수 모두 편리한 교재가 될 것으로 예상한다. 또한 각 과목의 중간이나 마지막에 과목의 이해를 정리할 수 있는 문제를 추가하여 실습생들의 이해를 증진하도록 구성하였다.

부족한 교재이지만 아무쪼록 이 교재가 항해계열 실습생의 교육 및 훈련에 도움이 되길 바라며, 앞으로도 지속적인 개정 및 보완을 할 것임을 다짐하는 바이다.

끝으로 이 교재의 편집과 출판에 도움을 주신 도서출판 상학당 관계자분들에게도 감사의 말씀을 전하는 바이다.

2008. 2.

편저자 일동

차 례

제1장 전파항해 및 항해기기

▸ **JMA-9900 매뉴얼** / 91(별첨 CD)

제2장 해사/통신영어

제1장

전파항해 및 항해기기

1.1

전파항법의 개요 및 측지계

1.1.1 전파와 전파항법

1. 전파의 발전과 무선 통신에의 이용

우리가 전파라고 부르는 것은 정확하게 말하면 전자파이다. 이것은 1865년에 영국 사람인 맥스웰이 이론적으로 "빛과 같은 종류의 파인 전자파란 것이 존재한다."고 예언한 것으로 시작된다. 그 후 1888년에 독일 사람인 헤르츠는 전자파의 존재를 실험적으로 증명하여 전자파가 빛과 똑같이 반사, 굴절을 한다는 사실을 알았다. 그 후 약 10년이 지나 마르코니가 안테나를 발명하여 전파를 멀리까지 전달시키는 데 성공하였다. 이로써 전파가 통신에 사용되기 시작하였다. 1899년에는 도버 해협을 사이에 두고 통신하였고, 1901년에는 대서양을 횡단하는 무선 통신에 성공하였다.

2. 전파의 종류

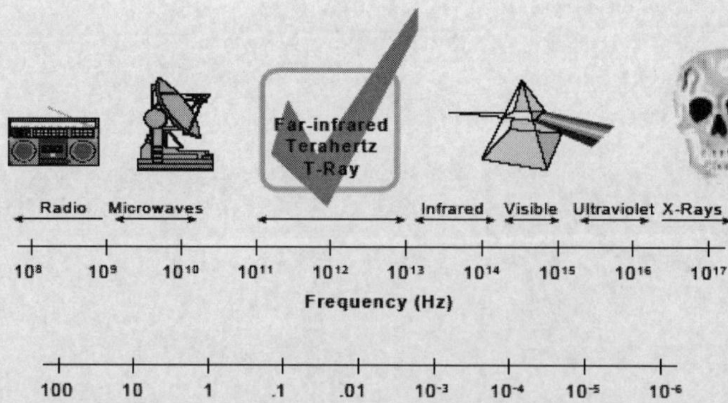

[그림 1-1] 전자기파의 스펙트럼

빛의 전파 중에는 [그림 1-1]과 같이 빛, X선 등이 포함되어 있다. 이 중에 전파라고 하는 것은 주파수 약 10kHz에서 300GHz까지의 전자파를 말하며, 이 종류는 일반적으로 파장 또는 주파수로 분류한다.

주파수에 의한 분류는 〈표 1-1〉과 같다. 우리가 흔히 듣는 마이크로파란 라디오나 무선 통신 등에 사용하는 비교적 파장이 긴 전파에 대하여 파장이 매우 짧은 전파이며, 에스에이치에프(SHF) 이상의 높은 주파수의 전파를 말한다.

〈표 1-1〉 주파수에 의한 분류

Band	Abbreviation	Range of frequency	Range of wavelength
Audio frequency	AF	20 to 20,000 Hz	15,000,000 to 15,000m
Radio frequency	RF	10 kHz to 300,000MHz	30,000 m to 0.1cm
Very low frequency	VLF	10 to 30 kHz	30,000 to 10,000m
Low frequency	LF	30 to 300 kHz	10,000 to 1,000m
Medium frequency	MF	300 to 3,000 kHz	1,000 to 100m
High frequency	HF	3 to 30 MHz	100 to 10m
Very high frequency	VHF	30 to 300 MHz	10 to 1m
Ultra high frequency	UHF	300 to 3,000 MHz	100 to 10cm
Super high frequency	SHF	3,000 to 30,000 MHz	10 to 1cm
Extremely high frequency	EHF	30,000 to 300,000 MHz	1 to 0.1cm
Heat and infrared		10^6 to 3.9×10^8 MHz	0.03 to 7.6×10^{-5}cm
Visible spectrum		3.9×10^8 to 7.9×10^8 MHz	7.6×10^{-5} to 3.8×10^{-5}cm
Ultraviolet		7.9×10^8 to 2.3×10^{10} MHz	3.8×10^{-5} to 1.3×10^{-6}cm
X-rays		2.0×10^9 to 3.0×10^{13} MHz	1.5×10^{-5} to 1.0×10^{-9}cm
Gamma rays		2.3×10^{12} to 3.0×10^{14} MHz	1.3×10^{-8} to 1.0×10^{-10}cm
Cosmic rays		〉 4.8×10^{15} MHz	〈 6.2×10^{-12}cm

진공 중의 전파의 속력 c는 빛의 속력과 같으므로 3억, 즉 3×10^8(m/s)이다. 주파수가 f(Hz), 파장이 λ (m)라고 하면 관계식은 다음과 같으므로, 이 식을 이용하여 주파수를 알면 파장을 구할 수 있다.

$$\lambda = c/f = 3\times10/f(m)$$

3. 전파의 특징

전파는 빛과 같이 직진, 반사, 굴절, 산란, 흡수, 회절하는 성질이 있다. 전파는 [그림 1-2]와 같이 전장의 파와 자장의 파로 되어 있고 이들의 진동면은 서로 직각이며, 이들 모두 전파의 진행 방향에 대하여 수직이다. 전장의 방향이 대지에 대하여 수직인 전파를 수직 편파라 하고, 수평인 전파를 수평 편파라 한다. 수평 편파, 수직 편파와 같이 전장의 방향이 일정 방향으로 정하여진 전파를 직선 편파라고 한다.

전장의 방향이 일정하지 않고 진행 방향에 직각인 평면 내에서 돌면서 진행하는 것 같이 보이는 것은 원편파라 한다. 편파면이 전파의 진행 방향으로 보아 오른나사의 방향으로 회전하는 것을 우회전 원편파라 하고, 이와 반대 방향으로 회전하는 것을 좌회전 원편파라 한다.

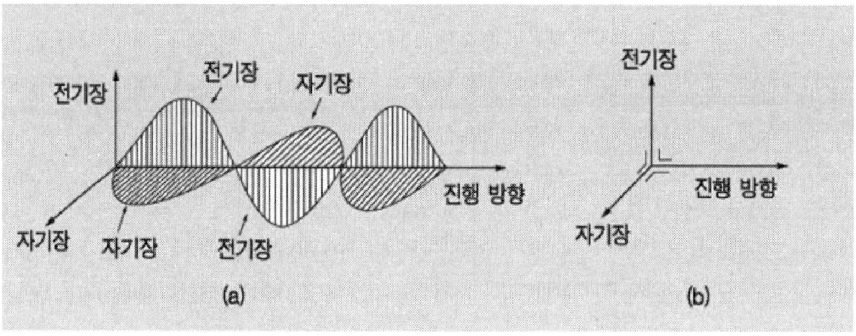

[그림 1-2] 전파의 전기장과 자기장, 그 진행방향

4. 전파항법장치 개요

전파를 이용하는 항법장치는 주로 전파의 전달시간이나 도래 시간차를 측정하는 방식이다. 전파의 전달시간을 이용하는 항법장치는 레이더, GPS 등이며, 도래시간차를 이용하는 장치는 2점간의 거리차가 일정한 점의 궤적은 그 2점을 초점으로 하는 쌍곡선이 된다는 쌍곡선 항법원리를 이용한 로란, 데카, 오메가 등이 있다.

현재는 인공위성을 이용한 측위시스템이 항법장치의 주류를 이루고 있다. 재래식 전파항법장치는 현재 LORAN만 명맥을 유지하고 있으며, 수십년 동안 항법에 이용되어 오던 DECCA, OMEGA, NNSS 등은 필요성이 없어짐에 따라 모두 운용이 중단되었다. 전파항법장치의 기술발전현황을 살펴보면 아래와 같다.

5. 무선 방위 측정기와 레이더 발명

중파를 이용하여 모든 방향으로 전파를 발사하고 발사된 전파를 무선 방위 측정기로 방위를 측정하는 방법이 제1차 세계 대전 후에 일반 선박에 이용됨에 따라 처음으로 전파항법이라는 말이 쓰이게 되었다. 무선 방위 측정기에 관한 기술은 1902년에 스톤이 처음 개발하였으나, 무선 통신보다는 용도가 적기 때문에 실용화가 늦어졌다. 1928년에는 영국에서 회전식 루프의 무선 표지국이 실용화됨에 따라, 소형 선박에서도 간단한 라디오 정도의 수신기만 가지고도 송신국의 방향을 알 수 있게 되어 무선 방위 측정기는 비약적으로 보급되었다.

레이더(radar)에 대해서는 1934년에 영국에서 군용 레이더를 처음 만들었고, 뒤이어 1937년에는 미국 해군에서도 레이더를 만들었다. 제2차 세계 대전 중에는 미국과 영국이 군사적인 목적으로 레이더의 기술을 교환하여 1941년에는 현재와 같은 피피아이(PPI)표시의 레이더를 완성하였다. 제 2차 세계 대전 후에 레이더는 일반 항해에 이용됨에 따라 많은 어선 및 상선의 항해상 안전과 운항 능률의 증대에 큰 역할을 하게 되었다.

6. 쌍곡선 항법 개발

제2차 세계 대전 중에는 펄스 및 전파의 위상차 측정 기술의 진보에 따라 쌍곡선 항법이라 불리는 항법 체계가 완성되었다. 미국에서는 로란(loran)을 고안하여 태평양 침공 작전에 크게 이용하였고, 영국에서는 데카를 고안하여 노르망디 상륙 작전에 이용하였다. 이들은 전쟁이 끝난 후 일반 항해에 이용되고, 기술의 향상으로 그 이용 범위도 넓어졌다.

미국에서는 1957년에 기존의 로란을 더욱 발전시켜 로란C를 개발하여 운용에 들어감으로써 전파항법의 이용 범위가 상당히 넓어졌다. 그러나 전 세계의 어느 곳에서나 쓸 수 있는 더욱 넓은 항법 체계를 확립하는 것이 당면한 큰 과제였다. 이에 따라 인공 위성 항법인 엔엔에스에스(NNSS)를 개발함과 아울러 오메가(omega)항법을 개발하게 되었다. 오메가항법은 1966년에 운용에 들어가서 실용화되었다.

7. 인공 위성 항법 체계의 완성

엔엔에스에스는 미국 해군에서 1958년에 개발되었고 1967년에는 일반 선박에 이용하게 되었다. 그러나 이 엔엔에스에스는 비행기나 속도를 잘 알 수 없는 이동체와 극지방에서는 쓸 수 없기 때문에 미국 공군에서는 내브스타 지피에스(navstar GPS)를 개발하게 되었다. 이 항법장치는 1983년 9월 대한 항공 여객기가 소련 영내에서 격추되는 사건이 일어난 후 일반에게 공개되었다. 이에 따라 엔엔에스에스와 오메가 항법은 폐쇄되고 내브스타 지피에스로 일원화되었다. 러시아에서는 글로나스(glonass)를 독자적으로 개발하여 부분 운용 중이고 유럽 연합(EU)에서는 2008년을 목표로 갈릴레오(Galiloep)를 개발하고 있는 중이다.

한편, 내브스타 지피에스는 미국 국방부가 걸프 전쟁 이후 전략적인 목적으로 고의 오차(S/A, selective availability)를 유발시켜 일부러 위치를 틀리게 할 수 있고, 또 코드에 문제가 있기 때문에 이에 대한 대책으로서 각국에서는 디지피에스(DGPS, differential GPS)나 로란 C의 보완 체계를 확립하고 있다. 그러나 이것은 연안 가까이에서만 정확한 위치 측정이 가능하므로 근본적인 대책이 되지 못하고 있다.

〈실습 1〉 본선에 비치되어 있는 전파항법장치의 종류를 나열해 어떻게 생겼는지 살펴보자.

1.1.2 측지계

1. 측지계 개념

항법에서 각종 이동체의 위치를 구할 때 어떤 지점으로부터 방위 및 거리로 표시하기도 하나 경위도 및 고도로 표시하는 경우가 일반적이다. 경위도는 모두 1도가 60분이고, 위도 및 적도상의 경도 1분을 1해리(1852m)로 하며 1시간에 진행한 해리수가 노트(kt 또는 kn)이다. 이상의 내용은 지구가 구라는 것을 전제로 하고 있으나 실제 지구의 형상은 적도방향으로 볼록한 회전타원체이며, 북반구와 남반구도 정확한 대칭이 아니다.

지구의 치수를 나타낼 때 회전타원체의 장반경(A)과 단반경(B)으로 표시하거나 장반경(A) 및 편평률(f=(A−B/A))로 표시한다. 그러나 이 A와 f의 값은 1800년대부터 천측에 의해 결정되어 왔으며 측정한 학자에 따라 다르게 나타난다. 그 대표적인 예는 〈표 1-2〉와 같다.

〈표 1-2〉 기존 측지계의 예

타원체명	장반경(km)	평평률	측지계
Everest(1830)	6377.276	300.80	인도
Bessel(1841)	6377.397	299.15	일본, 독일, 노르웨이, 한국
Clarke(1866)	6378.206	294.98	미국, 영국
clarke(1880)	6378.249	293.47	남아공, 아르헨티나
Helmart(1907)	6378.200	298.35	-
Hayford(1909)	6378.388	296.96	-
국제측지학회(1924)	6378.388	297.00	이탈리아, 스페인
Krasovsky(1940)	6378.245	293.30	러시아, 폴란드

따라서, 나라마다 각국에서 가장 적합하고 판단한 지구의 치수로 그 지도를 제작하고 있으며 지도의 원점은 각국의 천문측량에 의해 결정되고 있다. 이렇게 해서 각각의 지도가 가지게 된 이러한 데이터를 측지계(DATUM)라 한다. 우리나라와 일본 지도는 Bessel(1841) 타원체에 준거해서 제작되며, 미국, 영국은 clarke(1866) 타

원체를 기준으로 하고 있다. 따라서, 같은 지역의 지도라고 해도 어떤 측지계를 기준으로 하였느냐에 따라 차이가 있다.

최근 인공위성의 궤도해석으로부터 지구의 치수나 형상을 보다 정밀하게 해석할 수 있게 되었고, 지구 각부의 중력분포도 보다 상세하게 알 수 있게 되었다. 인공위성을 이용하여 구한 측지계는 〈표 1-3〉과 같다.

〈표 1-3〉 위성측지계의 예

측지계(년)	장반경(km)	편평률(1/f)
Mercury(1960)	6378.166	293.300
Modified Mercury(1968)	6378.150	298.250
SAO-C7(1967)	6378.142	298.300
NWL-78D(1967)	6378.145	298.255
WGS-72(1972)	6378.135	298.260
WGS-84(1984)	6378137	298.2572235

미국에서는 NASA, SAO 천문대, 국방성의 각군에서 각기 다른 값을 발표하고 있으며, 이들은 기존의 측지계와 차이가 있다. 그러나 인공위성의 추적망 등을 세계적으로 통일할 필요가 있으므로 통일된 측지계를 채택하게 되어 있다. 전파항법시스템의 개발 및 운용을 주관하고 있는 미국은 국방성의 통일 측지계인 WGS-74(World Geodetic System)로 통일되었으며, OMEGA, LORAN-C, NNSS, GPS는 모두 이 측지계를 준거하고 있다.

GPS의 경우는 1987년 1월부터 WGS-72에서 새로운 측지계인 WGS-84로 변경하였다.

WGS-72와 WGS-84는 차이가 근소하나 구형 수신기의 소프트웨어에서 측위에 약간의 영향이 있으며, WGS-84와 우리나라 측지계와는 그 차이가 약 수백 미터에 달한다.

따라서 LORAN-C, GPS 등을 이용하여 측위를 한 경우 각 지도에 맞도록 양측지계 사이의 변환을 하여야 한다. 이 변환은 계산, 측지계변환도 및 해도의 우측상단에 표기된 수정치를 이용하여 할 수 있다.

2. 세계측지계(World Geodetic System 1984 : WGS-84)

GPS가 사용하는 기준좌표계로서 GPS에 의한 모든 위치는 WGS-84상에서 결정된다. WGS-84는 여러 가지 관측장비를 가지고 전세계적으로 측정해 온 지구의 중력장과 지구모양을 근거로 해서 1984년에 만들어진 ECEF (Earth-Centerd, Earth-Fixed) 좌표계로서 지구 전체를 대상으로 하는 세계공통 좌표계이다. WGS-84는 지구의 질량 중심에 위치한 좌표원점과 X, Y, Z축으로 정의되는 좌표계이다. 여기서 Z 축은 1984년에 국제시보국(BIH)에서 채택한 지구 자전축과 평행하며, X축은 BIH에서 1984년에 정의한 본초 자오선과 평행한 평면이 지구의 적도면과 교차하는 선이고, Y축은 C축과 Z축이 이루는 평면에 동쪽으로 수직인 방향으로 정의된다.

3. 해도상 선박의 위치 표시

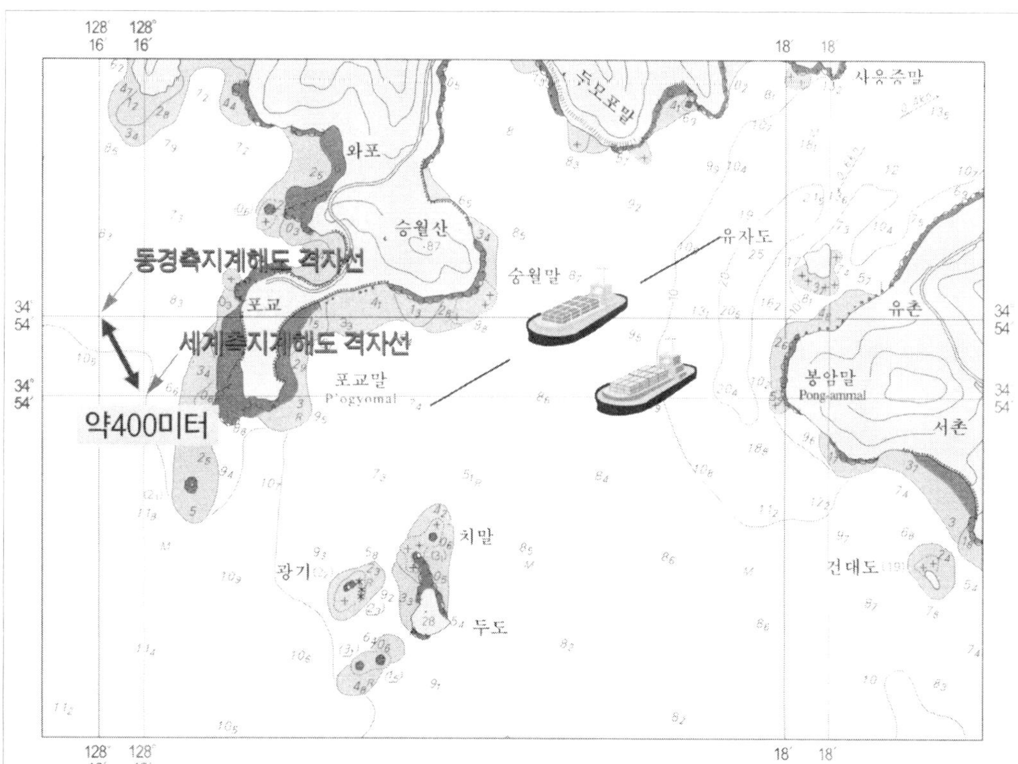

[그림 1-3] WGS-84와 동경측지계의 차이

우리나라 연안수역 항해시 WGS-84에 의한 위치 값을 Tokyo Datum 으로 간행된 해도에 보정없이 그대로 사용하면 북서방향으로 약 400m 정도 자선의 위치가 잘못 표기된다. 재래식 측지계로 제작된 해도를 이용하는 경우 GPS로 구한 위치는 해도에 표기된 수정치를 이용하거나 WGS-84용 경우도 격자를 사용하여 표기하는 방법으로 보정을 하기도 하였다. 그리고 GPS 수신기에 내장된 측지계 변환 소프트웨어에 의해 변환을 하여 이용하기도 하였다.

4. WGS-84 측지계로 제작된 해도 이용

각 나라마다 기존해도를 폐간하고, WGS-84 측지계를 채택한 해도를 제작하고 있으며, 우리나라도 2000년 9월부터 WGS-84 측지계를 채택한 해도제작 작업에 착수하였다. 주요 해역의 해도는 이미 제작이 완료되어 공급되고 있으며, 이러한 해도는 육지의 도색을 회색으로 하고, 해도번호 앞에 W자를 붙여 이용자가 용이하게 식별할 수 있다.

〈실습 2〉 본선에 비치되어 있는 GPS 장비에서 찾을 수 있는 측지계의 종류에 대하여 알아보고 해도와 비교해 보자.

1.2 레이더의 원리 및 구조

1.2.1 거리, 방위 측정 원리

산에 올라가 마주 보이는 산을 향하여 '야호'하고 고함을 쳤을 때 '야호'하는 메아리를 들은 경험을 가지고 있을 것이다. 그때 여러분은 산까지의 거리가 얼마인지를 생각하여 본 적이 있는가? 이 거리를 측정하기 위해서는 체력장 시험에서 달리기할 때 사용하는 스톱워치가 있어야 하고 공기 중에서 소리가 1초에 340m를 간다고 배웠을 것이다. 예를 들어, 마주 보는 산을 향하여 '야호'하고 다시 이 메아리가 올 때 스톱워치로 시간을 측정하여 보니 4초가 걸렸다면, 마주 보는 산까지의 거리는 얼마가 될까? 소리는 1360m(340×4)를 진행할 것이므로 거리는 이것의 반절인 680m가 된다. 산의 방향은 어느 방향을 보고 고함을 쳤는가에 따라서 결정하면 될 것이다.

레이더에서 거리나 방위를 측정하는 원리도 이와 똑같다. 다만, 레이더에서는 소리대신에 전파를 사용한다. 전파의 속도는 1초에 3억 m로 소리보다는 엄청나게 빠르기 때문에 시간을 측정할 때에는 특별한 스톱워치가 필요하다. 이 특별한 스톱워치를 브라운관으로 구성된 '지시기'라고 부른다. 이 지시기의 화면에는 스캐너의 방향으로 목표물의 영상이 나타나므로 목표물의 방향을 측정할 수 있다. 이를 구체적으로 설명하면 다음과 같다.

1. 레이더의 구성

레이더는 크게 나누어 송신기, 수신기, 지시기, 스캐너(scanner)의 세 부분으로 구성되어 있다.

• 송 · 수신기 : 레이더에서는 보통 송신기와 수신기가 함께 있기 때문에 송수신기라고 한다. 송신기는 전파를 만들어 내는 곳이고 수신기는 스캐너를 통하여 받은 목표의 반사 신호를 증폭하는 부분이다. 송수신기에는 송신 장치, 수신 장치, 송수신 전환 장치, 주발전기 및 변조기가 포함되어 있다.

1) 송신 장치

변조기에서 보내온 트리거 신호에 의하여 짧고 강력한 펄스 형태의 레이더파를 발생시키는 장치로 일종의 발진기(osillator)이며, 마그네트론(magnetron)으로 알려져 있다. 이 마그네트론은 강력한 자장 내에서 마이크로파를 만들어 내는 발진관으로, 첨두 출력 10~50kW이다. X밴드 레이더의 경우 9375MHz의 마이크로파를, S밴드 레이더의 경우에는 3000MHz의 마이크로파를 각각 발진시킨다.

2) 수신 장치

목표물에 부딪혀 되돌아온 미약한 반사파가 송수신 전환 장치를 거쳐 들어오면, 이를 증폭시켜서 영상 신호로 바꾸어 지시기에 보내는 장치이다. 레이더파를 증폭하기 위한 전단계로서 혼합기(mixer)가 있다. 혼합기는 레이더의 반사파와 국부 발진기에서 신호의 차주파수를 만들어 내는 것이다. 이 차주파수를 중간 주파수라고 한다. 수신기의 증폭기는 바로 이 중간 주파수 신호를 증폭하는 것이다.

3) 송수신 전환 장치(duplexer)

레이더는 송신용 및 수신용으로 하나의 스캐너를 사용하고 있다. 그런데 송신 출력과 수신 입력의 사이에는 큰 전력 차이가 있다. 강력한 송신 펄스 전파가 직접 고감도의 수신 장치로 들어가는 것을 막아 혼합기를 보호하고, 스캐너로부터 들어온 약한 수신 전파의 신호가 송신 장치로 일부 새어들어 수신 감도가 떨어지는 것을 막기 위하여, 송신할 때에는 송신기만이 수신할 경우에는 수신기만이 스캐너에 직접 연결되게 한 장치이다.

이 장치에서 TR(transmit/receive)관은 송신할 때 발신 펄스파가 수신 장치로 들어가는 것을 막고, ATR(anti TR 또는 TB)관은 미약한 반사파를 전부 수신 장치로 들어가도록 한다.

4) 주발진기 및 변조기

주발진기인 트리거 발진기(trigger generator)는 레이더의 두뇌 역할을 하는 곳으로 펄스 전압을 일정 주기로 반복 발생시켜 송신기, 지시기 등이 동기 작동을 하도록 이 펄스 전압을 공급한다. 이 전압을 트리거 펄스라고도 한다.

변조기는 이 트리거 펄스를 받아 특수 방전관인 사이라트론(thyratron)을 작동시켜 펄스 발생 회로에서 약 10,000V의 전압으로 폭이 0.1～1μs인 펄스로 만들어 송신 장치 내의 마이크로파를 만드는 마그네트론에 넣는다.

2. 지시기

레이더의 지시기에는 형광 물질을 바른 화면이 있으며, 자선의 위치인 화면의 중심에서부터 밖으로 뻗쳐 나온 밝은 소인선이 스캐너와 같은 속도로 회전하고 있다. 따라서, 스캐너가 1회전 할 때마다 화면상의 소인선도 1회전하게 되고, 그 때마다 자선 주위에 있는 물체의 영상이 화면상에 밝게 나타난다.

지시기는 탐지되는 모든 목표물의 위치를 나타내기 위하여 평면 위치 표시(PPI : plan position indicator)방식을 채용하고 있다. 이 방식은 음극선(CRT)관의 중심을 자선 레이더의 위치로 하여 반지름을 거리로, 원주 방향을 방위로 잡는 것이다. 그래서 반사 신호가 돌아왔을 때 음극선관면에 밝은 영상을 나타내어 목표물의 거리와 방위를 동시에 측정하는 방식이다.

요즈음에는 TV 화면과 같은 비디오 방식을 채택하고 있으며, ARPA의 출현과 더불어 화면도 생화면(raw video), 처리 화면(processed video) 등으로 나타나고 있다.

그리고 지시기에는 레이더의 전반적인 작동을 제어하기 위한 각종 조정 장치들이 부착되어 있다.

3. 스캐너

[그림 1-4]와 같이 스캐너는 전파를 발사하고 반사파를 받는 역할을 한다. 즉, 송신 장치가 발생시키는 강력한 펄스 전파를 지향성이 매우 높은 빔(beam)의 형태로 공중에 발사하는 역할을 하며, 또 목표물에 부딪혀서 되돌아오는 반사파 신호를 수신하여 수신 장치로 보내 주는 장치이다.

레이더에는 이와 같은 송신 장치 및 스캐너가 있기 때문에 다른 전파항해 계기와는 다르게 별도의 송신국을 필요로 하지 않는다.

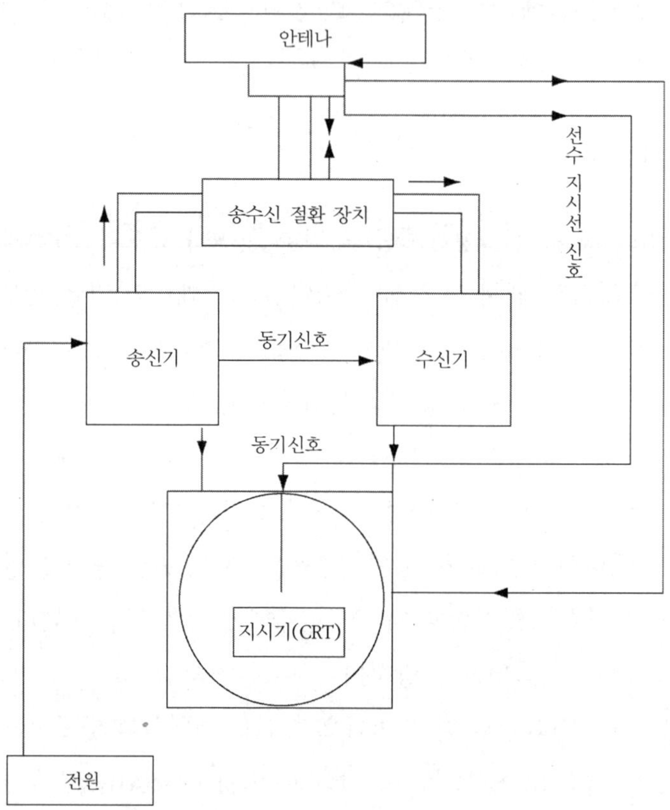

[그림 1-4] 레이더의 구성요소

4. X밴드 레이더와 S밴드 레이더

선박용 레이더는 사용 파장에 따라 X밴드(파장 3.2cm, 주파수 9375MHz) 레이더와 S밴드(파장 10cm, 주파수 3000MHz) 레이더가 주로 이용되고 있다. X밴드 레이더는 화면이 선명하고 물체의 방위와 거리를 정확하게 측정할 수 있고, 레이더 리플렉터와 같은 조그만 물체를 탐지하기 유리한 반면에, S밴드 레이더는 먼 거리 물체의 탐지와 눈, 비, 스콜, 안개가 있을 때에 유리하다. 이를 알기 쉽게 정리하면 〈표 1-4〉와 같다.

〈표 1-4〉 X밴드 레이더와 S밴드 레이더

레이다 종류	X밴드	S밴드
사용 파장/주파수	3.2cm/9375MHz	10cm/3000MHz
화면의 선명도	좋음	좀 떨어짐
방위와 거리	정확함	덜 정확함
작은 물체	쉽게 탐지됨	탐지가 어려움
큰 물체	늦게 탐지됨	조기 탐지 가능
탐지 거리	가까운 거리	보다 먼 거리
눈, 비, 안개 등의 기상	탐지하기 어려움	탐지하기 좋음
해면 반사의 영향	심함	덜 심함
맹목 구간	넓음	좁음

1.3 레이더의 성능

레이더의 성능으로서는 가까운 거리에서 먼 거리까지 될 수 있는 대로 넓은 범위에 걸쳐서 하나하나의 물체를 쉽게 탐지하고, 또 탐지된 물체의 거리 및 방위의 정확도가 높은 것이 바람직하다. 그러나 주변의 기상 조건이나 자체의 여러 가지 요인에 의하여 그 성능이 좌우되기 때문에 레이더를 사용함에 있어서 그 유효 거리나 정밀도 등에 대한 성능을 충분히 알고 항해에 이용하여야 한다.

이러한 레이더 자체의 성능을 판정하기 위하여 사용되는 것으로는 최대 탐지 거리, 최소 탐지 거리, 목표물에 대한 방위 분해능 및 거리 분해능 등이 있다. 또, 레이더 성능에 영향을 주는 장애 요소들이 있다.

1.3.1 탐지 거리와 분해능

1. 탐지거리

1) 최대 탐지 거리

목표물을 탐지할 수 있는 최대 거리를 말하는 것으로, 최대 탐지 거리가 40 해리라고 하면 40해리 이내의 물체는 탐지하지만 그 이상의 물체는 탐지하지 못한다는 뜻이다.

레이더에 의한 물체의 최대 탐지 거리는 가능하면 클수록 좋으나, 기기 자체의 성능, 스캐너의 높이에 따른 전파의 도달 거리, 물체의 높이 및 반사 특성 등에 의해서 제한을 받으며, 해상과 기상 상태에 의해서도 영향을 받는다.

이러한 레이더의 최대 탐지 거리에 영향을 주는 요소들을 살펴보면 다음과 같다.

(1) 주파수

날씨에 관계 없이 주파수가 높을수록 전파의 감쇠는 더 커진다. 그러므로 먼 거리를 탐지할 경우에는 낮은 주파수대를 사용한다. 따라서, X밴드 레이더보다는 S 밴드 레이더를 사용하는 것이 좋다.

(2) 첨두 출력

첨두 출력은 마그네트론이 발진하는 순간의 출력을 말하는 것으로, 출력이 클수록 레이더의 탐지 거리 능력은 커진다. 이 탐지 거리는 출력의 4승근에 비례하므로 첨두 출력이 16배 증가할 때 탐지거리가 2배 증가한다.

(3) 펄스 반복률

먼 거리에 있는 목표물로부터 반사파가 제대로 수신되기 위해서는 펄스 사이에 충분한 시간이 주어져야 한다. 따라서, 펄스 반복률이 낮을수록 최대 탐지 거리는 증가하게 된다. 그러나 충분한 반사파가 수신되기 위해서는 펄스 반복률이 어느 정도까지는 충분히 높아야 한다. 이 펄스 반복률은 레이더의 최대 탐지 거리를 결정하는 가장 기본적인 요소이다.

(4) 빔 폭

레이더의 스캐너에 의해서 전파는 일정 방향으로 빔이 되어 발사된다. 이 빔의 수평면에 있어서의 모양은 [그림 1-5]와 같은 긴 오이 모양을 하고 있다. 이 빔의 폭이 좁을수록 탐지 거리가 커진다. [그림 1-5]를 수평면의 각 방향에 있어서 레이더파의 출력의 분포도라 한다면, AB 방향의 출력이 최대이다. 그리고 AC 및 AD의 방향은 출력이 AB 방향 출력의 반이라고 하면 AC, AD가 이루는 각 θ가 수평 빔 폭이다. 즉, 출력이 반이 되는 방향이 이루는 각을 말하는 것이다. 그리고 [그림 1-5]에서 보는 것과 같이 발사 전파의 주된 빔을 주엽(main lobe)이라 하고, 그 외에 작은 빔을 측엽(side lobe)이라 한다.

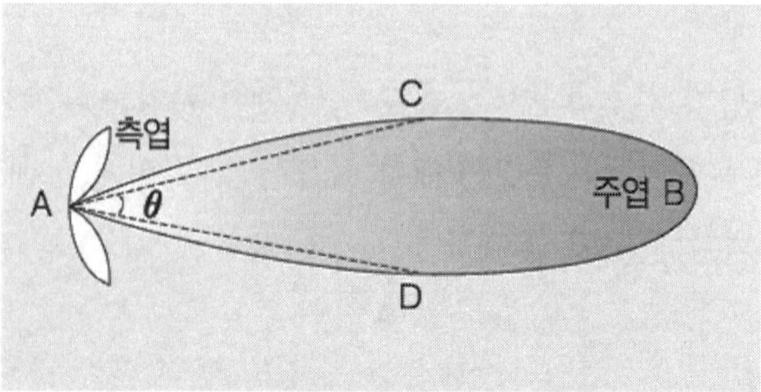

[그림 1-5] 수평 빔 폭

(5) 스캐너의 회전율

스캐너의 회전은 모터에 의하여 일정 속도로 유지되며, 1분간에 10~20회의 범위로 제작 회사에 따라서 차이가 있다. 이 스캐너의 회전율이 낮을수록 탐지 거리는 커진다.

(6) 스캐너의 높이

스캐너의 높이가 높을수록 레이더파가 도달되는 수평선까지의 거리가 커지므로 탐지거리가 증가한다.

(7) 기상상태

전파는 직진성을 가지고 있으나, 광선과 같이 밀도가 서로 다른 지역을 통과할 때에는 굴절과 휨 등의 현상이 일어나게 되고, 눈이나 비 등이 내리는 경우에는 전파의 감쇠가 발생하므로 탐지 거리가 짧아진다.

① 표준 대기 상태에서의 굴절 : 레이더파가 도달되는 수평선을 레이더 수평선이라 하는데, 이 레이더 수평선은 굴절 현상으로 인하여 기하학적 수평선보다 더 먼 곳에 있게 된다. 수면상으로부터의 스캐너의 높이를 h(m)라 하면, 표준 대기 상태에서의 수평선까지의 거리는 다음과 같다.

레이더 수평선까지의 거리 d(해리) = $2.22\sqrt{h}$

광학적 수평선까지의 거리 d(해리) = $2.09\sqrt{h}$

$$\text{기하학적 수평선까지의 거리 d(해리)} = 1.09\sqrt{h}$$

따라서, 레이더 수평선까지의 거리는 광학적 수평선 및 기하학적 수평선까지의 거리보다 각 6%, 16%가 더 멀다. 그러나 계산에 의한 레이더 수평선까지의 거리는 대략적인 것이며 실제적으로는 굴절의 조건에 따라 차이가 있다.

② 초굴절(super-refraction) 현상 : 차갑고 습기가 많은 공기 표면층 위에 따뜻하고 건조한 상부 공기층이 있는 경우에는 레이더파가 아래쪽으로 휘게 되며, 그 결과 탐지거리가 증가하게 된다. 이러한 현상을 초굴절 현상이라 하며, 육지의 따뜻한 바람이 바다의 차가운 기류 위로 흐르는 경우로서 남북 회귀선 부근이나 중동 지방 해역에서 가끔 일어난다.

③ 아굴절(sub-refraction) 현상 : 초굴절과는 반대되는 현상으로 따뜻하고 건조한 공기층 위에 차갑고 습한 공기층이 있을 경우에 레이더파는 위로 휘게 되며, 이로 인하여 탐지 거리를 축소시키게 된다. 이 현상을 아굴절 현상이라 하며 주로 극지방에서 일어나기 쉽다.

④ 도관(ducting) 현상 : 초굴절이 특히 큰 경우에 나타나는 현상으로 레이더파가 대기층과 해면 사이를 연속적으로 반복하여 굴절함으로써 100여 해리의 원거리의 물체까지도 나타나는 경우가 있다. 이렇게 전파가 도파관 속을 따라서 나가는 것과 같은 것이 되기 때문에 도관 현상이라 한다. 이러한 도관 현상은 계절이나 특정 지역의 기후 및 날씨 등에 의하여 일어나며 지역에 따라 다르다.

2) 최소 탐지 거리

가까운 거리에 있는 목표물을 탐지할 수 있는 최소 거리를 최소 탐지 거리라 부른다. 레이더에서는 스캐너가 하나뿐이기 때문에 레이더는 펄스파를 사용하고 있다. 따라서 파가 발산된 후 그 반사파가 휴지 시간에 되돌아온 것만이 영상으로 표현되는 것이므로, 이 최소 탐지 거리는 이론적으로 펄스 폭의 절반에 해당하는 거리이다.

최소 탐지 거리에 영향을 주는 요소들은 다음과 같다.

(1) 펄스 폭

펄스 폭은 근본적으로 레이더의 최소 탐지 거리를 결정한다. 그러나 송 · 수신 전환 장치 및 수신기의 전자 회로상의 회복 시간으로 인하여 최소 탐지 거리는 증대하게 된다.

(2) 해면 반사 및 측엽 반사

해면에 의한 레이더파의 반사나 측엽에 의한 반사파들은 지시기의 화면상에 혼란을 야기시키며, 이를 줄이기 위해 STC를 사용하면 레이더의 최소 탐지 거리가 커지게 된다. 이 때 가까운 목표물의 탐지가 어렵게 된다.

(3) 수직 빔 폭

근거리에 있는 작은 목표물이 레이더파의 수직 빔 폭을 벗어난 곳에 있으면 탐지되지 않는다. 이 현상은 스캐너의 높이가 높을 수록 증가하게 된다.

2. 분해능

1) 방위 분해능

자선으로부터 같은 거리에 있는 서로 가까운 2개의 물체를 지시기상에 2개의 영상으로 분리하여 나타낼 수 있는 능력을 방위 분해능이라 한다. 이 방위 분해능에 영향을 주는 요소로는 레이더파의 수평 빔 폭, 두 물체 사이의 거리 및 휘점 크기 등이다.

(1) 수평 빔 폭

레이더파의 빔은 자선을 중심으로 회전하면서 방사된다. 그러므로 빔의 앞쪽 끝이 목표물에 부딪혀 반사파가 돌아오기 시작하여 빔의 뒤쪽 끝이 통과할 때까지 계속된다. 이 때 지시기의 화면에서 목표물의 영상은 레이더파의 수평 빔 폭만큼 확대되어 나타나게 된다.

[그림 1-6]의 ⓐ는 레이더파의 수평 빔 폭을 2°라고 가정했을 때, 소형의 목표물 A에 대한 지시기상의 휘점의 표시 범위를 ③에 나타내고 있다. 레이더의 방위 분해

능은 주로 수평 빔 폭에 의해서 결정되는데, 레이더의 수평 빔 폭이 좁으면 그만큼 방위 분해능이 좋아진다.

목표물의 크기가 클 경우에는 수평 빔 폭의 영향에 의해 지시기상에 나타나는 목표물은 실제의 크기보다 더 크게 표시된다. 이것은 [그림 1-6](b)에서 알 수 있는 것처럼 회전하는 레이더파의 빔 폭에 의해 목표물의 양 부분에 대응하는 영상이 수평 빔 폭의 $\frac{1}{2}$만큼씩 확대되어 나타나기 때문이다.

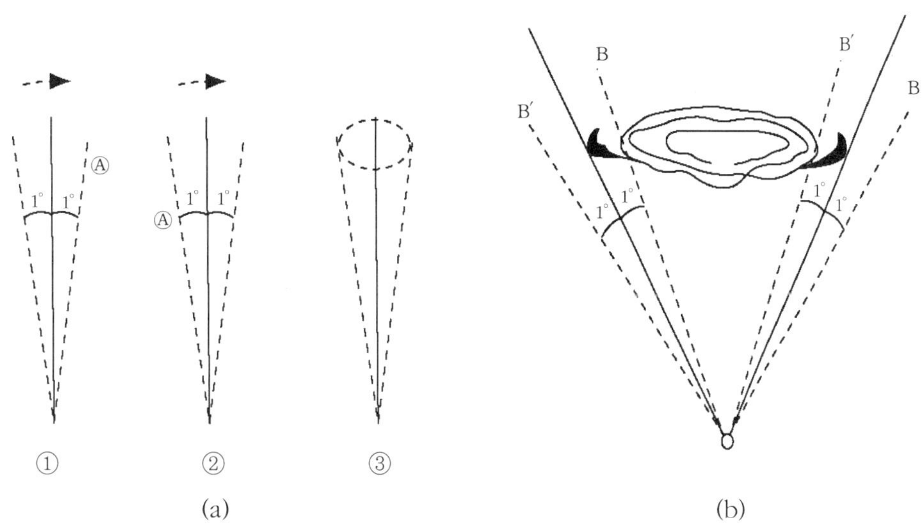

[그림 1-6] 수평 빔 폭의 영향

(2) 목표물 사이의 거리

목표물의 영상은 지시기상에서의 빔의 폭만큼 확대되기 때문에 자선에서 같은 거리에 있는 인접한 두 목표물은 한 개의 빔 폭보다 더 떨어져야만 2개의 분리된 목표물로 나타나게 될 것이다. 수평 빔 폭보다 가까운 두 목표물은 지시기상에 하나의 목표물로 나타난다.

(3) 지시기상의 휘점 크기

전자 빔에 의해서 지시기상에 형성되는 빛의 최소 크기 (보통은 이들의 연결인 소인선으로 표현됨.)가 작을수록 방위 분해능은 향상된다. 지시기상의 휘점의 크기에 의한 영향은 지시기의 크기와 사용하는 거리 스케일에 따라 변한다. 이 휘점 크기의 영향은 짧은 거리에서는 비교적 작다.

2) 방위의 정확도를 높이는 방법

방위 분해능과 관련하여 레이더 지시기상의 목표물에 대한 방위의 정확도는 다음과 같은 요소들에 의하여 영향을 받는다.

(1) 수평 빔 폭

목표물의 영상은 수평 빔 폭에 의하여 확대되어 나타나므로 작은 목표물에 대해서는 영상의 중심 방위를 측정해야 하며, 섬 등의 목표물의 양 끝에 대한 방위 측정시에는 수평 빔 폭의 절반만큼 안쪽으로 측정하는 것이 정확한 방법이다. 또, 수신기의 감도를 약간 떨어뜨리면 목표물에 대한 최대 탐지 거리는 줄어들지만 영상의 크기를 줄일 수 있어 목표물의 방위를 더 정확하게 측정할 수가 있게 된다.

따라서, 가능하면 근거리를 선택하도록 거리 선택 스위치를 조정하여 폭이 좁은 빔의 앞부분이 목표물을 통과하게 하여 방위를 측정하는 것이 좋으며, 가까운 거리에 있는 목표물에 대한 방위 측정에 있어서는 보다 작은 수평 빔 폭을 가지는 X 밴드 레이더가 S 밴드 레이더보다 더 정확하다.

(2) 화면의 안정성

안정된 지시기의 화면은 불안정한 화면보다 더 높은 방위 정확도를 가진다. 그러므로 지시기상의 영상이 수시로 움직이는 상대 방위 지시 방식에 비하여 진방위 지시 방식의 화면에서 더 정확한 방위 측정이 가능하다. 그 이유는 진방위 지시 방식의 화면에서는 자선의 움직임에 의한 영향은 다만 지시기상의 선수 회선만을 움직이게 할 뿐이고, 그 밖의 모든 영상은 안정되어 있기 때문이다.

(3) 소인 중심 오차 및 시차(sweep centering error 또는 parallax error)

과거 레이더에서와 같이 기계식 방위선으로 방위를 측정하는 경우 소인선의 회전 중심이 지시기 화면의 중심점에 있지 않을 때에는 측정시에 오차가 생기게 된다. 이 때 편위된 방향에 대하여 직각 방향에 가까운 목표물의 방위를 측정할 때 특히 심하다. 또, 목표물에 대한 방위 측정은 화면을 똑바로 위에서 내려다보면서 해야 한다. 비스듬하게 내려다 보면서 방위를 측정하게 되면 시차의 영향으로 오차가 생기게 된다.

이런 문제는 전자식 방위선(EBL, electronig bearing line 또는 EBC, electronic bearing cursor)의 개발로 해소가 되었다. 즉, 목표물의 방위를 측정할 경우에는 소인 중심 오차 및 시차의 영향을 받지 않으므로 정확한 방위를 측정할 수 있다.

(4) 선수 휘선의 일치

레이더에 의한 목표물의 방위는 선수 휘선이 실제의 정선수 방향과 일치하여야만 한다. 선수 휘선이 일치하지 않는 경우에는 실제 목표물에 대한 목측 방위와 레이더 방위를 동시에 여러 번 관측하여 이들의 관측 차이를 평균하여 구한 방위 오차를 가지고 선수 휘선을 조절하여야 한다. 이 때 목표물은 정확히 선수 방위에 있거나 정확한 방위를 측정할 수 있어야 한다.

선수 휘선이 일치하지 않는 이유는 주로 스캐너의 설치 불량인 경우와 지시기의 오프 센터(off-center)의 조정 잘못인 경우이다.

3) 거리 분해능

거리 분해능이란 같은 방위선상에 서로 가까이 있는 두 목표물로부터 반사파가 수신되었을 때, 이 두 목표물을 지시기상에 분리된 2개의 영상으로 나타나게 하는 레디어의 능력을 말한다. 이것은 펄스 폭, 수신기의 감도(gain), 지시기 화면의 크기 및 영상 휘점의 크기 등에 의하여 결정된다.

(1) 펄스 폭

같은 방위에 있는 인접한 2개의 물체는 펄스 폭의 $\frac{1}{2}$ 이상의 거리만큼 떨어져 있어야만 지시기상에 2개의 분리된 휘점으로 나타난다.

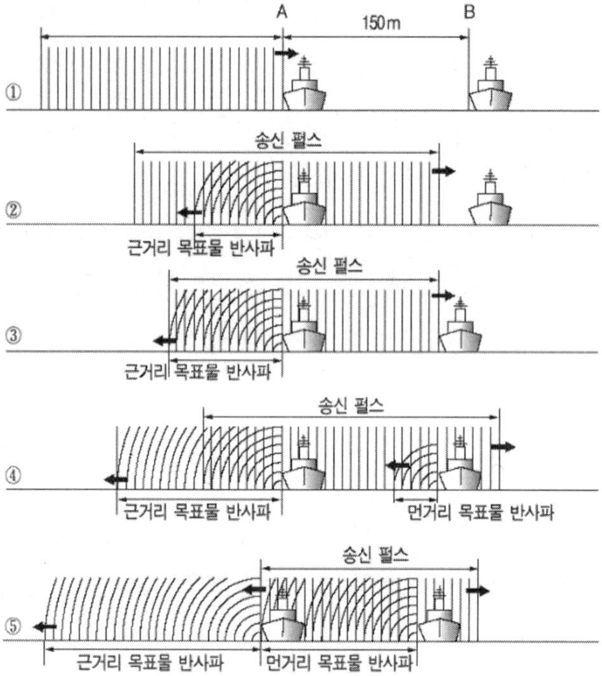

[그림 1-7] 펄스 폭과 거리 분해능

전파는 1μs 동안 300m 진행하므로 펄스 폭을 1μs라 하면, 그 시간 동안 150m를 왕복하는 것이 된다. [그림 1-7]에서처럼 같은 방위상에 목표물 A와 B가 거리 150m로 인접하여 있는 경우를 가정하자. 펄스 폭 1μs인 펄스파의 전면이 가까운 곳의 목표 A에 부딪쳐 반사할 때 후면은 가까운 목표물 A에서 반사한다. 가까운 목표물 A와 먼 목표물 B의 반사가 한 펄스에 끊어지지 않고 계속되므로 레이더 지시기에는 하나의 목표물 B로 나타난다. 만약 펄스폭이 0.2μs라면 거리 분해능은 30m가 된다.

그러므로 거리 분해능을 좋게 하기 위해서는 펄스 폭을 짧게 하는 것이 좋으나, 펄스 폭이 짧으면 최대 탐지 거리는 줄어든다. 따라서 현재 대부분의 레이더에서는 사용하는 거리 스케일의 선택에 따라 펄스폭과 펄스 반복 주파수가 동시에 바뀌도록 하여 근거리 탐지에서는 거리 분해능을 좋게 하여 영상을 선명하게 하고, 원거리 탐지에서는 전파의 발사 에너지를 크게 하여 레이더의 탐지 능력을 높이고 있다.

(2) 수신기의 감도

레이더의 거리 분해능은 수신기의 이득을 적당히 조절함으로써 향상시킬 수 있다. [그림 1-8]에서와 같이 수신기의 이득을 너무 높이면 두 목표물이 지시기상에 하나의 휘점으로 나타난다. 이때에는 수신기의 이득을 적절히 낮게 조절하면 목표물이 서로 분리되어 나타날 수 있다.

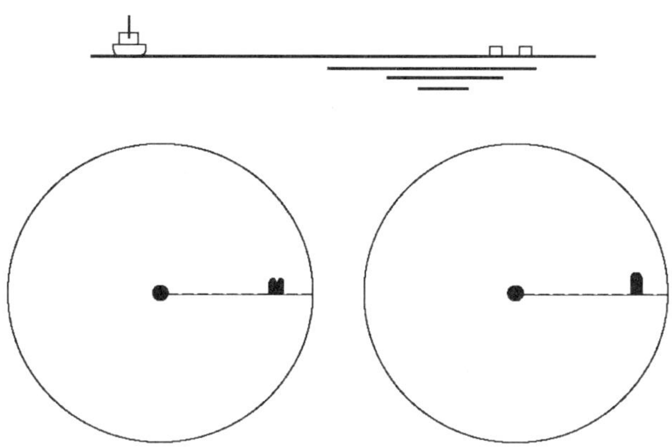

[그림 1-8] 수신기 이득과 거리 분해능

(3) 영상 휘점의 크기

휘점의 크기에 대한 영향은 지시기의 크기 및 사용 중인 거리 눈금의 선택에 따라 달라지는데, 지시기가 크고 거리 스케일 근거리로 선택할수록 거리 분해능은 좋아진다. 특히, 원거리로 선택한 경우에는 거리 분해능이 펄스 폭보다는 휘점의 크기에 의해 결정된다.

4) 거리의 정확도를 높이는 방법

레이더에 의한 거리 측정의 정확도는 펄스파를 발사하여 반사파를 수신하기까지의 시간을 얼마나 정확하게 측정할 수 있는가에 달려 있는데, 이 때 기기 자체의 오차가 큰 비중을 차지한다. 그리고 레이더 사용자가 얼마나 정확하게 거리를 측정하는가에 따른 영향도 무시할 수 없다. 따라서, 정확한 거리 측정을 위해 레이더 사용자가 주의해야 할 사항을 살펴보면 다음과 같다.

① 거리 측정의 수단으로는 고정 거리환(fixed range riong)과 가변 거리환(VRM ; Variable Range Mark)의 두 가지가 있다. 보통 가변 거리환으로 거리 측정을 한다. 이 때 가변 거리환의 밝기는 휘선이 약간 보일 정도로 조절하면 되나, 요즈음의 레이더는 그 밝기를 조절하지 못하게 된 것이 많다. 이 가변 거리환으로 거리를 측정할 때에는 이 거리환을 목표물 휘점의 경계에 정확히 접하도록 한다.

② 사용 중인 거리 스케일이 원거리일수록 가변 거리환을 목표물의 경계점에 정확하게 접하는 것이 쉽지 않다.

③ 수신기의 이득을 지나치게 올리면 영상이 실제의 크기보다 확대되어 나타나므로 물체까지의 거리가 실제보다 짧게 측정될 수 있다.

1.4 레이더 성능의 국제적 기준

1983년에 개정된 1974년 국제 해상 인명 안전 협약(SOLAS)은 제 5장 규칙 제 12조에 선박의 항해 설비에 대하여 규정하고 있다. 이 규칙에 따르면 1984년 9월 1일 이후에 건조된 총 톤수 1,600톤 이상의 선박에는 반드시 1대의 레이더를 설치하도록 하고 있다. 또, 총 톤수 10,000톤 이상의 선박에는 독립하여 작동할 수 있는 2대의 레이더를 설치해야 한다고 규정하고 있다. 그리고 레이더의 성능에 대한 기준은 국제 해사 기구(IMO)의 총회 결의 제 222호(VII)와 그의 보완 결의 제 278호, 제 477호(XII), 그리고 안전 위원회 결의 제 64호(67)에 규정되어 있다. 그 내용은 국제적으로 갖추어야 할 최소한의 성능을 규정하고 있다.

1.4.1 레이더의 성능에 영향을 주는 요소

레이더 영상의 판독은 상당한 경험이 요구되는 일이다. 흔히 레이더를 처음 접하는 사람은 레이더 영상이 눈으로 보는 것처럼 똑같게 나타나는 것으로 생각하고 있는데 이것은 사실과 전혀 다르다. 레이더는 기본적으로 물체에서 반사된 것을 영상으로 나타내기 때문에, 반사면의 모양, 재질 등에 따라 실제 모습과는 전혀 다르게 나타난다. 이렇기 때문에 현재 레이더에 관한 기술은 진보가 되었다고는 하나, 사실과 똑같은 영상을 만들어 내는 것은 영원히 불가능한 일이다.

여기서는 레이더의 영상에 영향을 주는 요소를 중심으로 살펴보고, 이것을 토대로 레이더의 영상을 보고 그것이 어떤 모양일까 하는 것은 앞으로의 실무 경험을 통하여 습득해야 할 것이다.

1. 물체의 특성

레이더의 지시기에 나타난 물체의 영상은 스캐너에서 발사된 전파의 대부분은 물체에 흡수되며 일부분이 반사되지만, 그 중에서도 스캐너에 되돌아온 극히 일부분만이 나타난 것이다. 되돌아온 전파의 세기는 다음의 물체 특성에 따라 결정된다.

1) 반사면

물체의 반사면에 대하여서는 평면거울을 생각하여 보자. 전파의 진행 방향에 대하여 반사면이 직각으로 되어 있으면 대부분이 그대로 스캐너쪽으로 되돌아올 것이다. 반사면이 다른 각도로 되어 있으면 되돌아오는 전파는 거의 없을 것이다. [그림 1-9]을 보면 이 같은 사실을 쉽게 이해할 수 있을 것이다.

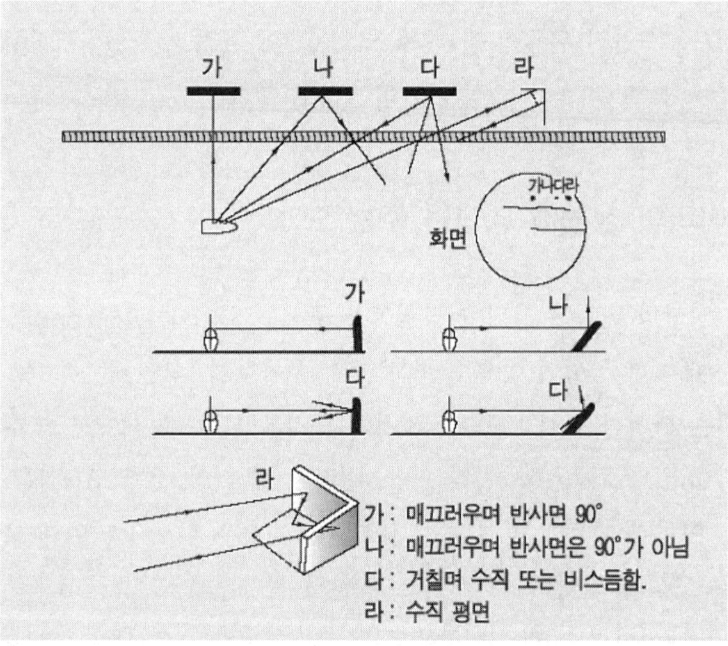

[그림 1-9] 목표물의 반사면과 표면 상태

2) 표면 상태와 형상

매끄러운 표면은 전파의 반사량이 커서 반사 세기를 증가시키지만, 앞에서 말한 바와 같이 반사면이 직각이 아니면 대부분의 반사 에너지가 다른 곳으로 가기 때문에 레이더의 화면에는 아주 약하게 나타난다. 거친 표면은 전파가 반사되어 스캐너로 많이 되돌아오기 때문에 오히려 물체의 상이 잘 나타난다.

형상은 물체 그대로의 모습이지만 앞에서 말한 반사면은 선박과 물체의 상대적인 위치에 따라 변화한다. 동일한 형상의 물체도 반사면에 따라서 여러 가지 반사 세기를 나타낸다. 철재 선박의 측면 혹은 해변가의 절벽과 같은 평평한 측면은 반사파가 강하다. 또, 반사면이 변함에 따라 이 평평한 표면은 반사파를 다른 방향으로 반사하기 때문에 레이더에는 약한 반사파가 수신된다. 오목한 면은 전파를 집중시켜 스캐너로 보내지만 볼록한 면은 전파를 흩어버린다. 매끄러운 원추면은 전파를 스캐너 쪽으로 반사시키지 않지만 거친 원추면은 일부분을 스캐너쪽으로 반사시킨다. 표면 상태와 형상의 관계를 예를 들어 설명하면 다음과 같다.

(1) 평 면

① 수직이고 매끄러울 때 : 절벽이나 고립된 빌딩은 기울면 반사를 하므로 이것이 자선을 향하고 있을 때 레이더에는 아주 잘 나타난다.

② 수직이며 표면이 거칠거칠할 때 : 모든 방향으로 잘 반사한다. 예를 들면, 울퉁불퉁한 절벽이나 많은 면으로 쪼개져 있는 빙산의 수직한 면으로 ①보다는 약하게 나타난다.

③ 비스듬하며 표면이 매끄러울 때 : 레이더에 거의 나타나지 않는다. 예를 들면 큰 빙산, 작은 빙산, 모래, 둑의 경사면, 풀이 덮여 있지 않은 비스듬한 언덕, 모래 언덕, 해변가 등이다.

④ 비스듬하며 표면이 거칠거칠할 때 : 레이더에 잘 나타난다. 예를 들면 나무, 관목, 둥근 돌로 덮인 경사 언덕 등이다.

⑤ 서로 수직인 3 평면 : 이것은 전파가 어떤 방향에서 오든지 전파가 온 방향의 정반대 방향으로 반사한다. 바로 레이더 반사기(radar reflector)는 이 원리로 되어 있다. 일반적으로 수직인 평면이나 격자로 되어 있는 강철이나 철은 레이더에 아주 잘 나타난다. 예를 들면, 라디오와 텔레비전 송신 안테나, 빌딩군,

부표와 비콘의 철 구조물을 들 수 있다.

(2) 공 모양의 물체

공 모양의 물체는 모든 방향으로 전파가 산란되기 때문에 약한 반사체이다. 이 물체의 표면이 매끄러울 때에는 레이더 전파가 이 물체의 중심을 향하여 부딪친 한 점에서 반사된 것만이 스캐너쪽으로 되돌아온다. 실제로는 표면이 거칠기 때문에 레이더에 조금은 밝게 나타난다. 예를 들어 공과 같은 모양으로 만들어진 부표가 여기에 해당된다.

(3) 원통 모양

원통은 평면의 성질과 공의 성질을 모두 가지고 있다. 이 물체가 똑바로 서 있을 때에는 이 물체를 지나는 평면의 어떤 방향에서 보든지 반사면은 똑같으며 레이더에는 잘 나타난다. 연돌, 가스 탱크, 기름 탱크, 원통 부표, 굴뚝은 점점 크기가 가늘어지지만 않으면 레이더에 잘 나타난다.

원통이 옆으로 되어 있을 때에는 반사면이 위치에 따라 다르기 때문에 레이더에 잘 나타나기도 하고 잘 나타나지 않기도 한다. 원통의 축이 전파의 진행 방향에 대하여 직각이면 똑바로 서 있는 것과 마찬가지로 잘 나타나지만, 그 외의 각도에서는 레이더에 잘 나타나지 않는다. 예를 들면 원통형의 계류 부표는 스캐너에 마주 보는 모습에 따라 다르게 나타난다.

(4) 원뿔 모양

원뿔형의 물체는 레이더에 잘 나타나지 않는다. 이론적으로 전파는 스캐너쪽과는 전혀 다른 방향으로 반사되므로 레이더에는 전혀 나타나지 않지만, 표면이 완전하게 매끄럽지 않으므로 약간은 반사되어 스캐너에 되돌아오기도 한다. 예를 들어 원뿔형 부표, 등대, 끝이 점차 가늘게 되어 있는 굴뚝, 교회의 뾰족탑 등을 들 수 있다.

3) 구성 물질

일반적으로 전기가 잘 통하는 물질은 전파를 잘 반사시킨다. 철 구조물을 레이더 전파를 잘 반사한다. 해면도 역시 좋은 반사체이기 때문에 바다의 표면이 거칠지 않으면 화면에 나타나지 않는다. 얼음의 경우는 소금기가 없으므로 해면보다 훨씬 더 반사 세기가 떨어진다. 돌과 땅도 좋은 반사체는 아니나, 그 표면에 풀이 덮여 있을 경우에는 반사 세기가 좋으며, 긴 풀보다 짧은 풀의 경우가 더 좋다. 땅이 덤불이나 나무로 덮여 있을 때에는 반사 세기가 나쁘지만 광석이 있는 산은 아주 좋다.

[그림 1-10]에서 보듯이 선박의 경우도 마찬가지로 강철로 만든 선박은 반사파가 강하므로 레이더로 탐지하기가 쉽고 목선은 반사파가 아주 약하기 때문에 탐지하기가 어렵다. 또, 유리 강화 플라스틱(GRP)이나 섬유 강화 플라스틱(FRP)으로 만든 선박은 레이더의 전파가 그대로 통과하므로 화면에 전혀 나타나지 않는다.

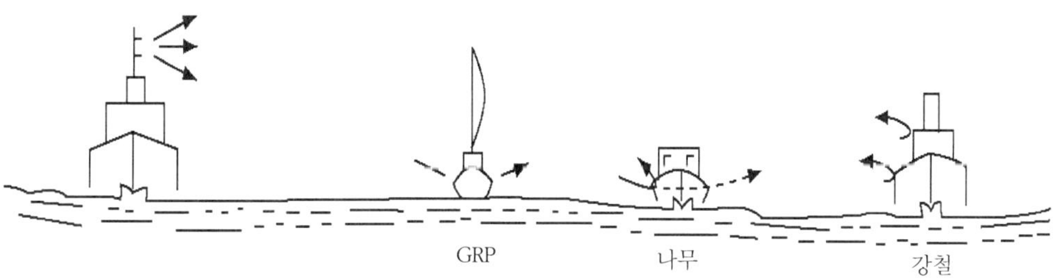

[그림 1-10] 물체의 재질과 반사 세기

4) 크 기

(1) 너 비

물체가 레이더 전파의 수평 빔 폭보다 너비가 넓은 경우에는 레이더 전파는 조그만 구간을 자르듯이 연달아서 물체에 부딪힌다. 이 구간은 1~2°의 수평 빔 폭이 된다. 이런 경우 물체의 전체의 너비가 아니라 각 부분에서 반사 세기가 가장 큰 부분의 상이 레이더에 나타난다. 너비가 넓은 물체는 레이더에 긴 모양으로 나타나지만 항상 뚜렷하게 나타나는 것은 아니다.

물체의 너비가 수평 빔 폭보다 작으면 물체는 반사면, 형상, 표면 상태, 재질뿐만 아니라 물체의 실제의 너비에 비례하여 레이더에 나타난다.

(2) 높 이

레이더 전파의 수직 빔 폭은 넓어서 어떤 물체의 표면이더라도 다 덮을 수 있기 때문에, 수평 빔 폭의 경우와 같은 제한은 없다. 그러나 높은 산이라고 하여 반드시 레이더에 잘 나타나지는 않는다. 그 이유는 첫째, 높은 산은 레이더 전파를 많이 반사하지만 그것이 스캐너에 되돌아간다고 볼 수 없는데, 반사량은 물체의 반사면 형상, 표면 상태에 따라 결정되기 때문이다. 둘째, 산이 높고 경사되어 있으므로 동시에 반사되어 스캐너에 되돌아오지 않기 때문이다. 높은 곳에서 반사된 전파는 늦게 도착하므로 낮은 곳에서 반사된 전파와 혼합되어 강해질 수도 있고 오히려 약해질 수도 있다. 높지만 경사되어 있는 산은 그다지 높지 않은 가파른 절벽만큼 레이더에 잘 나타나지 않는다. 또, 육지를 레이더로 처음 인지할 때 맨 처음 나타난 것이 육안으로 보이는 가장 높은 곳이 아닐 수도 있다. 따라서, 이런 경우에는 물체의 반사면이나 앞에서 말한 사항을 토대로 해도를 주의 깊게 살펴보는 것이 아주 중요한 일이다.

(3) 깊 이

레이더는 물체의 반대쪽을 나타내지 않고 오로지 스캐너에 마주 보는 면만을 나타낸다. 즉, 스캐너의 반대쪽은 그늘이 되어 나타나지 않는다. [그림 1-11]에서와 같은 물체의 너비가 같은 경우라며, 실제 섬의 모양은 전혀 다르지만 레이더의 화면에서는 비슷하게 나타난다. 이 같은 이유로 물체까지의 거리를 잴 때에는 물체의 안쪽 끝에 거리환을 맞추어야 한다.

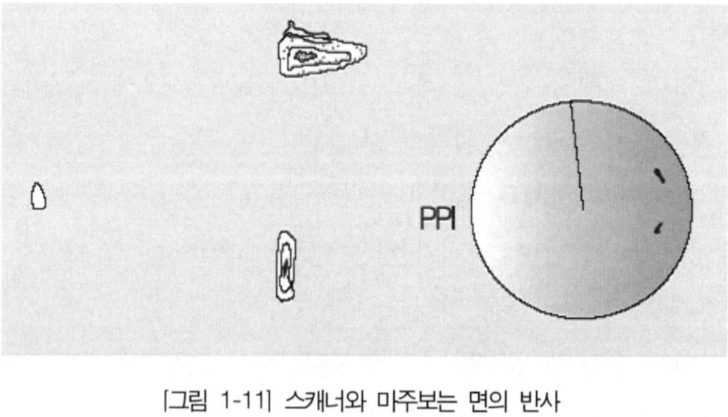

[그림 1-11] 스캐너와 마주보는 면의 반사

(4) 레이더의 그늘

이것은 (3)의 깊이와 같은 내용인데, 전파는 직진하므로 산뒤에 평지 같은 곳에는 도달하지 못한다. 따라서, 화면에는 산의 영상만이 나타나고 평지의 영상은 나타나지 않는데, 이와 같이 물체에 가려서 레이더에 탐지되지 않는 부분을 레이더 그늘이라 한다.

[그림 1-12]는 B와 C 사이의 해안선이 레이더 그늘로 되어 화면에 나타나지 않음을 보여 주고 있다.

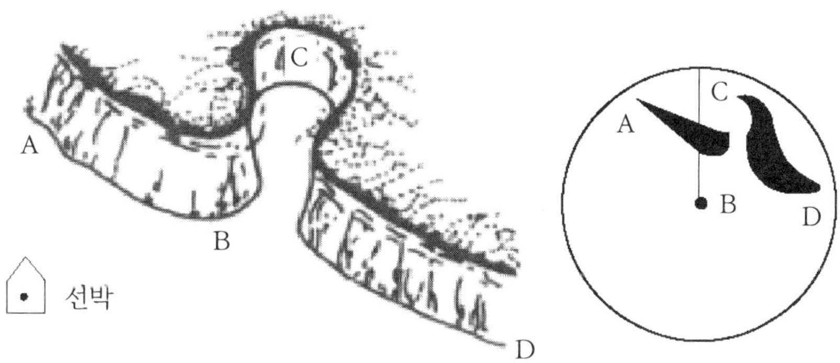

[그림 1-12] 레이더 그늘

2. 레이더 영상의 방해 현상

레이더 화면에는 물체로부터의 반사파에 의한 영상 이외에 기상에 의한 눈, 비, 파도 등과 선박의 구조물에 의한 방해 현상이 함께 나타나서, 레이더에 나타난 물체의 영상을 해독하는 데 어려움을 주고 있다. 따라서 레이더 사용자는 영상을 판독하는 데 있어서 이들 방해 현상에 대한 지식을 가져서 이들을 잘못 판단하는 일이 없어야 한다.

1) 해면 반사에 의한 잡음

해수는 원래 레이더 전파를 잘 반사한다. 바람이 전혀 없어 파도가 일어나지 않으면 거울면 반사가 일어나 레이더 전파는 스캐너쪽으로 되돌아오는 것이 전혀 없다. 바람으로 파도가 일어나면 자선 가까이 있는 파도에 부딪혀 돌아온 반사파가 화면에 밝은 점으로 나타나는데, 이것은 대칭으로 나타나지는 않는다. 이것을 잘 살펴보면 파도의 방향을 유추할 수도 있다. 이와 같이 해면 반사에 의한 잡음으로 그 근처에 나타난 물체의 영상이 혼란스럽게 나타나 물체를 식별하기 어렵다. 이것에 대한 조정은 해면반사 억제기(STC, anti-clutter sea)로 하고 있다.

해면 반사 억제기는 너무 크게 조정하지 말아야 한다. 즉, 어느 정도 잡음이 있도록 하여야 한다. 또, 주의할 것은 결코 한 위치로 장시간 두어서는 안 되고 자주 재조정하여야 한다.

해면 반사에 의한 잡음은 스캐너가 높을수록 크게 나타난다. 특히, VLCC와 같은 초대형 탱커에서는 이 현상이 아주 크게 나타난다. 이 경우에는 낮은 스캐너의 레이더를 사용하는 것이 좋다. 또, 해면 반사의 잡음은 일반적으로 급격하게 변하지는 않는다. 갑작스럽게 변하면 그 곳에 둑이 있다든지 얕은 곳이 있으므로 항해사는 주의 깊게 항해하여야 한다.

2) 눈, 비 등에 의한 방해 잡음

비나 소나기는 양털구름처럼 화면상에 나타난다. 폭풍우는 25마일 이상의 거리에서도 탐지되기도 한다. 폭우 및 뇌우뿐만 아니라 이슬비, 눈 또는 심한 안개, 낮은 구름조차도 레이더의 탐지에 영향을 주어서 물체의 영상을 흐리게 한다. 폭우 속에 있는 선박이나 육지는 가려 있어 구분하기가 어렵고, 폭우 바깥에 있는 물체의 반사 세기는 약해진다. 이런 경우에는 탐지 범위가 정상 상태의 80%까지 떨어진다.

비가 내리는 구역이 넓은 경우 레이더 화면의 중앙이 다른 곳보다 밝게 되어 마치 해면 반사에 의한 잡음처럼 보이기도 한다. 항해 중에는 먼 곳에 있는 구역을 장거리 스케일로 탐색하고 그것을 플로팅하여 두면 좋다. 또, 항해사는 비로 인한 잡음 속에 물체가 있는지를 알기 위해서는 수신기의 감도(gain)를 약간 줄여 본다. 물체의 영상은 대부분 비에 의한 잡음보다 강하게 나타난다. 감도를 비가 내리는 구역의 밖에 있는 물체를 탐지할 때에는 원래의 위치로 하고, 비가 내리는 구역에 있는 물체를 탐지할 때에는 조금 줄이도록 한다.

이들에 의해 화면이 혼란될 때에는 비·눈 반사 억제기(FTC, anti-clutter rain)를 조정하여 어느 정도 억제시킬 수 있지만, 사용시에는 수신기의 이득과 병행하여 사용하는 것이 효과적이다. 그렇지만 심한 비, 이를테면 스콜이 있을 때 X밴드 레이더를 사용하는 경우에는 물체의 영상이 잡음보다 약하게 되기 때문에, 화면 전체가 잡음으로 뒤덮여 아무것도 알 수 없게 된다.

많은 충돌 사고가 이와 같은 폭우 속에서 일어나는데, 그것은 전파의 감쇠와 잡음에 의한 차폐로 인해 물체가 어디 있는지 모르고 있다가 접근하여서야 물체를 탐색하기 때문이다.

3) 레이더의 맹목 구간

맹목 구간과 그늘 구간은 [그림 1-13]처럼 선박의 구조물, 즉 전부 마스트, 연돌 등으로 스캐너에서 발사된 레이더 전파가 차단될 때에 생긴다. 이것은 화면의 중심에서 바깥으로 펼쳐져 있는 어두운 구간이다. 이들 구간의 범위는 스캐너와 구조물과의 거리, 크기 등에 좌우된다. 그늘 구간의 크기는 상당히 복잡하지만, 그림에서는 아주 개략적으로 나타내었다.

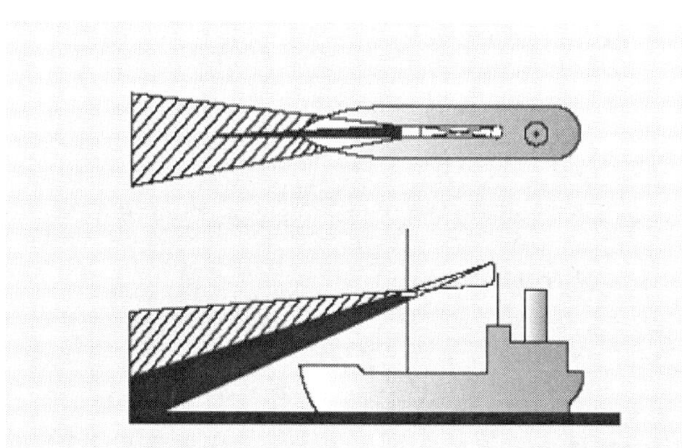

[그림 1-13] 맹목 구간과 그늘 구간

그늘 구간을 측정하는 방법에는 해면 반사 또는 우설에 의한 잡음이 강할 때 어두운 구역의 범위를 측정하는 방법과 레이더 반사기가 달린 부표 주위를 돌면서 부표가 없어질 때의 방위에서 다시 나타날 때의 방위를 측정하는 방법이 있다. 그늘 구간을 측정하고 난 후에는 그것에 대한 그림을 그려 레이더 지시기에 부착시켜 항해시 참고로 하는 것이 좋다.

전부 마스트에 의하여 앞쪽이 차폐되는 경우에는 특히 위험하다. 이 구역에서 목선으로 된 조그만 선박과의 몇 건의 충돌 사례가 있다. 항해사나 선장은 안개가 자욱하게 낀 날에는 적어도 그늘 구간의 절반까지는 침로를 바꾸어 가면서 항해를 하여야 한다. 권고할 만한 것은 지그재그(zigzag)의 형태로 좌현 변침하다가 다시 우현 변침을 반복하면서 항해하는 것이 좋다. 이 그늘 구간을 줄이기 위한 방법으로서 X밴드 레이더보다는 S밴드 레이더를 사용하는 것도 한 방법이 된다.

4) 다른 선박과의 레이더 간섭

부근에 있는 다른 선박이 자선과 같은 주파수대의 레이더를 사용할 때에는 자선의 레이더에 타선의 레이더 전파가 수신되어 간섭이 일어난다. 자선 레이더의 펄스 반복 주파수와 상대선 레이더의 펄스 반복 주파수가 같을 경우에는 간섭에 의한 점들은 원모양으로 나타나고, 펄스 반복 주파수의 차이가 그다지 크지 않으면 점들은 나선형으로 나타나고, 그 차이가 아주 크면 점들이 제멋대로 나타난다. 간섭 현상은 장거리 스케일에서 뚜렷하게 나타난다. 상대선이 가깝게 있지 않는 한 단거리의 스케일에서는 점들이 알 수 없을 정도의 가느다란 선으로 나타난다.

레이더 간섭 현상이 너무 강하면 중요한 항해상의 목표물을 관측하기가 어려우므로 동조 손잡이를 약간 돌리면 좋다. 그 밖에 다른 방법은 레이더 간섭 제거 장치를 활용하면 좋다.

3. 레이더의 허상

레이더의 화면에는 실제로 그 위치에 물체가 존재하지 않는데도 불구하고 상이 나타나기도 하는데, 이것을 허상이라고 한다. 이 허상은 영상을 판독하는 데 있어서 혼란을 초래하기 때문에, 레이더 사용자는 이 허상에 대한 지식으로 이들을 잘못 판단하는 일이 없어야 할 것이다.

1) 간접 반사

[그림 1-14]와 같이 스캐너에서 발사된 전파가 굴뚝이나 마스트 등의 선체 구조물에 부딪히고 반사하여 그 일부가 물체에 부딪혀서 동일한 경로를 따라 스캐너에 들어오면 물체의 상은 그 때의 스캐너의 방향, 즉 물체의 방향이 아닌 선체 구조물이 있는 방향에 나타난다.

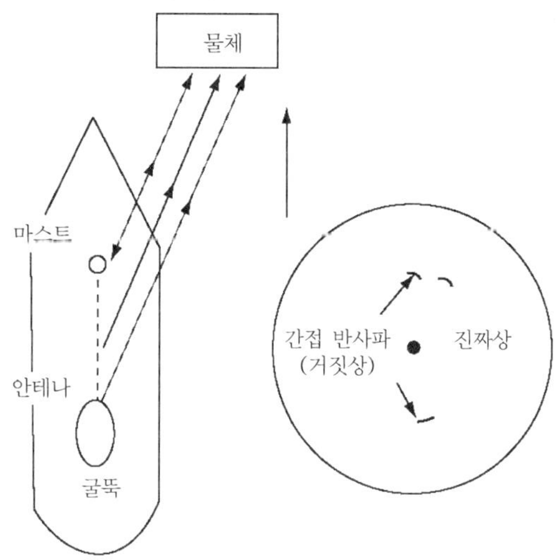

[그림 1-14] 간접 반사에 의한 거짓상

스캐너와 선체 구조물과의 거리는 물체까지의 거리에 비하면 무시할 수 있을 정도로 작으므로 간접 반사에 의한 상의 거리는 실제의 거리와 거의 같다. 이 허상은 실제의 상의 움직임보다 불규칙적으로 움직인다. [그림 1-15]처럼 침로를 바꾸면 이 허상은 바로 사라지거나 맹목 구간에 그대로 있기도 한다.

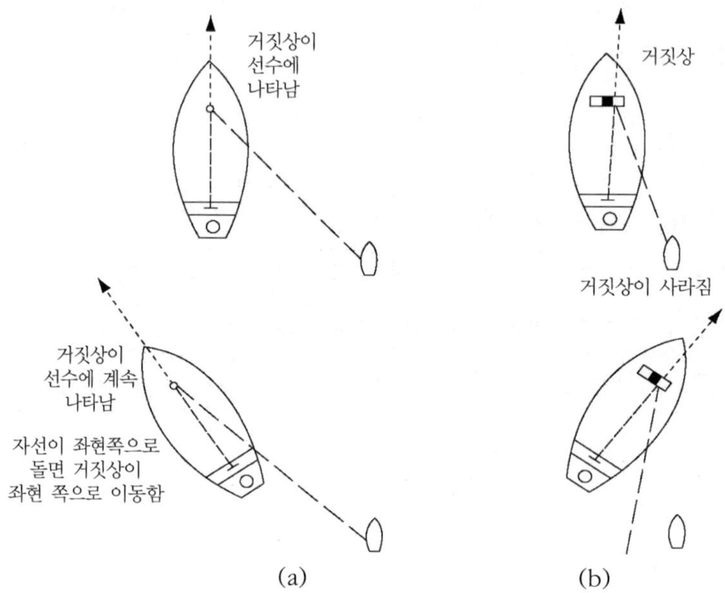

[그림 1-15] 변침시의 간접 반사에 의한 거짓상

2) 거울면 반사

이것은 간접 반사의 일종으로 선체의 구조물이 아닌 육상의 구조물, 즉 매끈한 안벽, 빌딩 또는 창고 등과 같은 거울면을 가진 물체를 전파가 지나는 경우에는 [그림 1-16]과 같이 물체의 실상 이외에 거울면의 반사에 의한 허상이 생긴다. 이 허상까지의 거리는 자선과 장해물까지의 거리에다 장해물과 물체까지의 거리를 합한 것이 된다. 이 허상은 간접 반사의 경우와 마찬가지로 실제의 상에 비하여 불규칙적으로 움직인다.

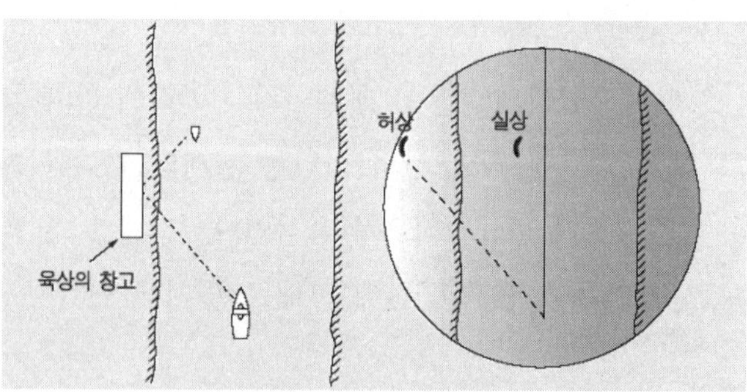

[그림 1-16] 거울면 반사

3) 다중 반사

자선의 정횡 방향에 강한 반사파를 내는 대형선 등이 있을 때에는 하나의 펄스가 자선의 선체와 물체 사이를 2회 이상 왕복하여 실상과 같은 방향에 동일한 간격으로 하나 이상의 상이 나타난다. 상대선과 자선이 [그림 1-17]과 같이 서로 1마일 정도의 짧은 거리로 같이 가고 있거나 반대 방향으로 지나는 경우에 발생한다. 다중 반사에 의한 허상은 실제의 상보다 약하게 나타난다.

[그림 1-17] 다중 반사에 의한 허상

4) 측 엽

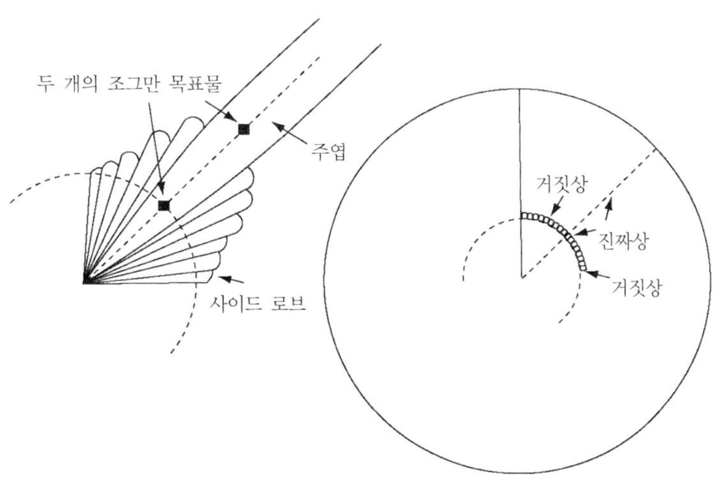

[그림 1-18] 사이드 로브에 의한 거짓상

측엽(side lobe)에 의한 반사파는 자선 부근에 큰 물체가 있을 때에 나타나며, [그림 1-18]과 같이 주엽(main lobe)에 의한 반사파와 같은 거리에 호의 모양으로 표시된다. 측엽이 없는 스캐너를 설계하는 것은 불가능하다. 가까이에 있는 물체는 주엽뿐만 아니라 측엽에 의해서도 나타나며, 또 이 측엽에 의한 허상은 짧은 거리에서만 나타난다. 이는 감도이나 해면 반사 억제기(STC)를 조정하여 억제시킬 수 있다.

5) 2차 소인 반사

[그림 1-19]의 예와 같이 2차 소인에 의한 반사파는 거리 스케일에 따른 최대 탐지범위보다 더 먼 거리의 물체로부터 수신된 반사파로, 거리는 틀리지만 방위는 올바르게 나타난다. 이와 같은 현상은 초굴절(super-refraction)의 경우에 나타난다. 이에 대해서는 거리 스케일을 변경하여 펄스 반복률(PRR 또는 PRF)이 변하면 레이더 화면상의 위치가 달라지므로 허상임을 확인할 수 있다. 이런 허상이 나타나는 경우는 기온의 역전층이 있을 때이다.

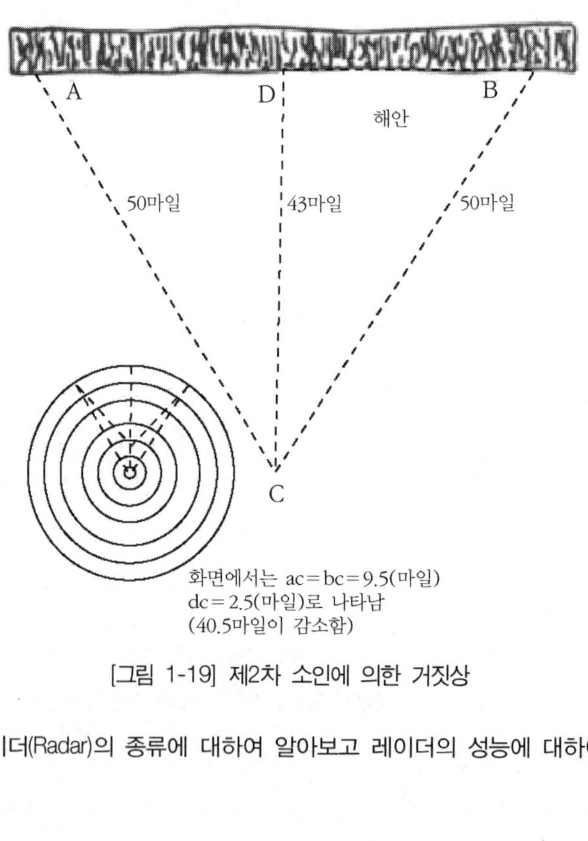

[그림 1-19] 제2차 소인에 의한 거짓상

〈실습 3〉 본선의 레이더(Radar)의 종류에 대하여 알아보고 레이더의 성능에 대하여 알아보자.

1.5
레이더의 사용법

1.5.1 레이더 조정기와 조정법

1. 레이더의 조정기

레이더 지시기의 앞면에는 레이더를 전반적으로 제어할 수 있도록 각종의 조정기가 부착되어 있다. 조정기는 레이더의 제작사나 모델에 따라 그 명칭이나 지시기상의 위치에 차이가 있지만, 주요 조정기들은 그 기능이 거의 같으므로 여기서는 공통된 주요 조정기에 대해서만 설명하기로 한다.

1) 전원 스위치(power switch)

레이더의 전원 스위치는 보통 ON/OFF, STAND-BY로 되어 있으나, 기종에 따라 ON/OFF 스위치와 STAND-BY 스위치가 따로 되어 있는 것도 있다. 대부분의 레이더를 작동시키려면 전원을 켜고 지시기의 음극선관과 송신 장치가 예열되는 2~4분 정도를 기다렸다가 동작시켜야 한다.

레이더의 사용을 잠시 중단할 필요가 있으나, 언제라도 즉시 작동하기를 원할 때에는 STAND-BY로 해두면 된다.

2) 동조 조정기(tuning)

이것은 레이더의 국부 발진기의 발진 주파수를 조정하는 것으로서, 국부 발진기의 주파수가 적절히 조정되면 목표물의 반사에 의한 지시기의 화면이 선명하게 된다. 이 조정기는 많이 돌린다고 해서 화면의 선명도가 좋아지는 것이 아니라, 주파수를 동조시킴으로써 최대의 효과를 얻도록 되어 있으므로, 가장 적절한 화면이 되도록 조정해야 한다. 최근의 레이더에서는 동조 상태를 나타내는 표시가 화면상에 나타나므로 초보자는 먼저 그 표시가 최대가 되도록 조정하면 된다.

3) 수신기 감도 조정기(gain)

수신기의 감도를 조정하는 것으로 이것을 시계 방향으로 돌리면 감도가 증가하여 영상이 밝아지고 탐지 능력도 좋아지지만, 동시에 영상의 잡음도 함께 증가하여 원하는 목표물에 대한 식별이 어렵게 될 수도 있다. 그러므로 수신기의 감도 조정은 영상 잡음이 지시기의 중심 부근에 조금만 나타날 정도로 조정하면 된다. 사용 거리 스케일에 따라 영상 잡음의 정도가 다르므로 근거리 사용시에는 잡음을 적게 하기 위해서 약간 낮게 조정하고, 원거리 사용시에는 탐지 능력을 좋게 하기 위하여 약간 높게 조정하는 것이 적절하다.

요즈음 텔레비전 형태의 화면이 나오고 있어 메이커에 따라서는 수신기 감도 조정과 휘도 조정을 메이커의 설정값을 그대로 사용하는 것이 좋을 경우도 있다.

4) 해면 반사 억제기(STC)

자선 주위의 해면이 바람 등의 영향으로 거칠어지면 해면 반사에 의해 화면의 중심 부근이 밝게 나타나게 된다. 이러한 방해 현상은 근거리에 있는 소형 물체의 반사파를 식별하기 어렵게 한다. 이러한 경우에는 이 조정기를 조절하여 자선 주위의 근거리에 대한 반사파의 수신 감도를 떨어뜨리도록 하여 방해 현상을 줄여야 한다.

그러나 이 조정기를 과도하게 높이면 해면 반사파뿐만 아니라 소형 물체로부터의 반사파까지도 억제시켜서 화면에 나타나지 않게 할 수도 있으므로 주의하여 조절하여야 하며, 해면 반사가 심할 때에는 경계에 더욱 세심한 주의를 기울여야 한다.

5) 비, 눈 반사 억제기(FTC)

비나 눈 등의 영향으로 화면상에 방해 현상이 많아져서 물체의 식별이 곤란한 경우에 이러한 방해 현상을 줄이기 위한 조정기이다. 이 조정기는 전체 화면에 영향을 끼치며, 일반적으로 수신기의 감도를 떨어뜨리기 때문에 소형 물체의 탐지를 어렵게 한다. 그러므로 최소 한도의 방해 현상만을 줄이고 수신기의 감도 저하를 최소로 하도록 조정해야 한다.

6) 휘도 조정기(brilliance)

화면의 밝기를 조절하는 것으로 화면상에 회전하는 소인선의 자취를 겨우 알 수 있는 정도로 조정하는 것이 좋다. 휘도를 지나치게 높이면 화면이 전체적으로 밝게 되어 반사파에 의한 물체의 식별이 어렵게 될 수 있으므로 주의해야 한다. 또, 야간 항행시에 선교 내를 외부보다 밝게 하게 되어 외부 경계시 시력을 적응시키는 데 상당한 시간이 걸리므로 주의해야 한다.

7) 탐지 거리 선택기(range 또는 scale)

지시기 화면의 중앙으로부터 원주까지의 반지름에 해당하는 레이더의 탐지 거리를 전환시켜 주는 스위치이다. 레이더에 따라 선택할 수 있는 범위가 다를 수도 있으나, 대체로 0.75, 1.5, 3, 6, 12, 24, 48, 96해리 등의 범위로 선택할 수 있다.

8) 가변 거리환 조정기(VRM)

자선에서 원하는 물체까지의 거리를 화면상에서 측정하기 위하여 사용하는 조정기이다. 이 조정기를 시계 방향으로 돌리면 돌리는 정도에 따라 거리 측정용 휘점 또는 거리환이 중심에서 먼 쪽으로 움직이게 되며, 조정기의 움직임을 멈추면 일정한 곳에 멈춘다.

거리의 측정은 이 가변 거리환이 물체의 안쪽 경계면에 접하도록 하고, 그 때 거리 표시기에 나타난 숫자를 읽으면 된다.

9) 방위선(cursor 또는 EBM)

화면의 바로 위에 물체의 방위를 측정하기 위해 일련의 평행선이 그려진 투명 원판이 있는데, 방위선 조정기는 이 원판을 돌려 방위의 측정이 가능하도록 하는 조정기이다. 소형 물체에 대한 방위 측정의 경우에는 소인선의 기점이 화면의 중심에 있는지를 확인하고, 화면의 중심을 지나는 가로선이 물체의 휘점을 2등분 하도록 방위선을 맞추고 화면의 외주에 있는 방위 눈금판의 값을 읽으면 된다.

최근의 레이더에서는 물체에 대한 정확한 방위 측정에 편리한 전자식 방위선(EBM, EBL, EBC)을 채용하고 있다. 이러한 전자식 방위선은 보통 소인선의 기점에서 시작되는 하나의 휘선으로서, 소인 기점이 화면의 중심이 아닌 곳에 있게 하는 오프센터(OFF CENTER)를 이용하는 경우와 진운동 표시 방식의 화면 등에서 매우 편리하다. 또, 평행 방위선을 사용할 때 발생할 수 있는 소인 중심 오차와 화면을 보는 눈의 위치에 따라 생기는 오차인 시차에 의한 오차가 발생하지 않는다.

전자식 방위선과 구별하기 위하여 일반적인 방위선을 기계식 방위선 또는 평행 방위선이라 한다.

10) 중심 이동 조정기(off center)

필요에 따라 소인선의 기점인 자선의 위치를 화면의 중심이 아닌 다른 곳으로 옮길 수 있도록 하는 조정기이다.

이 조정기는 자선의 위치를 좌우 및 상하 어느 방향으로든 이동시킬 수 있도록 되어 있으며, 동일한 탐지 거리에서도 자선 전방의 탐지 거리를 크게 할 수 있다. 이러한 중심 이동 기능은 강이나 좁은 수로 등을 장시간 항행할 경우에 상당히 편리하다.

자선의 위치가 화면의 중심에서 이동된 경우에는 물체의 방위를 바로 측정할 수 없으므로, 이 때에는 전자 방위선에 의한 방위 지시값을 읽거나 평행 방위선을 이용하여 자선에서 물체까지의 방위와 평행한 방위선을 화면의 중심으로부터 읽어 방위를 측정하여야 한다.

11) 방위 선택 스위치(bearing relative/true)

상대 운동 표시 방식의 레이더 화면의 표시 방식에는 선수 휘선이 가리키는 방위에 따라서 진방위 지시 방식(north up)과 상대 방위 지시 방식(head up)의 두 가지가 있는데, 방위 선택 스위치로 이들은 선택할 수 있다.

방위 선택 스위치를 NORTH-UP 또는 TRUE로 하면 화면의 상단, 즉 자선의 선수쪽 방향은 항상 진북으로서 0′ 이며, 선수 휘선은 자선의 실제 침로를 가리키게 된다. 이 방식은 선체의 움직임에 의한 영상의 흔들림이 생기지 않고, 변침시에도 자선의 선수 휘선만 이동하므로 해도와 비교할 때 육지의 영상을 손쉽게 파악할 수 있는 좋은 점이 있어 플로팅 실행이나 연안 항해 및 협수로 항해 등에 편리하다.

선택 스위치를 HEAD-UP 또는 RELATIVE로 하면 선수 휘선이 항상 화면의 위쪽을 향하게 되어 자선의 침로가 화면의 위쪽의 방위가 되므로, 모든 물체의 방위는 자선의 선수에 대한 상대 방위로 표시된다. 이 방식은 선수 휘선이 자선의 진행 방향과 일치하여 레이더의 영상과 자선 주변에 있는 물체들의 위치가 일치하는 편리한 점이 있으나, 자선의 움직임에 따라 영상이 흔들리게 되어 방위의 정확도가 떨어지고 플로팅을 할 때 그 정확성도 떨어진다. 그리고 변침시에는 화면상의 모든 영상이 자선이 선회하는 반대 방향으로 움직이게 되어 그 잔상과 더불어 영상의 판독이 어려운 단점이 있다.

12) 선수 휘선 억제기(head line off)

이 조정기는 선수 휘선상에 소형 물체가 있을 경우 또는 있을 것이라고 추측되는 경우에, 잠시 동안 선수 휘선이 화면상에 표시되지 않도록 하여 물체의 탐지를 가능하게 하는 스위치이다. 이것은 누름 스위치로 되어 있어서 필요한 경우에 스위치를 누르고 있으면 그동안에는 선수 휘선이 나타나지 않는다.

2. 레이더 작동법

선박용 레이더의 작동은 일반적으로 다음과 같은 순서에 따라 행한다.

첫째, 스캐너 부근에 장애물이나 작업자가 없는지를 먼저 확인한 다음, 모든 조정기가 최소값의 위치에 있는지를 확인한다.

둘째, 전원 스위치를 OFF에서 STAND-BY로 한다.

셋째, 음극선관과 송신 장치가 예열되도록 2~4분 정도 기다린 뒤 준비가 되면 ON으로 한다.

넷째, 원하는 거리 스케일을 선택하고, 소인선의 자취가 약간 나타날 정도로 휘도 조정기를 조절한다.

다섯째, 동조 조정기를 조정하여 동조 지시기의 표시를 최대가 되도록 맞춘다.

여섯째, 화면을 보면서 물체의 영상과 화면이 가장 선명하게 되도록 수신기의 감도 조정기를 조절한다.

일곱째, 해상 및 기상 상태에 따라 해면 반사 억제기(STC)나 비-눈 반사 억제기(FTC)를 사용하여 방해 현상을 적절하게 조절한다.

여덟째, 원하는 방위 표시의 방식을 선택한다.

아홉째, 물체의 거리를 측정하기 위한 가변 거리환 또는 고정 거리환의 휘도를 적절히 조절하고, 올바른 방위 측정을 위해 소인선의 기점이 화면의 중심에 있는지를 확인하여 사용한다.

레이더의 사용을 끝내려면 위의 작동 순서와 반대로 하면 된다.

레이더의 작동법을 더욱 구체적이고 실질적으로 익히려면 실습을 반복적으로 하는 방법이 가장 좋으나, 현실적으로 많은 제한이 있어 어렵다.

1.5.2 레이더 선위 결정

레이더의 가장 큰 특징은 다른 전파 계기와는 달리 자선 주위의 목표물이나 지형이 자선을 중심으로 화면상에 나타난다는 점이다. 따라서, 레이더는 자선 주위의 목표물이나 지형을 이용하여 선박의 위치를 결정하는 데 이용할 뿐만 아니라, 천후나 시간의 제약을 거의 받지 않고 선박의 안전 운항에 유용하게 이용할 수 있는 것이다. 레이더는 육지의 초인, 연안 항해, 협수로 항해에 효과적으로 이용된다.

1. 원양에서 연안으로 접근시의 이용법

안개 등으로 시정이 나쁜 상태에서 연안으로 접근할 때 레이더는 아주 유용하다. 그러나 레이더로 맨 처음 구한 위치는 매우 불확실하다. 그 이유는 자선의 위치를 구하기 위해서는 추정 위치를 기준으로 화면상의 영상을 판독하게 되는데, 처음 항해하는 지역에서 레이더에 나타난 원거리 목표물을 해도에서 찾는 것은 매우 어려운 일이기 때문이다.

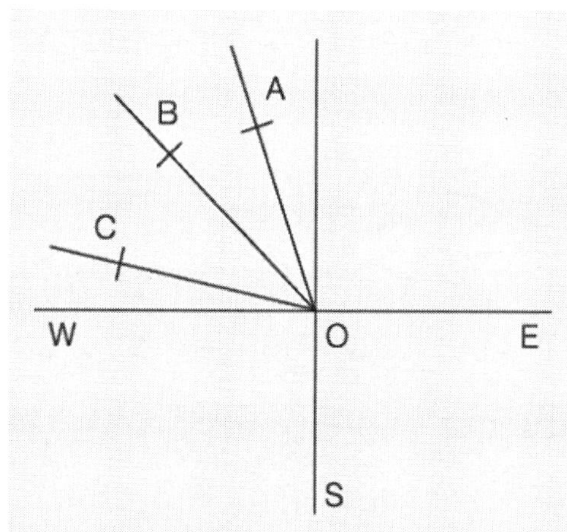

[그림 1-20] 투명지에 목표물 방위와 거리를 기입한 예

그러나 다음과 같은 방법을 이용하면 목표물을 확인하여 위치를 구할 수 있다. 레이더 화면상에서 현저한 목표물을 3개 이상 선정하여 방위와 거리를 측정한다. [그림 1-20]과 같이 투명지에 자선의 위치 O점에서 레이더 영상의 방위선과 거리를 A, B, C로 표시한다. 다음에 이 종이를 해도의 추정 위치 부근에서 자오선을 평행으로 유지하면서 움직여 A, B, C의 각 점이 해도상의 목표물과 일치하도록 하면 O점이 자선의 취치가 된다. 이와 같이 하여 구한 위치는 반드시 정확하다고 할 수 없으므로 계속 주의하면서 확인해야 한다.

2. 연안 항해에서의 이용법

선박이 연안을 항해하면서 레이더에 의하여 선위를 결정하는 방법은 화면에 나타나는 물체의 방위와 거리를 측정하여 결정하게 된다. 그러므로 방위선과 거리에 의하여 선위를 결정하는 방법에는 다음과 같은 여러 가지가 있으나, 특히 방위의 정밀도는 거리의 정밀도에 비하여 신뢰도가 낮다는 점에 유의하여야 한다.

1) 레이더 거리와 실측 방위에 의한 방법

눈으로 볼 수 있는 고정 목표물에 대하여 컴퍼스로 방위를 측정하고 레이더로 거리를 측정함으로써 자선의 위치를 구하는 방법으로 가장 정확한 방법이다. 해도상에 고정 목표물의 방위선을 그리고 그 목표물을 중심으로 해당 거리를 반지름으로 하여 원호를 그리면 그 교점이 위치가 된다.

2) 둘 이상 목표물의 거리에 의한 방법

적당한 교각, 통상 30도 이상을 이루는 2개 이상의 목표물에 대하여 레이더로 그 거리를 측정한 다음, 각 목표물에서부터 측정 거리를 반지름으로 하는 원호를 그리면 그 교점이 위치가 된다. 이 방법을 사용할 때에는 튀어 나온 곳이나 섬, 그 밖에 화면상에서 뚜렷한 목표물을 잘 선정하여 측정해야 한다. 이것도 비교적 정확한 방법이다.

3) 한 목표물의 레이더 방위와 거리에 의한 방법

레이더에 나타나는 작고 뚜렷한 고정 목표물에 대하여 가변 거리환에 의하여 거리를 측정하고 커서 라인(cursor line)을 돌려 진방위를 구함으로써 선위를 결정하는 방법으로, 다른 목표물을 식별할 수 없을 때에 사용한다. 이 방법은 정확도는 다소 떨어지지만 신속하게 측정할 수 있는 장점이 있다.

4) 둘 이상 목표물의 레이더 방위에 의한 방법

연안 항법에서의 교차 방위법과 마찬가지로 2개 이상의 목표물에 대한 레이더 방위를 측정함으로써 선위를 구하는 방법이다. 일반적으로, 레이더 방위는 레이더 거리보다 오차가 크기 때문에 정확도가 가장 떨어지는 방법이기는 하지만, 개략적인 선위를 신속하게 구하고자 하거나 시계가 불량할 때에 사용된다.

이상에서 설명한 바와 같이 레이더로 위치를 구할 때에는 레이더의 방위는 수평 빔 폭의 영향으로 오차가 크게 나타나므로, 부득이한 경우가 아니면 레이더 방위를 이용하지 않는 것이 좋다.

3. 협수로에서의 이용법

협수로를 항해시에는 주위 상황의 변화가 빠르므로 넓은 해역을 항행할 때보다 위치를 신속하고 정확하게 구해야 한다. 협수로에서는 선박의 교통량이 많고, 자선의 조종 가능한 해면이 제한되므로, 레이더로부터 짧은 시간 내에 필요한 모든 정보를 전부 얻어야 한다. 또, 방위나 거리를 측정하여 해도에 작도하는 시간적 여유가 없는 협수로도 있으므로, 이 때에는 해도를 영상 판독을 위한 보조적 수단으로 사용하면서 영상 판독을 정확히 하면서 레이더를 직접 항법에 사용하여 항행해야 한다. 그리고 간접반사 등의 허상 및 맹목 구간에 대하여 특히 조심해야 하며, 다른 선박의 이동을 정확히 파악하는 동시에 소형선, 부표 등의 영상 판독에도 익숙해야 한다.

협수로에서 레이더를 사용하는 경우에는 영상의 이동이 빠르므로, 협수로에 진입하기 전에 미리 변침점, 침로, 선수 방향의 목표물, 피험선 및 주요 목표물들의 정횡거리 등을 미리 확인해 두도록 한다.

〈실습 4〉 본선의 레이더(Radar)를 이용하여 한 당직에 선위를 5개 이상 측정하여 보자.

1.6 재래식 전파항법장치

오늘날은 전파항법장치 시대라고 할 수 있다. 경도 측정을 목적으로 1759년에 존 해리슨이 크로노미터를 발명한 후 최근까지도 널리 사용되어 왔던 천문항법을 'Dead Navigation'이라고 부르게 된 것은 이 전파항법장치 중에서도 GPS의 등장 때문이라고 할 수 있다. 이제는 항해사들이 힘들게 천체의 고도를 측정하거나 천측력 및 천측 계산표를 찾지 않아도 이 항법장치로 인하여 정확한 위치와 경제적인 항로를 찾을 수 있게 되었다.

전파항법은 전파의 직진성, 등속성 및 반사성을 이용하여 선박의 위치를 구하는 항법으로, 주야는 물론 천후나 해상 상태 등의 자연 조건의 변화에 관계없이 대양에서 선위를 짧은 시간에 측정할 수 있는 장점이 있다. 우리는 이러한 전파항법장치를 활용하여 안전하고 효율적인 항해를 할 수 있게 되었다.

1.6.1 무선 방위 측정기(RDF)

1. 무선 방위 측정기의 원리와 오차

1) 무선 방위 측정기의 원리

무선 방위 측정기는 도래하는 전파를 수신하는 안테나의 지향성에 의하여 전파의 방향을 측정하며, 안테나의 특성에 의하여 그 성능과 방식이 결정된다.

방향을 탐지하는 안테나의 대표적인 형태가 루프 안테나이다. 이것은 코일 형태로 1회 또는 수 회 감은 사각형 또는 원형의 안테나이다.

휴대용 라디오를 이용하여 방송을 청취할 때 라디오를 세운 채 수평 방향으로 한 바퀴 돌려 보면 소리가 크게 들릴 때와 작게 들릴 때가 있다. 소리가 가장 크게 들릴 때 라디오의 납작한 면이 전파의 진행 방향이 된다. 이것이 무선 방위 측정의 원리이며, 재래식 무선 방위 측정기를 사용하여 수신음을 들으면서 루프를 회전시켜 무선 방위를 측정하는 방법이다.

2) 무선 방위 측정기의 측정 오차

무선 방위 측정기는 이상적인 상태에서 정확도가 높은 전파 방위 측정이 가능하도록 설계되어 있다. 그러나 선박에 설치된 무선 방위 측정기로 방위를 측정하였을 경우 측정기 자체의 오차와 다른 많은 요인에 의하여 방위 측정상의 오차가 발생한다. 이러한 측정상의 오차의 종류와 요인을 살펴보면 다음과 같다.

(1) 무선 방위 측정기의 오차

① **안테나 효과에 의한 오차**

루프 안테나의 수직 두 변이 지면에 대하여 전기적으로 비대칭인 경우, 즉 정전용량이 서로 다를 때에는 작은 수직 안테나가 루프 안테나에 부가된 것과 같아져 최소 감도점이 불분명하게 되므로 오차가 생긴다.

② **고니오미터의 오차**

직교 루프 안테나가 정확히 직각으로 배치되어 있지 않았을 경우와 고니오미터의 고정 자기장 코일이 직각으로 되어 있지 않았을 경우에 생기는 오차이다.

③ **수직 안테나의 위상 변화에 의한 오차**

수직 안테나에 의한 유기 기전력을 루프 안테나의 출력과 합성하는 경우에 위상이 맞지 않아 생기는 오차이다.

이 밖에도 수신 회로 또는 지시 회로에서 생기는 오차 등이 있으나, 오늘날의 진보된 기술로 이들의 전체 오차는 $\pm 1^\circ$ 이내이다.

(2) 교란 물체에 의한 오차

루프 안테나의 부근에 있는 연돌, 마스트, 선박 무선용 안테나 등의 도체에 의한 전파의 반사파와 송신국으로부터 오는 전파의 직접파가 동시에 수신되어 간섭을 일으키면, 측정기에서는 이들 전파가 [그림 1-21]에서와 같이 굴절되어 오는 것으로 인식하게 된다. 이로 인한 오차는 선수미 및 정횡 방향에서 최소이고 그 중간 방위에서 최대가 되므로 상한차(quadrantal error) 또는 4분원 오차라고 한다.

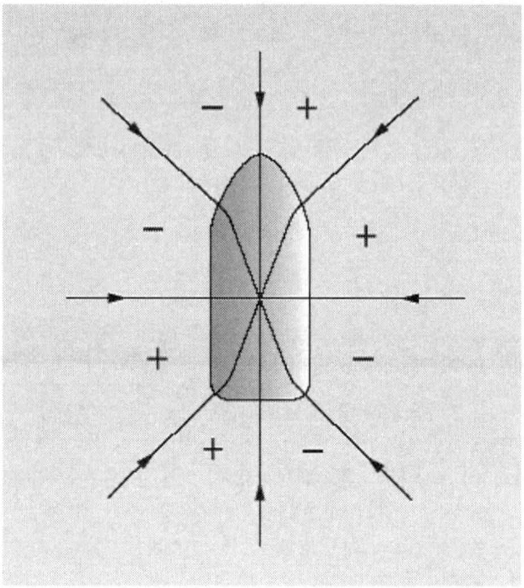

[그림 1-21] 상한차 부호

상한차는 선체의 구조상 피할 수 없기 때문에 상한차 수정 곡선을 만들어 놓고, 무선 방위를 측정할 때마다 자차 수정과 같은 원리로 수정해서 사용하여야 한다. 상한차 수정 곡선은 선수를 선회시키면서 원거리 송신소의 방위를 측정하거나, 단정에 송신기를 싣고 배 주위를 선회하도록 하여 단정의 실측 방위와 무선 방위를 비교하여 [그림 1-22]와 같은 수정 곡선을 작성할 수 있다.

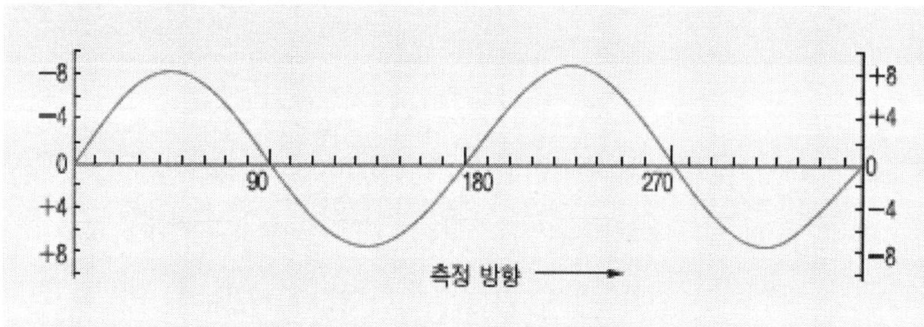

[그림 1-22] 상한차 수정 곡선

(3) 야간 오차

야간에 원거리에 있는 송신국의 무선 방위를 측정하면 때때로 큰 오차를 포함하게 되는데 이를 야간 오차라고 한다. 야간에는 공간파가 강해지므로 야간에 방위 측정을 하는 경우에는 공간파가 지표파를 간섭하여 이러한 측정 오차를 발생시킨다. 이것은 공간파의 편성에 기인하는 오차로서 공간파 오차 또는 편성 오차라고도 한다.

야간 오차를 방지하기 위해서는 가능한 한 근거리에 있는 저주파 송신국을 선택해야 하고, 될 수 있는 대로 야간 측정을 피하고 공간파의 간섭 현상인 페이딩(fading)이 있는지를 감시해야 하며, 방위를 연속적으로 수 차례 측정하여 그 평균값을 사용해야 한다.

(4) 해안선 오차

육지에서의 지표파의 진행 속도는 해상에서보다 느리므로, 송신국에서의 전파가 90°보다 작은 각도로 육지에서 바다로 나갈 때 육지쪽으로 굴절하게 된다. 이러한 현상에 의하여 발생하는 오차를 해안선 오차라고 한다. [그림 1-23]과 같이 전파의 진행 방향이 해안선과 직각인 때에는 굴절이 생기지 않지만, 그 교각이 작을수록 해안선의 안쪽 방향으로 전파의 굴절이 일어난다. 이 오차는 전파의 주파수가 낮을수록 육지의 도전율이 낮을수록 커지는데, 해안선과의 교각이 45°에서는 2° 정도, 20° 이하에서는 3°~4°에 달할 수도 있다.

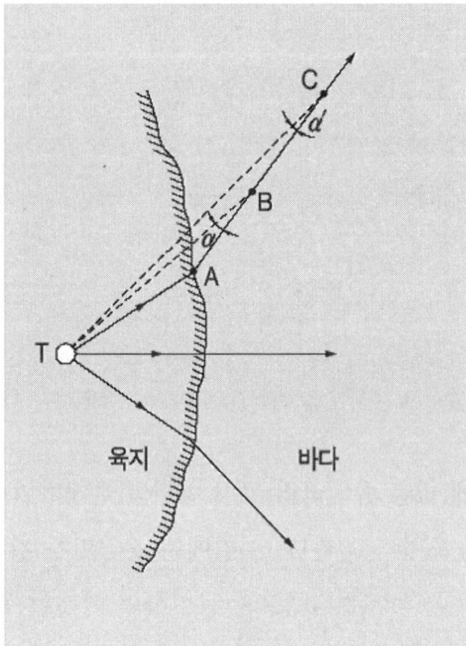

[그림 1-23] 해안선 오차

2. 무선 방위 측정기의 작동법

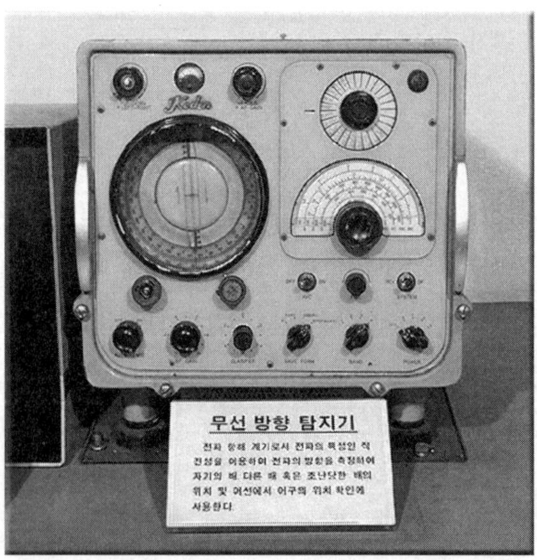

[그림 1-24] 무선 방위 측정기

선박에서 사용하는 대부분의 무선 방위 측정기는 자동식 측정기들이며, 가시식과 자동 지침식의 두 종류가 있다. 이 계기들은 외관상 차이가 있지만, 각 스위치의 기능은 거의 비슷하다. 그리고 가시식과 자동 지침식의 차이는 도래하는 전파의 단일 방향을 가시식은 수동으로 측정하고 자동 지침식은 측정기가 자동으로 가리킨다는 점이다. 따라서, 여기서는 자동식 무선 방위 측정기에 대한 작동법을 설명한다.

1) 작동법

전원을 켜기 전에 안테나선과 전원선이 올바르게 연결되었는지를 확인한다.

(1) 측정 준비

① 등대표 등의 수로지를 참고하여 추정 위치에서의 이용 가능한 전파 표지국(radio beacon)을 선택하여 국의 위치, 국의 부호, 주파수, 송신 방법, 송신 시간 등을 조사하여 둔다.

② 자이로 컴퍼스와 연동된 경우에는 마스터 컴퍼스의 선수 방위를 맞춘다.

③ 로란과 겸용 안테나를 사용하고 있는 경우에는 변환 스위치를 무선 방위 측정기로 바꾼다.

(2) 무선 방위 측정

① 전원 스위치를 켠다.

② 시스템 스위치를 DF로 놓는다.

③ 희망하는 주파수로 동조하기 위해서는 동조 선택(SELF-XTAL) 스위치를 SELF로 놓는다.

④ 전파 형식(WAVE TYPE) 스위치를 희망하는 신호에 놓는다.

⑤ 주파수 범위(BAND) 스위치를 희망하는 주파수대에 놓는다.

⑥ 동조(TUNE) 스위치를 수신하려고 하는 전파의 주파수에 맞춘다. 이 때 전파가 수신되면 CRT상의 영상이 8자 형태로 된다.

⑦ 이득(GAIN) 및 음량(VOLUME) 스위치를 적절하게 조절한다.

⑧ 미세 조정(SPREAD) 스위치를 조절하여 8자 형태의 신호가 가늘게 되도록 한

다. 스폿 수신을 할 때에는 수정 스폿(XTALS) 스위치를 희망 주파수에 맞추면 되는데, 이 경우에는 BAND 및 TUNE을 희망하는 주파수 부근에 맞추어 둔다. 또, 전신 및 SSB파를 수신할 때에는 전파의 형식을 맞추고 명료도(CLARI) 스위치를 조절하여 양호하게 한다.

⑨ 커서선을 CRT상의 8자 신호에 길이 방향으로 맞춘다.

⑩ 센스(SENSE) 스위치를 누르면 8자 신호가 한쪽으로 치우치는데, 이 때 치우친 쪽의 화살표의 방위가 전파가 도래하는 방위이므로 이 방위를 측정한다.

2) 사용상의 주의 사항

① 무선 방위를 측정할 때에는 선박 통신을 중단하고 모든 통신용 안테나를 개방하여 상한차를 줄이며, 상한차에 대한 개정을 할 것.

② 야간 오차가 예상될 때에는 근거리의 저주파국을 선택하고, 수차례 연속 측정을 하여 그 평균값을 구할 것.

③ 무선 방위 측정기로 측정한 방위는 대권 방위이므로 원거리 송신국의 방위를 측정하였을 때에는 점장 방위로 개정할 것.

④ 무선 방위 측정에 의한 방위는 최선을 다해도 1°~2°의 오차가 포함되므로 충분한 오차계를 둘 것.

⑤ 자선의 위치를 정확히 알 경우에는 평소에 무선 방위를 측정하여 자선의 무선 방위 측정기의 오차 범위를 알아 둘 것.

3) 무선 방위 신호 이용법

무선 방위 신호 이용의 예를 들면 부산 지역의 무선 표지국인 영도 무선 표지국(35°02′.97N, 129°05′.67E)은 매시간의 정각을 기준으로 하여 00, 10, 20, 30, 40, 50분부터 각각 5분 동안, 모르스 부호 CY(—·—·—·—·—·)에 따른 전파를 300kHz로 송신한다. 수신 범위는 25 마일 정도인데, 이 범위 이내에서 자선의 무선 방위 측정기를 이용하여 전파의 방향을 파악하면, 해도상에 표시되어 있는 영도 무선 표지국으로부터 자선의 위치까지를 잇는 위치선을 얻을 수 있게 된다. 영도 무선 표지국은 무지향식 무선 표지국(RC)으로서 주간에 한하여 전파를 송신하고 있는데, 안개가 낀 경우에는 계속하여 전파를 발사한다.

3. 로란 C 송신기

로란(LORAN, long range navigation)은 쌍곡선 항법 방식의 전파항해 계기 중에서 가장 먼저 실용화된 대표적인 선위 측정용 계기이다. 로란은 중 · 대형선뿐만 아니라 우리나라의 연근해 소형 어선들에도 장착되어 매우 유용하게 사용되고 있는 전파항해 장비로, 이 방식은 주국(master station)과 종국(slave station)이라 불리는 2개의 송신국으로부터 시간 약속하에 발사하는 전파의 도착 시간차를 측정하여 위치선을 구하는 쌍곡선 항법 방식이다.

로란은 미국에서 개발되었으며 제2차 세계 대전 중인 1942년 초에 처음으로 사용되었고, 대전 후 민간용으로 개방되어 널리 보급되었다. 로란은 A, B, C 및 D 방식이 개발되었으나, 이 중에서 로란 B는 시험에 그치고 폐기되었으며, 로란 D는 미 해군용으로 사용되고 있다. 일반 선박용으로 보급된 것은 로란 A와 C의 두 가지이나, 로란 C는 로란 A의 오랜 운용에서 얻은 경험을 근거로 개량한 것이다. 또, 1985년에 로란 A의 송신국이 폐국되어 현재 선박용으로는 로란 C만 운용되고 있다.

1) 로란 C의 전파와 송신 방식

쌍곡선 항법 방식에서 동일 주파수의 전파를 동일한 시간에 발사할 경우에 수신 전파의 혼합으로 인한 시간차 측정과 수신자의 위치 식별의 어려움을 해결하기 위하여, 로란 C 송신국은 주국이 전파를 발사한 후에 종국들이 정해진 발사 시각표에 따라 차례로 전파를 발사하는 추종 펄스 송신 방식을 사용한다. 이렇게 주국과 종국들이 정해진 순서대로 전파를 발사하는 발사 시간 간격을 코딩 딜레이(coding delay)라고 한다.

로란 C에서의 전파의 형태는 레이더와 같은 펄스파이고 사용 주파수는 100kHz의 저주파를 사용한다. 로란 C의 펄스파는 펄스 폭이 260μs이고 펄스 간격이 1000μs 8개의 펄스군으로 되어 있다. 다만, 주국은 9개의 펄스군을 발사하는데, 이 아홉번째 펄스는 주국 신호와 종국 신호를 구별하기 위한 것으로 8개의 펄스 간격은 모두 1000㎲이지만, 주국의 여덟번째와 아홉번째 펄스 사이의 간격은 식별이 쉽도록 하기 위해 보통 2000㎲이다. 따라서, 로란 수신기는 수신하는 신호들 중에서 주국의 아홉번째 펄스만을 식별하면 체인 내의 모든 송신국의 식별이 자동적으로 가능하게 된다. 즉, 체인의 형태에 따라 주국 다음에 종국 X-Y 또는 X-Y-Z 또는 종국 W-X-Y-Z의 순서로 수신된다.

2) 로란 C의 송신국

로란 C 방식의 송신국은 3~5개의 육상 송신국으로 구성되는 체인(chain)을 이루며, 하나의 체인은 M으로 표시하는 1개의 주국(master station)과 W, X, Y, Z로 표시되는 2~4개의 종국(slave station)들로 구성된다.

동일 체인 내의 각 송신국들은 같은 반복 주기의 펄스파를 발사하므로 하나의 체인을 동시에 측정하여 2~4조의 위치선을 얻을 수 있고, 항해사는 이용 가능한 범위 안에 있는 어느 한 체인을 선택하여 계속적으로 위치를 결정하면서 항해할 수 있으므로 대단히 편리하다.

로란 C 체인의 주국 및 종국에 대한 상호 배치의 대표적인 모양을 나타내면 [그림 1-25]와 같다.

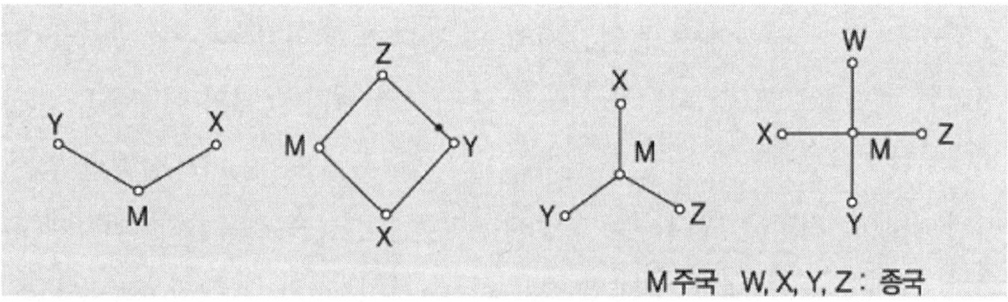

[그림 1-25] 로란 C 송신국의 배치

3) 로란 C 체인의 식별

로란 C 방식의 모든 체인은 100kHz의 단일 주파수를 사용하므로 체인 사이의 간섭을 피하기 위하여 각 체인은 서로 다른 펄스군 반복 주기(GRI, group repetition interval)를 사용하고 있으며, 이 GRI의 끝 숫자인 0을 뺀 것이 그 체인의 명칭이 된다. 예를 들면, 우리 나라와 가까운 북서 태평양 체인은 GRI가 89,300μs이므로 이 체인을 8930체인이라 부른다.

〈표 1-5〉는 2001년 4월 현재 작동 중인 로란 C 체인들을 나타낸 것이다.

〈표 1-5〉 작동 중인 로란 C 체인(2001년 4월 현재)

위 치	명 칭	위 치	명 칭
미국 남서부 체인	7980	북태평양 체인	9990
미국 북동부 체인	9960	알래스카만 체인	7960
오대호 체인	8970	캐나다 서해안 체인	5990
캐나다 동해안 체인	5930	미국 서해안 체인	9940
사우디아라비아 북부 체인	8830	북서 태평양 체인	8930
사우디아라비아 남부 체인	7030	인도 체인(뭄바이)	6042
러시아-미국 체인	5980	캘커타(콜카타) 체인	5543
뉴펀들랜드 동해안 체인	7270	중국 북해 체인	7430
동중국해 체인	8390	레세(Lessay, 프랑스) 체인	6731
남중국해 체인	6780	실트(Sylt) 체인	7499
지중해 체인	7990	서러시아 체인	8000
미국 중부 체인	8290	동러시아 체인(차카)	7950
보(노르웨이) 체인	7001	아이디(Eidi) 체인	9007
미국 남중부 체인	9610	동아시아(한국) 체인	9930

3. 로란 C 수신기

현재 대부분의 선박에서 사용하고 있는 로란 C 수신기는 [그림 1-26]과 같은 자동식 수신기이며, 이 수신기에 의한 선위의 정확도도 매우 높다. 이는 전자공학의 발달에 따라 등장한 새로운 형태의 수신기로, 외형의 크기는 줄었지만 종래의 방식에서는 볼 수 없었던 많은 기능을 가지고 있으며 사용법 또한 매우 간단하다. 지시기에는 숫자를 나타내는 발광 다이오드 또는 액정 화면이 부착되어 있고, 거의 모든 조정을 수신기 내부에서 자동으로 처리하도록 되어 있어 수신된 로란 신호를 분석하여 바로 현재의 선위를 경위도로 표시한다.

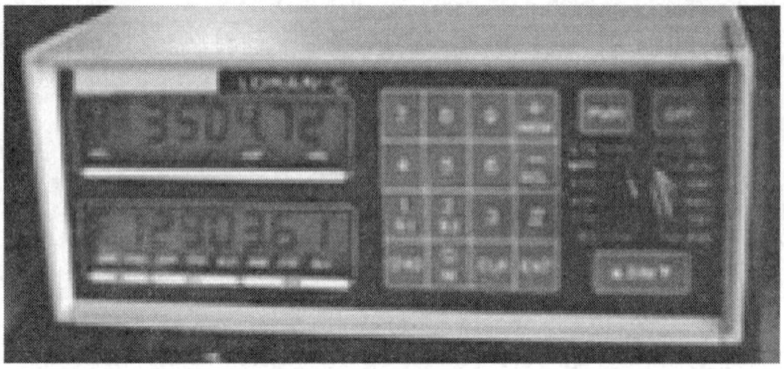

[그림 1-26] 로란 C 수신기

1) 각종 조정 스위치의 기능

자동식 로란 C 수신기가 갖추고 있는 기능 및 부착된 각종의 조정 스위치는 계기를 생산하는 제작 회사 및 각각의 모델에 따라 다르다. 여기서는 로란 C 자동식 수신기를 일반적인 조정 스위치들 중에서 로란 C 항법에 필요한 것만을 설명한다.

(1) 숫자 입력 스위치

로란 체인 및 종국을 새로 선택하거나 초기 위치 또는 화면의 시간차를 수정하여 입력할 때에 사용한다.

(2) 소거(좌/우)

전면의 상단에 보이는 좌우 화면의 내용을 없앨 때에 사용한다.

(3) 전원 스위치

로란 수신기를 작동하거나 중지시킬 때에 사용한다.

(4) S/W

남위, 북위, 동경, 서경의 선택 및 입력 자료를 감소시킬 때에 사용한다.

(5) +

입력 자료를 증가시킬 때에 사용한다.

(6) 입 력

숫자 스위치에 의한 각종 자료를 입력할 때에 사용한다.

(7) 국 선택/SNR

로란 체인과 그 종국을 선택하거나 현재 수신 중인 로란 체인의 각국의 신호 대 잡음비를 알고자 할 때에 사용한다.

(8) 시간차 보정

공간파를 이용할 때의 공간파 보정 또는 육상 전파에 의한 시간차를 보정할 때에 사용한다.

(9) 위도·경도 보정

측지계의 오차에 의해 나타날 수 있는 해도상의 위도 및 경오와 계기상의 위도 및 경도 사이의 오차를 보정할 때에 사용한다.

(10) 동조 다이얼

로란 신호 부근에 있는 방해파를 발견하기 위하여 사용한다.

(11) N1, N2 다이얼

방해파 제거용 다이얼이며, 각각 최대 방해파 및 두번째 방해파를 제거할 때에 사용한다.

(12) 동조 미터

로란 신호 및 방해파의 진폭에 따라 그 세기를 나타내는 미터로서 방해파를 제거할 때에 사용한다.

2) 수신기의 작동법

(1) 통상의 작동법

① 전원 스위치를 ON으로 한다.

② 수신기는 좌우 화면의 숫자를 000000에서 999999까지 바꾸어 가면서 자기 진단을 실시하여 이상이 없으면 현재의 선위를 표시한다.

(2) 초기 사용시의 작동법

설치 공사를 한 후 처음으로 사용하거나 전원을 끈 상태에서 자선이 60마일 이상 이동한 경우에는 다음과 같이 초기 설정을 해야 한다.

① 전원 스위치를 ON으로 한다.

② 자기 진단이 끝나고 위도 및 경도가 표시되면 '소거' 스위치를 이용하여 화면의 위치값을 지우고 추측 위치를 입력한다. 단, 추측 위치는 60마일 이내의 오차이어야 한다. 추측 위치가 북위 및 동경이 아니면 'S/W' 스위치를 이용하여 부호를 바꾼다.

이때 추측 위치대신 사용 범위에 있는 체인을 선정하여도 된다.

(3) 로란 체인 및 종국의 변경

현재 사용 중인 로란 체인을 바꾸거나 동일 체인에서 종국을 변경하고자 할 때에는 '국 선택' 스위치를 이용하여 체인 및 종국을 바꾼다. 예를 들면, 로란 체인이 9970이고 종국 코드가 11과 30이라면 다음과 같은 순서로 입력을 한다.

① '국 선택/SNR' 스위치를 누른다.

② '소거 좌' 스위치를 누른다.

③ 숫자 9, 9, 7, 0, 1, 1을 선택하고 '입력' 스위치를 누른다.

④ '소거 우' 스위치를 누른다.

⑤ 숫자 3, 0을 선택하고 '입력' 스위치를 누른다.

사용하고자 하는 체인과 종국을 선택할 때 사용자는 가능한 한 자선의 추측 위치가 로란 전파의 지표파가 도달되는 범위 내의 종국을 선정해야 정확한 자선의 위치를 구할 수 있다.

(4) 방해파 제거시의 작동법

로란 신호를 포착하고 계속적으로 자동 추적하기 위해서는 부근 해역에 존재하는 간섭 방해파를 제거할 필요가 있다. 이러한 방해파를 제거하기 위해 사용하는 것이 동조 다이얼 및 N1, N2다이얼이다.

① N1, N2 다이얼을 오른쪽으로 완전히 돌려놓는다.

② 동조 다이얼을 천천히 돌리면서 동조 미터의 움직임을 살핀다. 동조 미터 바늘의 움직임은 방해파가 있을 경우에는 급한 이동을 나타내게 된다.

③ 동조 미터의 움직임이 가장 큰 방해파에 동조 다이얼을 일치시킨다.

④ N1 다이얼을 돌려 동조 미터의 값이 최소가 되게 한다.

⑤ 위와 같은 방법으로 동조 미터의 움직임이 두번째로 큰 방해파에 동조 다이얼을 맞추고, N2 다이얼을 다시 돌려 또다시 미터의 값이 최소가 되도록 한다.

방해파 제거시 주의할 사항은 먼저 방해파는 시간에 따라 변화하므로 발견이 쉽지 않을 경우도 있으므로, 다이얼을 천천히 돌리면서 조정해야 한다. 방해파가 없는 경우에는 N1, N2 다이얼을 오른쪽으로 완전히 돌려놓도록 한다.

3) 로란 국 선택상의 주의

로란에 의한 위치 오차의 크기는 측정 시간차의 정확도와 단위 시간차에 대한 위치선의 간격 및 교각에 따라 달라진다. 또, 같은 이용 범위 내에서도 송신국과의 상대적인 위치에 따라 단위 시간차 사이의 위치선 간격이 서로 다르므로, 단위 측정 시간 오차에 따르는 위치선의 편위 오차는 기선상에서 가장 작고, 기선에서 멀어질수록, 또 기선 연장선에 가까워질수록 커진다. 일반적으로, 선박과 두 송신국을 잇는 직선이 선박에서 이루는 각이 5° 미만인 곳에서는 시간차 측정의 오차 1μs에 대하여 위치선의 편위량이 2마일 이상이므로, 그런 국을 사용하지 않는 것이 좋다. 또, 선택한 국으로 구한 위치선의 교각이 작을 때에는 몇 회를 연속 측정하여 구해야 한다.

정확한 위치를 얻기 위해서는 다음 사항을 주의해야 한다.

① 가능한 한 지표파를 이용할 수 있는 국을 선택할 것
② 위치선이 직교하는 국을 선택할 것
③ 전파가 전달되는 도중에 육지나 섬 등이 방해하지 않는 국을 선택할 것
④ 너무 멀리 있는 국은 피할 것
⑤ 기선의 연장선상에 있는 국은 피할 것
⑥ 공간파를 이용할 때에는 자기 선박으로부터 적어도 250마일 이상되는 국을 선택할 것

4. 한국 체인과 극동 전파 표지 협의회

한국 체인은 당초 미국에서 군사용으로 사용하던 것이어서 우리와 같은 일반 사용자들은 그런 것이 있는지조차 몰랐다. 미국 공군의 주도하에 새로운 항법 시스템인 GPS를 개발함에 따라 미국 국방부에서 관리하던 기존의 항법 시스템인 오메가, 로란 C를 예산상의 이유로 송신국이 설치되어 있는 나라에 이관하거나 아니면 폐쇄하는 정책을 사용하여 왔다. GPS가 비록 좋은 항법 시스템이기는 하나, 측위 수단은 이중으로 되어 있는 것이 항해의 안전상 필요한 것이라는 전제하에 우리나라에 있던 로란 C 송신국을 1989년 우리나라와 미국이 공동 운영하였다. 그 당시 체인은 GRI 5970이었다. 1993년 1월 1일부터 우리 정부, 즉 해양 수산부가 미국으로부터 이관받아 관리, 운영하고 있다. 한국 체인(Korea chain)은 1995년 8월 1일부터 GRI 9930으로 변경되었으며, 주국은 우리나라의 포항(M), 종국은 우리나라의 광주(W), 일본의 게사시(X)와 니지마(Y), 러시아의 우수리스크(Z)로 구성되어 있다.

그런데 러시아에서는 로란 C와 유사한 차카(Chayka)라는 시스템을 운영하고 있다. 이 시스템과 우리나라, 일본, 중국에서 운영하고 있는 로란 C 시스템을 국제적으로 협력할 필요성이 인정되어 우리나라, 일본, 중국, 러시아 4개국이 주동이 되어

구성한 극동 전파 표지 협의회(FERNS ; Far Eastern Radio Navigation Service)를 1990년 9월부터 운영하고 있으며, 2001년 현재 의장국은 우리나라이다.

〈실습 5〉 우리나라에 설치된 로란 C 체인과 우리나라 남해안에서 이용할 수 있는 국은 무엇인지 알아보자.

1.6.2 기타 쌍곡선 항법장치

로란과 같은 쌍곡선 항법 방식의 전파 항법 장치로 데카와 오메가가 있다. 그러나 로란과 달리 사용하는 전파의 형태는 지속파이며, 각 국(局)들로부터 발사되는 전파의 위상차를 측정하여 위치선을 결정한다. 따라서, 위상차가 0인 쌍곡선 사이의 레인에서는 정확한 위치선을 구할 수가 있으나, 사용자가 어느 레인에 속하는가를 모르는 애매성을 가지는 까닭에 레인 식별을 반드시 해야 하는 특징이 있다.

1. 데카(Decca)

데카 방식(decca navigator system)은 제2차 세계 대전 중 영국의 데카 회사가 개발하여 1944년 노르만디 상륙 작전에 처음으로 사용한 후, 영국 정부의 강력한 후원을 받아 영국을 중심으로 한 서유럽, 스칸디나비아 반도에 보급되었다. 그 후 페르시아만, 캐나다, 인도, 남아프리카 연방, 오스트레일리아, 일본 등에 국이 건설되어 그 이용 범위가 확대되었고, 일본 서해안의 데카 체인은 우리나라의 동해 및 남해에서 위치 측정에 매우 유효하다. 그러나 이 방식은 많은 나라에서 2000년 3월 31일부로 폐쇄하였다.

이 방식은 로란과 같은 쌍곡선 항법의 하나로, 약 70~130kHz의 지속파를 이용하여 두 국으로부터 전파의 위상차를 측정하고 이것을 거리차로 환산하여 위치선을 결정하는 방식이다. 데카가 로란과 다른 점은 로란에서는 펄스파를 이용하는 데 비해 데카는 파장이 3000m(100kHz) 정도의 지속파를 사용하고, 그 위상차를 측정하여 전파의 도달 시간차를 측정하는 점이다. 또, 지시기가 연속적인 자동 지시 장치로 되어 있어 취급이 간단하고 위치의 정확도가 대단히 높은 장점이 있으나, 유효 이용 범위는 약 250~350 마일 이내로 좁은 결점이 있다.

하나의 체인은 주국을 중심으로 거의 정삼각형의 꼭지점에 배치된 3개의 종국으로 되어 있다. 각 종국을 각각 적국(red), 녹국(green), 자국(purple)으로 구분한다. 또, 수신기의 표시기, 해도상의 위치선이 각각 해당 색으로 되어 있어 식별하기가 쉽다.

2. 오메가(Omega)

오메가(omega, Ω) 항법 방식은 1960년대 초에 미국 해군에서 개발한 것으로, 데카와 같이 두 국으로부터의 전파의 위상차를 측정하여 위치선을 구하는 방식이다. 데카가 100kHz대의 전파를 사용하는 데 비하여, 오메가는 10~14kHz의 초저주파를 사용하므로, 전파의 전달 거리가 대단히 멀어서 8개의 송신국으로도 전세계의 어디에서나 이용이 가능하다. 또, 기선이 길기 때문에 위치선의 발산도 적어서 그 위치 오차도 주간에 약 1마일, 야간에 2~3마일 정도이다.

한편, 미국 국방부는 오메가의 항법을 내브스타 GPS가 본격적으로 활용되기 시작한 1997년 9월 30일에 폐쇄하였다.

오메가 방식에 있어서는 두 국으로부터 지속파(10.2, 11/3, 13.6kHz)의 위상차를 비교하여 쌍곡선의 위치선을 구하는데, 데카와 같이 위상차가 0°인 인접한 두 위치선 사이의 구역을 레인이라 한다. 위상차를 센티레인(레인의 1/100)까지 측정하여 한 레인내의 어디에 위치선이 있는가는 알 수 있으나, 선박이 어느 레인에 있는가를 알기 위해서는 데카의 경우와 마찬가지로 별도의 레인 식별법에 의한다. 다만, 오메가에 있어서는 세계의 8개소에 위치한 송신국들이 서로 발사 시간을 달리하는 시분할 방식을 취하고 있으며, 수신기 내에서는 자체의 발진기를 가지고 있어서, 이 발진기의 전파와 각국의 전파의 위상을 차례로 비교함으로써 각국의 상호 위상차를 비교하는 방식을 취하고 있다.

1.7 GNSS(Global Navigation Satellite System)

GNSS(Global Navigation Satellite System)는 제2세대 위성항법방식인 GPS (Global Positioning System)와 GLONASS(Global Navigaion Satellite System)와 Gallileo를 통칭하는 용어로 IMO, IALA, ITU, CCIR에서 공식으로 사용하는 용어이다.

GPS는 전투기용으로 실시간 연속측위 시스템을 모색하던 미 공군과 차세대 측위 시스템에 관해 검토를 시작한 미 해군이 상호 협력하여 1973년 개발에 착수하였으며, 26개의 위성을 지상 2만km 궤도상에 배치한 1993년 12월 정식으로 운용이 개시되었다. 그리고 구소련에서 개발한 인공위성 측위시스템인 GLONASS도 1996년 구축이 완료되어 한동안 이용이 가능하였으나 현재로는 정상 운용중인 위성이 1/3에 불과하다.

그러나 2001년 8월 러시아 정부가 GLONASS 근대화 계획을 수립하여 2007년까지 재구축하겠다고 발표하였으며, EU에서도 독자적으로 GALILEO라 명명된 상용 위성측위시스템을 개발할 계획을 추진 중에 있다. EU의 GALILEO는 2008년에 운용 개시될 예정이며, 이때가 되면 70여기의 측위위성을 이용하는 3국 체제의 GNSS시대가 될 것으로 전망된다.

1.7.1 GPS

1. GPS의 원리와 구성

1) 내브스타 GPS의 위치 측정 방식

내브스타 GPS의 시스템은 지금까지 개발된 첨단 장비를 이용하고는 있지만, 그

원리는 아주 간단하다.이 내브스타 GPS는 위치를 알고 있는 여러 개의 중거리에 있는 인공 위성에서 발사하는 전파를 수신하고, 그 도달 시간으로부터 관측자까지의 거리를 구하여 위치를 결정하는 방식이다. 관측자의 위치를 지구의 중심을 원점으로 하고, 지구의 자전과 더불어 회전하는 3차원의 지구 좌표계를 사용하여 구하므로 위도, 경도, 높이로 표현할 수 있고, 또 도플러 주파수를 측정하여 관측자의 속도 성분을 알 수 있다.

(1) 위성까지의 거리

내브스트 GPS는 위성까지의 거리가 기본이 된다. 지구상의 관측자의 위치는 우주 공간에 있는 여러 개의 인공 위성으로부터의 거리를 측정하여 구한다. 여기서 의문이 되는 것은 우주 공간에 있는 인공 위성에서 지구상의 우리가 있는 곳까지의 거리를 어떻게 정확하게 측정할까 하는 점과 또 움직이는 인공 위성의 위치를 어떻게 정확하게 알 수 있는가 하는 점일 것이다. 이 문제는 다음 절에서 설명하기로 하고, 여기서는 위성이 어디 있는지를 정확하게 알고 있고 위성에서 우리가 있는 곳까지의 거리를 정확하게 알고 있지만, 우리는 현재 지구상의 어디에 있는지 모른다고 가정하자.

상상력을 동원하여 생각하여 위성 '가'를 기준으로 우리가 있는 곳까지의 거리가 24,000km라면 위성 '가'를 기준으로 우리가 있을 수 있는 곳은 위성 '가'를 중심으로 만들어진 공의 표면 어딘가에 있다고 생각할 수 있다. 위성 '나'에서의 거리가 22,000km라면 위성 '가'와 똑같이 위성 '나'를 중심으로 한 공의 표면상의 한 점이 된다. 그러면 위성 '가'를 중심으로 한 공의 표면과 위성 '나'를 중심으로 한 공의 표면상의 한 점이 된다. 그러면 위성 '가'를 중심으로 한 공의 표면과 위성 '나'를 기준으로 한 표면은 반드시 겹치게 되어 원이 생길 것이다. 즉, 우리의 위치는 이 원주의 어딘가에 있다고 할 수 있다. 또 다른 위성 '다'까지의 거리가 20,000km라면 이들 3개의 공이 겹치는 곳은 두 점이 될 것이다. 이와 같이 지구상에서 우리의 위치가 어디인지 전혀 모른다 하더라도 3개의 위성까지의 거리를 알 수 있으면 우리의 위치는 [그림 1-27]과 같이 두 교점 중에 하나라고 할 수 있다. 통상 우리의 위치를 대략적으로는 알고 있기 때문에 두 교점 중에 어느 것이 진짜 우리의 위치인지는 쉽게 결정할 수 있다. 이론적으로 말하면, 지구상에서의 우리의 위치는 최소 3개의 위성까지의 거리만 알고 있으면 구할 수 있다. 그런데 선박은 항상 지표상에 있으므로 최소 2개의 위성까지의 거리만 알고 있으면 위치를 구할 수 있다.

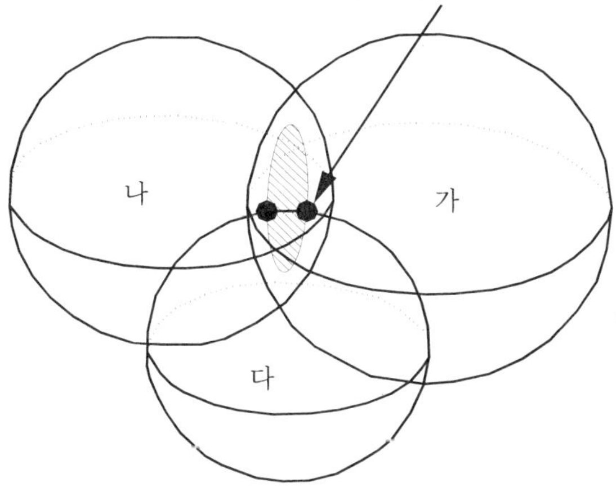

[그림 1-27] 3개의 위성으로 거리를 구하는 위치

그러나 위성의 시계와 수신기 내의 시계에는 오차가 있으므로 하나의 위성까지의 거리가 추가로 필요하다. 요약하여 말하면, 비행기의 경우에는 높이도 알아야 하므로 4개의 위성까지의 거리가 필요하고 선박의 경우에는 3개의 위성까지의 거리가 필요한 것이다.

(2) 위성까지의 거리측정

GPS는 우리가 있는 곳에서 위성까지의 거리를 알 수 있다는 것이 전제가 되므로 거리를 측정해야 한다. 일반적으로 거리는 자동차와 같은 이동체가 한 시간 동안에 60km를 갈 때 2시간 동안에는 얼마나 갈까 하는 문제이다. 이 때 거리는 1초에 3억 m를 진행하므로 전파의 전달시간을 알면 이 둘을 곱하면 구할 수 있을 것이다. 전파의 전달속력이 일정하다고 하면, 위성에서 우리가 있는 곳까지의 거리는 시간이 얼마만큼 걸리는가 하는 것이므로 결국은 시간을 측정하는 문제로 볼 수 있다.

시간의 측정은 원리적으로 아주 간단하다. 운동장의 양끝의 거리를 측정하여 보자. 여기서 학생 A와 학생 B가 운동장의 양끝에 서로 마주 보고 서서 똑같이 큰소리로 하나에서 열까지를 계속 반복하여 센다고 하고, 이 때 각 숫자를 세는 간격은 정확하게 1초라고 하자. 예를 들어 학생 A가 '셋'하면서 학생 B가 '둘'하는 소리를 들었다면, 학생 A는 학생 B와의 시간차가 1초임을 알고 있고, 또 소리의 속력은 1초당 340m씩 이동함을 알고 있기 때문에 그 거리가 340m임을 쉽게 알 수 있을 것이다. 만일, 세는 속도가 2배 정도 빠르면 세는 간격은 0.5초가 되므로 170m, 세는 속도가 100배이면 그 간격은 0.001초가 되므로 3.4m가 된다고 할 것이다.

다시 예를 들어 보자. 세는 간격을 0.01초라 하고 학생 A가 '셋'하면서 학생 B가 '둘' 하는 소리를 들었다면 계속 관측한 것이 아닌 한, 학생 A는 학생 B가 지금 막 '둘'을 한 것을 들은 것인지, 아니면 '열'까지를 센 다음의 '둘' 한 것을 들은 것인지를 파악할 수 없을 경우가 있을 것이다. 경과 시간을 살펴보면 지금 방금 '둘' 한 것이라면 0.01초에 해당하지만 '열'까지 센 다음의 '둘'이라면 0.1초가 될 것이다. 이런 문제가 발생한 것은 여기서 사용한 시간자(time ruler)가 '하나'에서 '열'까지 반복되는 시간자를 사용하면 될 것이다. 이와 같이, 시간자의 한계 때문에 발생하는 문제를 GPS에서는 미확정 정수(unknown integer) 또는 애매성(ambiguity) 문제라고 한다.

위의 예는 학생이 '하나, 둘, 셋, · · · · · · · · ' 하는 소리를 사용하지만, 내브스타 GPS 는 가짜 잡음 신호(PRN code, pseudo-random noise code)라는 일련의 복잡한 디지털 신호를 사용한다. 그 이유는, 위성의 신호와 수신기의 신호를 비교하기 쉽고 잡음으로 인한 모호성을 피하기 위한 것이지만 더 큰 이유는 미국 국방부의 전략적인 목적이라고 볼 수 있다. 따라서, 미국 국방부에서는 일반 선박에서 사용하여도 별 지장이 없다고 생각하는 C/A(coarse acquisition)코드만을 개방하고 있는 실정이다. 현재 일반 선박용 내브스타 GPS 수신기는 이 코드를 사용하고 있다.

(3) 위성의 시계와 수신기 시계와의 동기

위성과 똑같은 시간에, 똑같은 시간 간격으로, 똑같은 가짜 잡음 신호를 우리가 가진 수신기에서도 만들어 내어야만 위성으로부터의 도착시간을 정확하게 측정할 수 있으므로 위성과 수신기에는 정확한 시계가 있어야 한다. 그러기 위해서는 수신기에도 위성에 설치된 원자시계와 똑같은 시계가 있어야 하지만, 이 원자시계의 값이 워낙 비싸므로 보통은 수정시계로 대신하고 있다. 그러므로 측정한 전달시간에는 수신기의 시계와 위성의 시계와의 차이만큼 오차가 있다. 이 시간 오차는 일정하다고 볼 수 있으므로 이것을 수정하면 추가로 하나의 위성까지의 시간을 측정해야 한다. 여러분은 중학교에서 배운 연립 방정식을 생각하여 보면 쉽게 이해할 수 있을 것이다. 미지수의 개수만큼 방정식의 개수가 필요하기 때문이다. 즉, 비행기의 경우, 미지수가 위도, 경도, 높이, 시간 오차의 4개이므로 최소 4개의 위성까지의 거리로 방정식을 만들어야 하고, 선박의 경우는 위도, 경도, 시간오차의 3개이므로 최소 3개의 위성까지의 거리로 방정식을 만들어야 한다.

(4) 위성의 위치

지금까지 우리는 위성의 위치를 알고 있는 것으로 하였다. 그런데 우리는 위성의 위치를 어떻게 알까? 위성은 20,200km의 높이로 지구 주위를 돌고 있다. 미국 공군에서는 이 GPS 시스템 계획에 따라 각 위성은 아주 정확한 궤도를 따라 움직이도록 하였다. 그러므로 대기의 영향이 없는 한 위성은 정확하게 자기의 궤도를 따라 움직이므로 우리는 미리 위성의 위치를 알 수 있다. 어떤 수신기는 각 위성의 궤도를 표시하는 위성 궤도력(軌道曆, ephemeris almamnac)을 컴퓨터의 롬(ROM)에 저장하였다가 사용하기도 한다.

위성의 궤도에 대한 수학적 모델은 그 자체로도 정확하지만 더 확실히 하기 위해서는 위성을 계속 감시하여야 한다. 이 일은 미국 국방부가 관할하는 지상의 4개의 감시국에서 하고 있다. 각 위성은 12시간마다 한번씩 지구 주위를 돌고 있으므로, 감시국 중의 어느 한 국을 하루에 2번씩 지나게 되어 있다. 위성이 지날 때 감시국은 위성의 높이, 위치, 속력을 정확히 측정한다. 이 값은 위성의 원래 값과 차이가 있는데 이를 궤도오차(ephemeris error)라고 한다. 이 궤도 오차는 달과 태양의 인력과 태양의 복사압으로 생기며 그 크기는 작다. 육상 감시국은 이 오차를 측정하여 이것을 위성에 보낸다. 위성에서는 이 값을 수신기쪽으로 송신한다. 그러므로 위성은 가짜 잡음 신호를 송신할 뿐만 아니라 정확한 위성의 위치 오차와 시스템의 상태에 관한 데이터 메시지를 송신한다.

2) 내브스타 GPS 의 구성

내브스타 GPS는 21개의 기본 위성과 3개의 예비 위성으로 구성되는 24개의 위성과 이들을 지원하는 육상제어시설로 구성된다. 육상제어시설은 위성의 궤도와 위성 시간을 측정하는 적어도 4국 이상으로 구성되는 육상 감시국과 이들의 자료를 수집하여 궤도를 계산하는 주제어국 및 이들 자료를 위성에 송신하여 입력시키는 송신국으로 구성된다.

위성궤도는 [그림 1-28]과 같이 20,200km의 높이에 6개의 거의 원모양의 궤도가 배치되어 있고, 이 궤도에는 공전주기가 약 12시간인 위성이 균등한 간격으로 4개씩 모두 24개의 위성이 배치되어 있다. 이렇게 하면 지구상의 어디에서나 적어도 4개, 평균 5~6개의 위성 전파를 수신할 수 있다.

[그림 1-28] GPS 위성 배치도

3) GPS 위치선의 오차

GPS에서 거리를 측정할 때 GPS의 전파속도가 일정한 것으로 생각하였지만 전파의 속도는 변하므로 이에 따라 오차가 발생한다. 그밖에도 시계의 오차, 다중 경로로 인한 오차, GDOP로 인한 오차, 고의 오차가 있다.

(1) 전파의 속도의 변동에 따른 오차

전파의 속도는 우주 공간에서는 일정하지만 전파가 내브스타 GPS 위성에서 지상의 관측자까지 오려면 이온층과 대기층을 지나므로, 이 곳에서 전파의 속도가 변한다. 우선, 이온층에 대하여서는 다음과 같은 방법을 이용하여 해결하고 있다. 첫째로, 장기간의 관측을 통하여 이온층에서의 평균적인 속도변동을 구하고 이 값을 측정값에 가산하는 방법이다. 그러나 이 값은 실제와 차이가 있다. 둘째로는 2개의 서로 다른 주파수를 가진 전파를 이용 하는 방법으로 이것은 이온층이 전혀 없는 것과 같은 효과를 얻을 수 있다.

대기층에서는 물방울이 GPS의 신호에 영향을 주고 있으나 이것을 정확하게 수정하는 것은 불가능하다. 다행히도 이것은 위치에 영향을 줄만큼 크지 않다.

즉, 고주파 신호가 전리층을 지날 때는 속도감소는 물론, 전파의 굴절로 인하여 전파의 진행방향이 휘게 된다. 전파의 전체 지연값은 주파수의 제곱에 거의 반비례하는데, 전술한 바와 같이 항법신호를 L1, L2의 2개 주파수로 송신하는 것은 이들 2개 주파수를 비교해서 지연값을 결정하려는 것이다. 역시 MCS에서는 보정에 필요한 파라미터를 결정해서 이를 주기적으로 위성에 보내고, 위성은 이를 다시 GPS 사용자에게 송신한다. 한편, 대류권에서의 지연은 주파수와 무관하며 비교적 작은 값이다. 전리층과 대류권을 다 고려할 때 전파지연으로 인한 거리오차는 2.4 ~ 5.2m 정도이다.

(2) 시계오차와 수신기 오차

위성 시계 자체는 정확하지만 상대성 이론에 따르면 이것도 약간의 오차가 있다. 이 오차는 감시국에서 조정하지만, 그렇게 한다하더라도 때때로 측정위치에 오차를 생기게 하는 수가 있다. 각 위성에 탑재된 시계가 매우 안정된 것이기는 하지만 이 역시 GPS 시스템 타임에 비해 최대 976μs까지 오차가 생길 수 있는데, 이 오차는 수신기에서 항법신호(Navigation Message)에 포함된 시계 보정계수를 이용하여 수정된다. 시계오차 자체에 따른 거리 오차는 사실 1ft 내외로 극히 작지만, 이 오차는 Ephemeris 오차에 포함된 상태에서 별도로 분리할 수가 없기 때문에 통상 Ephemeris 오차와 하나로 묶어서 취급한다.

수신기에서도 전기적인 상호간섭 또는 수학적인 반올림에 의한 오차가 생기는 데 이 오차는 큰 경우도 있고 작은 경우도 있다. 수신기측 하드웨어와 소프트웨어에 의한 신호처리에서 생기는 잡음이나 분해능도 거리측정시 오차를 유발하는데, 이 오차는 성능이 우수한 4채널 수신기를 사용할 때 약 1.5m 정도이다.

(3) 다중 경로 오차(multi-path error)

이 오차는 위성에서 발사된 신호가 육지나 다른 곳에 부딪혔다가 수신기에 갈 때 생기는 오차이다. 최근의 수신기는 진보된 신호 처리 기술과 특수한 안테나를 사용하여 이 문제를 최소로 줄이고 있으나, 상황이 나쁜 경우에는 측정 위치에 큰 오차가 발생하기도 한다. 신호의 전파 도중 주변 건물 등에 반사됨으로써 1개 이상의 여러 경로를 통해서 신호를 수신하게 되는 경우 거리측정에 관계되는 신호의 특성이 왜곡되어 오차가 생기는 것을 말한다. 이 다중경로 전파로 인한 오차는 비교적 작으며 대개 1.2～2.7m 정도이다.

한편, 다른 요인에 의한 오차는 경감시킬 수 있으므로 측위의 정확도를 관리할 수가 있으나 이 다중경로에 의한 문제는 발생을 예측하기 곤란하며 예기치 못한 오차가 되어 버리는 수가 있다. 일반적으로, 위성으로부터의 신호가 물체에 반사된 후 수신 안테나에 도래하는 것은 위성의 앙각이 낮은 경우가 많기 때문에 안테나의 수평방향 감도를 낮게 하여 저고도의 위성으로부터는 신호를 수신하지 않게 하는 것이 유일한 대책이 된다.

(4) GDOP(geometric dilution of precision) 오차

이 오차는 기하적인 오차를 말하며, 위치를 정확히 측정하기 위해서는 우리의 위

치에서 볼 때 위상의 사이의 각도가 큰 위성을 선택하여야 할 것이다. 이것을 이론적인 개념으로 설명한 것이 바로 이 GDOP이다. 좋은 수신기에서는 보이는 모든 위성의 상대적인 위치를 분석하고 이 GDOP가 가장 작은 4개 이상의 후보 위성을 선택하여 위치를 구한다.

(5) 고의 오차(S/A, selective availability)

미국 국방부에서는 위에서 말한 오차 이외에 오차를 발생시켜 일부로 위치의 정확도를 떨어뜨리고 있다. 이것은 걸프 전쟁 이후부터 군사적인 목적에서 시행하다가 2000년 5월 1일부로 해제하였으나 다시 언제 시행될지 모르는 일이다.

이상을 정리하면 내브스타 GPS는 여러 가지의 오차가 있지만 그 오차의 값은 C/A 모드의 경우 100m 내외가 된다고 한다. 물론 수신기에 따라서는 이보다 훨씬 작기도 하다. 내브스타 GPS는 고의 오차가 얼마이냐에 따라 정확도가 결정된다고 볼 수 있는데, 이는 전적으로 미국의 의사에 달린 일이다. 이것에 관한 대책 및 연안 또는 육상에서 보다 정확한 위치를 측정하기 위하여 각 나라에서는 로란 C를 보완하여 이용하거나 DGPS를 개발하여 운용하고 있다.

(6) 위성 천체력 오차

위성의 Ephemeris(위성위치를 표시하는 천체력)는 MCS(Master Control Station)에서 결정되는데, 사용자가 4개 위성으로부터 거리를 측정하여 자신의 위치를 산출하는 것과는 반대로, 이번에는 위성이 4개의 감시국(Monitoring Station)으로부터 거리를 측정하여 위성위치를 산출하는 방식에 의해 MCS에서 위성의 위치를 결정한다. 이때 위성위치의 정확도에는 위성에 미치는 중력이나 Solar Pressure Parameter, 감시국의 위치와 감시국 시계의 오차 및 신호처리 지연특성 등이 관련된다. MCS에서는 Ephemeris Parameter가 포함된 항법 데이터를 위성에 주기적으로 송신하며 위성은 이 신호를 수신해서 자신의 위치를 산출, 보정하는 데에 이용한다. 위성의 시계 오차와 Ephemeris 오차는 1.5m 정도의 거리오차를 유발한다.

(7) 위성에서의 신호처리 지연

위성에서 신호를 처리하고 이를 통과시키는 데에서 지연되는 것을 의미하는데, 그 값은 통상 지상에서의 실험을 통해서 교정시키고 있다. 이에 따른 오차 역시 항법신호에 포함되는 위성시계 오차보정용 파라미터에 같이 실어 보냄으로써 수정하고 있는데 신호처리 지연에 따른 오차의 크기는 1m 정도이다.

(8) 이동체의 역학적 상황

사용자측 이동체(항공기, 차량 또는 선박 등)의 역학적 상황(Dynamics) 역시 거리오차를 유발하는 요인인데, 이는 수신기의 설계를 특수하게 하거나 칼만필터(Kalman Filter)를 이용하여 보상한다.

(9) 위치 결정에 필요한 입력 사항

내브스타 GPS로 위치를 정확히 구하려면 수신기에 따라서 차이가 있으나 다음과 같은 요소를 결정하여야 한다.

① 2차원의 위치를 구할 것인가와 3차원의 위치를 구할 것인가를 결정한다.
② 위성의 고도를 선택하여야 한다.
③ 신호 대 잡음비를 선택하여야 한다.
④ PDOP(position dilution of precision, GDOP와 같은 것임.)를 얼마로 할 것인가를 결정한다. 수신기에 따라 다르나 PDOP가 5보다 작을 때는 위치 오차는 20m 미만이라고 한다.
⑤ 안테나의 높이를 설정한다.
⑥ 사용 해도에 맞는 측지 기준을 설정한다.

1.7.2 DGPS

1. DGPS의 개요

DGPS(Differential GPS)는 내브스타 GPS에서 C/A 코드를 사용하면 100m 내외

의 오차라고 하지만 고의 오차가 있을 때에는 더욱 커지게 되는데, 이 때보다 정확한 위치를 측정하기 위한 방법으로 고안된 것이다. DGPS는 위치를 알고 있는 기준국의 수신기로 각 위성에서 발사한 전파가 기준국까지 도달하는 시간에 대한 보정량을 구한 후 이를 규정된 데이터 포맷에 따라 사용자의 수신기에 보내면, 사용자의 수신기에서는 이 보정량을 가감하여 보다 정확한 위치를 측정하는 방식이다.

GPS에서 제공하는 서비스인 SPS와 PPS의 정도는 〈표 1-6〉과 같으며, SPS의 경우는 S/A의 해지 이후의 오차이다.

〈표 1-6〉 GPS의 위치 정도

구 분	표준위치측정 서비스	정밀위치측정 서비스
반송파 주파수	L1	L1/L2
PRN 코드	C/A code (1.023MHz)	C/A code, P code (10.23MHz)
수평 위치 오차	36m(95% 2drms)	22m(95% 2drms)
수직 위치 오차	77m(95% 2drms)	28m(95% 2drms)

GPS 시스템에서는 오차를 최소한으로 줄이기 위해 여러 가지 보정기법을 사용하고 있다. GPS 시스템의 오차 중에서 제거할 수 있는 오차는 기준국와 사용자의 공통오차만 제거 가능하며, 이러한 공통오차에는 S/A오차, 전리층오차, 대류권지연오차, 궤도력오차, 위성시계오차 등이 있고 제거할 수 없는 오차에는 수신기 잡음, 다경로에 의한 잡음 등이 있다.

GPS는 현재까지 개발된 전파에 기반을 둔 항법 체제 중 가장 정확한 정보를 제공한다. 현재 실제로 많은 응용분야에 있어서도 기본적인 GPS만으로 충분한 정밀도를 제공하기는 하지만 좀더 향상된 정확도를 가지는 체계를 마련하기 위해서 Differential GPS라는 방법이 고안되었다. DGPS 체계는 기본 GPS에 수반하는 여러 오차요인을 제거함으로써 움직이는 물체에 있어서는 수 m, 정지한 대상에 대해서는 1m 이내의 위치 측정을 가능하게 만들어준다. 기본 GPS에 비해 괄목할만한 정밀도를 제공하는 DGPS는 GPS가 선박이나 항공기의 항법에 국한된 것에 비해 자동차 및 정말성이 요구되는 측지 등에까지 응용될 수 있는 길을 마련하였다.

1) DGPS의 개념

GPS의 오차는 다음과 같이 크게 3가지로 분류된다.

① 위성오차 : 클럭오차, Ephemeris 오차
② 전파지연 오차 : 전리층, 대류층 전파에 따른 지연 오차
③ 수신기 오차 : 잡음, 클럭오차, 다중경로 영향 등에 의한 오차

GPS의 오차는 서로 근접하여 설치된 GPS 수신기 2대가 동일한 위성 신호를 수신해서 측위를 하는 경우 2대의 수신기에서 받아 들이는 신호의 오차 중 위성시계오차와 위성궤도력 오차는 동일하며 전리층 및 대류권 지연에 따른 오차도 거의 비슷하다.

따라서, 이미 위치를 알고 있는 지점의 측위에서 얻어진 오차의 크기와 방향을, 측위해야 할 지점의 결과에서 보정하면 정확한 위치를 구할 수 있다. 이 방법은 고정국과 측위해야 할 장소가 너무 떨어져 있지 않는 한 유효하며, 위성의 궤도나 시계의 오차, 전리층이나 대류권의 영향 등을 거의 제거할 수 있다.

2) 오차보정 절차

(1) DGPS 구성

DGPS는 이미 위치가 정확히 측정된 지점에 기준국(reference station) GPS 수신기를 설치하여 관측 가능한 모든 위성을 모니터링하고, 관측에 의한 위치와 이미 알고 있는 기준국의 위치를 비교하여 각 위성의 거리 오차 보정값(range correction)을 산출하여 이를 라디오 비컨을 통하여 방송한다. 그러면 사용자용 수신기(이동국)에서는 오차 보정량을 수신하여 측정 오차를 개선한다. 또, DGPS에 이상이 발생하여 정확도가 현저하게 떨어질 때에는 이를 즉시 감시하여 경보를 송신한다.

(2) 오차보정 원리

이미 위치를 알고 있는 기준점에 기준국용 GPS 수신기를 설치하여 정밀하게 측정

된 자신의 위치값과 GPS 위성 신호를 받아 수신기로 계산된 위치를 비교하여 오차를 계산한 후 위성 오차값을 보정하여 RTCM SC-104(Radio Technical Commission for Maritime Services, Special Committee 104)의 포맷형식에 따라 중파(283.5~325kHz)를 이용하여 이용자에게 방송하고 이용자는 이 보정신호를 받아 자신이 측정한 GPS신호와 비교하여 측위를 계산하는 방법이다.

(3) 오차보정 방법

① 위성의 관측성이 좋은 곳에 기준국(Reference Station)용 GPS 수신기를 설치한다.

② 정밀하게 측정된 자신의 위치와 GPS 위성신호를 받아 수신기로 계산된 위치를 비교하여 오차값을 계산한다.

③ 계산된 오차값을 주변의 사용자 수신기에 무선망을 통해 일정한 형식에 맞추어 전송한다.

④ 사용자는 자시의 수신기에 계산한 위치값에 수신된 오차값을 적용하여 두 수신기 간의 공동 오차를 제거함으로써 단독 GPS의 경우 보다 정확한 위치를 계산할 수 있다.

DGPS 체계의 오차요인과 GPS/DGPS의 모드별 정확도는 다음과 같다.

〈표 1-7〉 DGPS의 거리 오차 요소

오 차 요 인	거리오차, 10(m)
위성 시계 오차	0
대기(전리층, 대류층) 전파 지연	0
신호처리지연(위성)	0
다중 통로	1.5
수신기 잡음 및 분해능	1.2
기타	0.5
시스템 전체 오차	2.0

〈표 1-8〉 GPS와 DGPS의 정확도 비교

구 분	P 코드 수신기		C/A 코드 수신기	
	GPS	DGPS	GPS	DGPS
	P(Y) 코드	C/A 코드	P 코드	C/A 코드
SEP	16m	4.0m	76m	7.4m
CEP	9m	2.3m	42m	4.1m
2 DRMS	5.5m	5.5m	100m	9.8m

3) 우리나라 DGPS 운영 현황

우리나라의 DGPS 서비스국은 중앙관리소, 오차보정기준국, 보정송신국 및 감시국으로 구성되며, 1998년 설치를 시작하여 2000년 말 오차보정기준국 8개소(팔미도, 어청도, 미라도, 거문도, 영도, 장기곶, 울릉도) 감시국 8개소(대진, 죽변, 독도, 소매몰도, 추자도, 소흑산도, 옹도, 소청도)를 완성하여 서비스를 하고 있다.

송신주파수 300kHz(Radio Beacon : 283.5～325kHz)대로 송신 데이터는 RCTM SC104의 Message Type 3, 5, 7, 9, 16을 포함하고 있으며, 300W의 출력으로 연안 100마일 해상에서 이용이 가능하다.

DGPS를 실현하기 위해서는 오차정보를 제공하는 시설과 통신수단이 필요하나 이 DGPS를 이용하면 정확도는 2~5m 정도로 개선된다. 따라서 입출항, 협수로 통항시 선박의 위치정도 개선과 항만공사, 간척사업, 어장구역관리 및 수로측량 등에 활용이 가능하다.

(1) 중앙사무소(Central Office)

기준국과 감시국의 DGPS 시스템 운영상태를 통신망(PSDN)을 이용하여 원격으로 감시하고 제어한다.

(2) 기준국(Reference Station)

정확한 기준점에 GPS 안테나를 설치하여 각각의 GPS 위성신호를 수신하여 측정된 거리와 알고 있는 거리를 비교 후 그 오차값을 보정하여 RTCM SC104(Radio Technical Commission for Maritime Services, Special Committee 104)의 포맷형식에 따라 이용자에게 보정값을 방송한다. 또한 GPS 정상유무를 알리는 Integrity 기능을 수행한다.

(3) 감시국(Integrity Monitor Station)

정확히 알고 있는 지점에 DGPS 수신기를 설치하여 위성오차 보정신호가 한계치를 벗어날 경우와 위성신호 이상시 경보메시지를 중앙사무소에 전달 및 GPS 기준점으로 활용

우리나라의 DGPS의 보정 기준국은 팔미도, 어청도, 마라도, 거문도, 영도, 장기곶, 주문진, 울릉도 등에 이미 8국이 설치되어 있으며 이들 국에서는 라디오 비컨(radio beacon)을 통하여 이용 범위 100마일로 발사하고 있다. 이 범위 내에서 정확도는 10m 내외를 유지한다. 아울러 소흑산도, 소청도, 고성(저진) 등 3곳에는 설치가 완료되어 우리나라는 11개의 기준국을 운영하게 될 것이다.

〈실습 6〉 GPS를 통한 위치측정 오차를 산출하여 보고 그 이유에 대하여 토론하여 보자.

1.7.3 GLONASS

GLONASS는 구소련이 개발한 시스템으로 미국에서 개발한 GPS와 비교할 때 사용하는 주파수대, 스펙트럼 확산통신방식, 측위의 원리 등이 거의 같다. 몇 가지 차이점을 들면, GPS가 위성마다 다른 PN코드를 사용하고 같은 반송파 주파수를 사용하고 있는데 대해 GLONASS는 반대로 같은 의사잡음 코드를 사용하고 위성마다 다른 반송파주파수를 사용하는 FDMA로 되어 있는 점 등이다.

궤도의 고도, 궤도의 수, 경사각 등에 다소 차이가 있지만 전체적으로는 거의 유사하다. GPS와 마찬가지로 두 반송파 주파수가 사용되고 있는 것은 전리층에서의 굴절에 의한 오차를 보정하기 위함이다.

〈표 1-9〉 GPS와 GLONASS의 비교

구분	GPS	GLONASS
위성수	21+3(spare)	21+3(spare)
궤도 고도	20,200km	19,100km
궤도 경사각	55°	64.8°
궤도 주기	11시간 59분	11시간 15분 44초
궤도수	6, 위상 60°	3, 위상 120°
각 궤도의 위성수	4, 불등간격	8, 등간격
반송주파수 (MHz)	L1 : 1,575.42 L2 : 1,227.60	(1.602 +k×9/16) (1,246 +k×7/16) k=0,1,…,24
데이터 레이트	50bps	50bps
메시지 길이	12.5m	2.5m
출력	14.25dBw	12dBw
PN코드	위성마다 다름 C/A code: 1.023 Mbps P code : 10.23 Mbps	위성에 공통 C/A code : 0.511 Mbps P code : 5.11 Mbps
정도	10~25m(without S/A) 100~156m(with S/A) 0.1㎲	100m, 1㎲(No S/A) 15cm/s
측지계	WGS-84	SGS-85
궤도 데이터	매시 수정(케플러 궤도요소)	30분마다 위치, 속도, 가속도 수정
기준협정시	UTC(USNO)	UTC(SU)
위성신호분할	코드분할 다원접속	주파수분할 다원접속
운용	Joint Program Office U.S.D.O.D	Space Force C.I.S

그러나 GLONASS도 1996년 구축 후 잠시 이용이 가능하였으나, 평균수명이 3~4년에 불과한 위성을 적기에 정비하지 못하여 현재 정상 운용중인 위성이 1/3에 불과하다. 그러나 2001년 8월 러시아 정부가 GLONASS 근대화 계획을 수립하여 2007년까지 동 시스템을 재구축하겠다고 발표하였다.

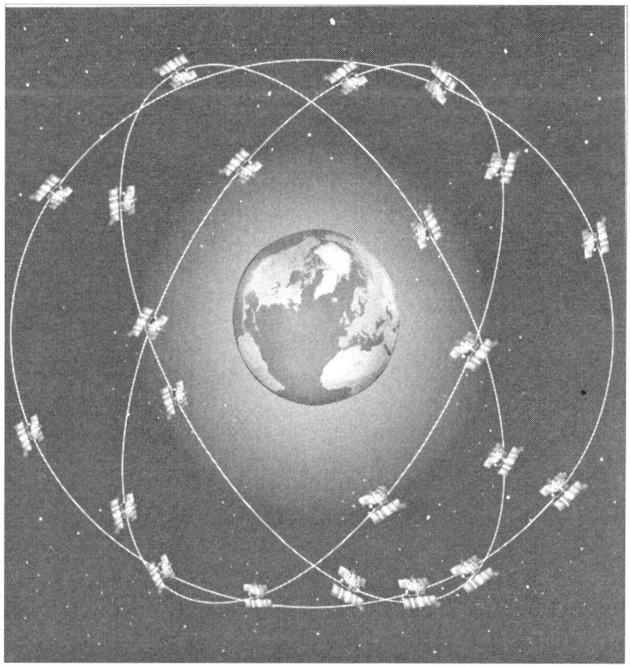

[그림 1-29] 러시아의 GLONASS 위성 배치도

1.7.4 GALILEO 시스템

90년대 후반 EU에서는 미국의 GPS와 러시아의 GLONASS가 모두 군사용이며, 그 유효성과 완전성에 대한 보장이 없고, 장래의 부과금 문제와 산업경쟁력의 제한 등의 문제를 고려하여 독자적인 인공위성 측위시스템의 확보에 관한 검토를 하였다. 1999년 2월 20억 유로를 투입하여 GALILEO라 명명된 상용 위성측위시스템을 독자적으로 개발하여 2008년 운용을 개시하겠다고 발표하였다. 그리고 이 구상은 2001년 4월 EU교통장관회의에서 채택되어 현실화되고 있다.

GALILEO는 GPS와 GLONASS와 같은 MEO 위성 외에 정지위성도 이용하며, L1-Band의 3개 주파수와 C-Band의 반송파를 함께 이용하므로 측위정도가 향상될 것으로 예상된다.

1. GNSS-2(GALILEO)

최초의 민간용 위성항법시스템은 GALILEO는 독립적인 전 세계 위성항법시스템이다. 기존의 위성항법시스템인 GPS나 GLONASS가 군사용 목적으로 개발되어 민간인 및 상업적으로 사용에 제약을 받아 왔다. GALILEO는 다른 체제로부터 독립되었으나 GPS나 GLONASS와 함께 해석할 수 있다.

GTRF는 ITRF를 고려하여 계측한다. GALILEO는 UTC로 시간측정을 하며 항법정보와 메시지는 기상정보, 교통정보와 사고경고 등과 같은 다른 항법자료메시지를 제공한다.

이와 같은 무결성 정보는 항법정보와 독립적으로 제공되어질 것이다.

2. GALILEO 개발계획

2000년 말에는 제반의 기술사항의 설계를 끝낼 예정이었다. 그러나 초기 계획을 벗어나 미국, 러시아, 일본 등 세계 각국의 협력을 요청하고 있는데, 이미 GLONASS를 개발하여 우주기술을 보유한 러시아에 FDMA 방식의 사용주파수대역을 이점으로 러시아에 적극적인 권유를 하고 있다. 차세대 GLONASS-M에서는 Galileo시험용 페이스시험이 독일과 러시아 공동의 시험으로 2003년에 계획되어 있다. 이 시스템이 운용되는 때는 2008년 이후인데 2drms가 4m 이하의 고정도측위와 3주파의 반송파의 사용으로 반송파측위 방식으로 순간결정이 가능할 것으로 예상된다.

〈표 1-10〉 GALILEO 개발계획

단 계	개 발 내 용
초기(1999.10 ~ 2000.12)	Galileo System 설계(장비, 발전 Model 등)
개발(2001. 1 ~ 2001.12)	위성 설계 검증
시험(2002. 1 ~ 2004.12)	3개의 MEO 위성제작 발사, 지상국 일부 개발장비와 위성의 H/W증명
발전(2005. 1 ~ 2007.12)	궤도 결정, 수정위성 제작발사, 지상국 완성배치 완성 및 시스템 시험운영
공급(2008. ~)	유럽 및 각 국가에 공급 개시

JMA-9933-SA/9932-SA
JMA-9923-7XA/9XA
JMA-9922-6XA/9XA

MARINE RADAR EQUIPMENT

INSTRUCTION MANUAL

JRC Japan Radio Co., Ltd.

※ p.93~494 매뉴얼의 내용은 별첨 CD에 수록하였다.

제2장

해사/통신영어

2.1 Marine record

2.1.1 Introduction

1. Log book

1) Definition

Log book이란 선박이 운항 중 동정이나 상태 및 그와 관련된 모든 사항을 기록하는 선내 업무 일지를 말한다. 이하 선박에서 통상 언급하는 log book이란 deck log book을 말한다.

2) Kinds of log book

① Deck log book : 항해 및 정박 당직 중에 일어난 모든 사항을 기록
② Engine log book : 기관 당직 중에 일어난 모든 사항을 기록
③ Ship's log book : 1등 항해사가 deck log book의 주요 내용을 정리 기록하는 일지였으나 번거로움으로 deck log book과 통합하여 작성
④ Abstract log book : 항차별 중요 사항(running hour, average speed, average RPM, consumption quantity of F.O, D.O, etc.)을 요약
⑤ Official log book : 선박 등록국의 법령에 의해 규정된 기재사항을 기록

2. Deck log book

1) Importance of deck log book

① 선박 운항상 중요한 참고 자료 : 선박 운항에 필요한 정보(기상상태, 화물 적부

상태, 연료 소모량 및 선상 작업 등)를 제공

② 법률상 중요한 증거서류 : 여러 가지 원인(부주의, 악천후 등)으로 해양사고가 발생했을시 법적 증거 자료

2) Instructions on drawing up deck log book

① 볼펜이나 잉크로 기록

② 지우지 말 것

③ 간결하고 명료하게 기록

④ 주의를 가지고 기록

⑤ 과거형으로 기록

⑥ 중요기록의 누락이 없도록 기록

3) Characteristics of marine record in deck log book

① 주어 생략 : 주어가 본선, 승무원 및 날씨를 나타낼 때에는 문장의 뜻이 달라지지 않는 이상 간결한 기록을 위해 생략

ex) Patrolled all of decks
Rough sea

② Be 동사 생략 : 문장의 의미가 불분명하지 않는다면 생략

ex) Visibility reduced due to fog
Vessel rolling and pitching heavily in rough sea

③ 정관사(the) 생략

ex) Pacific Ocean
North, South
Panama canal

④ 시제는 과거형

ex) Altered her course to 030
Sounded fog signal

Reduece her RPM to 160

⑤ 항해 용어(sea terms) 사용

ex) Made out (landfall) = found

Knocked off = finished = completed

⑥ 문장의 요점이 되는 단어로 의미 전달이 가능할 경우 다른 단어의 생략이 가능

ex) Com'ced loading (cargo)

(It became) poor visibility

⑦ 본선을 나타내는 대명사는 3인칭 여성 단수(she, her)로 표현

ex) Altered her course to 015

Master conned her

⑧ 약자(abbreviation)나 기호(symbols) 사용

ex) WBT, APT, ETA

%, @, #

2.1.2 Deck log book

1. Principal column(left page of deck log book)

1) Entries in the principal column

① Ship's name : 통상 M/V, M/T, S/S 또는 T/S 등의 선종에 이어 기입

② Voyage No. : 항차 번호 기입

③ Present sailing condition : 항행 중인 경우는 출항지와 입항지, 정박 중에는 정박항의 항구명을 기입

④ Course : True, Gyro compass 및 Magnetic compass의 course 기입

⑤ Gyro compass error : 여러 가지의 방법(천추 포함)에 의해 계산된 gyro compass error 기입

⑥ Variation : 진북과 자기 자오선과의 교각으로 편동(E) 및 편서(W)로 기입

⑦ Deviation : 선체 자기의 영향을 편동(E) 및 편서(W)로 기입

⑧ Leeway : 풍압차를 의미하지만 통상 외력에 의해 선박이 압류되는 정도를 기입

⑨ Distance : 항주 거리 기입(단위 : Nautical mile)

⑩ R.P.M. : Main engine(propeller)의 분당 회전수 기입

⑪ Weather : Beaufort weather notation에 따라 기입

⑫ Wind : True force & direction을 Beaufort wind scale에 따라 기입

⑬ Wave : Wave scale에 따라 기입(통상 해면의 짧은 주기의 파랑)

⑭ Swell : Swell scale에 따라 기입(통상 해면의 긴 주기의 파고)

⑮ Visibility : Visibility notation에 따라 기입

⑯ Barometer : 보정된 기압계의 기압 기입

⑰ Temperature : 대기 및 해수의 온도를 기입

⑱ Noon position : 정오에 측정된 위치를 기입

⑲ Voyage data : 항차의 시작부터 계산된 distance, speed, stoppage, running hour 및 DTG를 기입

⑳ Draft : 출·입항 시에 해당 Draft 기입

㉑ Consumption data : 연료유의 Daily consumption을 기입

㉒ Sounding of water : F.W., D.W. 및 Ballast의 ROB를 기입

㉓ Sounding of bilge : 선내 오수(Bilge)의 측심치를 기입

㉔ Name of the OOW : 당직 사관의 이름을 기입(OOW : Officer On the Watch)

㉕ Others : Tide, current, name of Q/M, etc

2) Samples of the principal column

〈표 2-1〉 Principal column in deck log book

T. S. HANBADA SHIP'S LOG

Voy. No. ______ From ______ To ______ At ______

Men on Watch	Gyro Co.	Mag. Co.	Gyro Error	Var.	Dev.	Lee Way	True Co.	Dist.	R.P.M	Weather	Wind Dir.	Wind For.	Sea	Swell	Vis.	Barometer	Temp.(℃) Air	Temp.(℃) Sea
O.S																		
Ab.																		
Off.																		
0400																		
O.S																		
Ab.																		
Off.																		
0800																		
O.S																		
Ab.																		
Off.																		
Noon																		

Noon Position		Runing Hour	Stoppage	Distance	Ave. Speed	Ave. RPM	Sea Voyage Total				
Lat.	Long					Silp(%)	Runing Hour	stoppage	Distance	Ave. Speed	Dist. to Go

Men on Watch	Gyro Co.	Mag. Co.	Gyro Error	Var.	Dev.	Lee Way	True Co.	Dist.	R.P.M	Weather	Wind Dir.	Wind For.	Sea	Swell	Vis.	Barometer	Temp.(℃) Air	Temp.(℃) Sea
O.S																		
Ab.																		
Off.																		
1600																		
O.S																		
Ab.																		
Off.																		
2000																		
O.S																		
Ab.																		
Off.																		
2400																		

	Daily ConSump.	Remained (M^3)
D.O		
F.O		
F.W		
D.W		
Draft Dep.		F :
		A :
Draft Arr.		F :
		A :

Sounding of Water			
Fresh Water Tank	Tank		M^3
	NO. 1	P	
		S	
	NO. 2	P	
		C	
		S	
	NO. 3	P	
		S	
	Feed W.T		
	D.W.T	P	
		C	
		S	
	Swb. Total		
Ballast Water Tank	Tank		M^3
	F.P.T		
	NO.1		
	NO.2	P	
		S	
	NO.3	P	
		S	
	NO.4	P	
		S	
	A.P.T	P	
		S	
	Sub. Total		
Total			M^3

Sounding of Bilge		
Space		M^3
BSN Store	P	
	S	
Chain LKR		
Sp'd Log Trunk		
Bow Thruster RM		
Sewage	NO.1	
	NO.2	
Cofferdam	Fr.97	
	Fr.95	
	Fr.82	
Rudder Trunk		
Total		

갑 판 당 직 일 지 항 차
DECK LOG OF THE /S ______ VOY. NO. ______

시간 H.R.	항정 LOG	침로 Course 진침로 True	침로 Course 자이로 Gyro	침로 Course 자기 Stand	회전수 R.P.M.	기압 Barometer	온도 Temperature 대기 Air	온도 Temperature 해수 Sea	천후 W.R.	바람 Wind 방향 Direction	바람 Wind 힘 Force	파도 Sea 방향 Direction	파도 Sea 상태 State
1													
2													
3													
4													
5													
6													
7													
8													
9													
10													
11													
12													

정오 위치 Noon position		항해 시간 Steaming Hours	거리 Distance	평균 속력 Av. speed
위도 Latitude	경도 Longitude	Today		
D.R.	D.R.	R/up		
OBS.	OBS.	Total	Dist. From	Dist. To

시간 H.R.	항정 LOG	진침로 True	자이로 Gyro	자기 Stand	회전수 R.P.M.	기압 Barometer	대기 Air	해수 Sea	천후 W.R.	방향 Direction	힘 Force	방향 Direction	상태 State
13													
14													
15													
16													
17													
18													
19													
20													
21													
22													
23													
24													

견시 당직 On the lookout			오수 측정 Bilge Soundings					항해등 Running Lights
부터 From	까지 To	성명 Name	H \ T	08 : 00		17 : 00		점등 On
			No. 1	P.	S.	P.	S.	소등 Off
			No. 2					정박등 Anchor Light
			No. 3					점등 On
			No. 4					소등 Off
			No. 5					
			No. 6					
			No. 7					

2. Remark column

1) Entries in the remark column(right page of deck log book)

① Contents of entries for departure and arrival

- 출 · 입항준비 작업, 출항 또는 입항 지연에 관한 사항
- 출 · 입항 부서의 배치와 Anchoring 또는 Mooring 작업에 관한 사항

- Pilot의 성명과 승 · 하선 시각, Tug 사용에 관한 사항
- 여러 단계의 Main engine 사용에 관한 사항
- 항해시간과 항진거리의 기점 및 종점, 주요 물표 통과 시각과 방위 및 거리
- CIQ에 관련 사항(Customs, Immigration and Quarantine)

② Contents of entries at sea

- 주요 물표 초인과 통과 사항
- 기상 및 해면 상태와 이에 따른 조치 사항
- 선위 측정과 모든 변침 및 변속 사항
- 선내 시간 변경, 주요 행사, 교육 및 훈련 사항
- 제한된 시계에서의 항행관련 제반 조치 사항
- 항행경보 및 위험통보의 수신, 타선과의 교신 사항
- 화재, 충돌, 좌초, 침수 등의 해양사고, 조난 선박의 구조 사항
- 화물의 적부 및 보관, 관리에 관한 사항

③ Contents of entries in port

- 기상 변동 및 본선의 모든 이동 사항
- 선내 순시 및 점검 사항
- 연료, 청수, 기부속과 선용품의 보급 및 선원의 인사 관련 사항
- 검사원(Inspector, PSCO)의 검사, 선내 소독(Fumigation)에 관한 사항
- Dock in/out 및 주요 공사의 사항
- 화물의 양륙과 선적에 관한 사항

2) Examples of entries in the remark column

① For departure and arrival

- For departure
  - Prior to departure from Busan @ 1000, tested M/E telegraph ahead & astern for 5min., steering gear(No.1 & 2), general alarm, whistle, communication system, secondary fire pump, navigation lights and

other navigation equipment etc. All found in good condition

- Inspected all around the ship in search of contraband and stowaway and found none
- S.B.E.
- P.O.B.(capt. : XXX)
- Took tugs, YYY & ZZZ on her port bow & quarter
- Let go all lines = Cast off last line
- Let go tug lines = tugs away
- Passed breakwater on her starb'd beam
- P.L.H.
- Rung up engine

• For arrival

- Prior to arrival at Busan @ 1000, tested main engine telegraph ahead & astern at least for 5 min., steering gear(No.1 & 2), communication system, general alarm system and navigation equipment etc. Found in good order
- S.B.E.
- C.I.Q. officers on board and inspected her respectively
- Finished inspection and pratique granted
- C.I.Q. officers left her
- P.O.B.(capt. : YYY)
- Passed breakwater on her port beam, 0.5' off
- Took tugs, YYY & ZZZ on her starb'd bow & quarter
- First line to pier
- Made fast all lines to pier No.
- Let go tug lines
- F.W.E. and dismissed all stations

- For anchoring
  - Stand-by port anchor
  - Let go(=dropped) anchor at 'M' anchorage(or position by GPS, landmarks)
  - Brought up anchor with 6 shackles
  - Hove up anchor
  - Up & down anchor
  - Anchor up and secured

② At sea

- Passing of important landmarks and areas
  - Passed "Horsburgh L/H" on 090°, 0.7' off
  - Passed by "Busan breakwater" on her starb'd beam, 0.5' off
  - Made out "Hongdo L/H" on NW about 10'off
  - Entered "VTIS west" section
- Alteration of course
  - A/co to 215°(T) at lat. 25°15'N, long. 045°41'W
  - Set her course on 324°(T) & 327°(G) lat. 41°35'S, long. 135°57'E
  - Steered variously under captain's direction
  - Adjusted her course var'ly to avoid a fleet of fishing boats
- Weather condition concerning wind, sea and visibility etc.
  - Rough sea & high swell
  - Poor visibility or dense fog
  - Noticed the storm warning
  - Dense fog set in
- Ship's motion & affection by heavy weather
  - Vessel rolling & pitching easily in rough sea
  - Laboured heavily in NE'ly swell

- Shipping much seas on forecastle all the times
- Poor visibility due to dense fog

• Measures according to weather condition
- Reduced M/E RPM to 100 to ease vessel in heavy weather
- Turned two radars(S & X band) on due to dense fog
- All fog precautions observed
- Posted additional watchman on wing bridge

• Position when altering, changing over the watch or in case etc.
- Got her position ; lat. 05°51'N, long. 114°08'E by GPS
- Ship's psn. ; lat. 04°34'S, long. 129°39'W
- Started drifting to meet ETA at lat. 21°24'N, long. 104°28'E
- Held fire fighting drill at lat. 35°27'N, long. 091°38'E

• Adjustment of ship's clock
- Retarded all ship's clocks 1 hour to ZD −9
- Advanced all ship's clocks 30min. to ZD +7
- Passed the date line in lat. 12°45'N from East to West 112°05'E
- Crossed the equator from North to South in long.
- Synchronized all ship's clocks with master clock

• When receiving navigation warning and messages
- Received distress signals at lat. 38°28'N, long. 150°05'W as the followings and deviated her course to help her
- Received a warning of ice bergs drifting in lat. 05°51'N, long. 114°08'E and kept a sharp lookout passing through the area

• Drills

⟨In fire fighting drill⟩
- Practiced fire fighting drill at lat. 22°45'N, long. 125°14'E.
- Sounded fire alarm

- All crew members mustered at their stations
- Led 2 fire hoses out on deck
- Started fire pump and applied full pressure to the hoses as per master's order

〈In abandon ship(boat) drill〉

- Practiced abandon ship drill at lat. 32°21'N, long. 115°31'E.
- All crew mustered at assembly station
- Checked personal effects and reminded their duties
- Lowered No. 1 lifeboat to upper deck level
- Secured lifeboat and inspected all boat equipment. Found in apparent good order

〈In oil spill response drill〉

- Held oil spill response drill at lat. 32°21'N, long. 115°31'E.
- Practiced oil spill response drill in accordance with MARPOL ANNEX I REG.26
- Sounded emergency alarm
- All crew mustered at their stations
- Carried out their duties to remove spilled oil on deck
- C/E educated all crew about how to use oil spill response material on spot

〈In other drills〉

- Practiced man-overboard rescue dirll
- Practiced emergency steering drill
- Carried out failure of machinery response drill
- Carried out enclosed space rescue drill
- Held response to personal injuries
- Held anti-piracy drill

- Practiced damage control(collision station) drill

• Accidents or marine casualties

- Found failure in main boiler
- Reduced her RPM due to engine trouble
- Ship's generator failed and all lights were off
- Collided with M/V XXX at lat. 05°51'N, long. 114°08'E
- One of crew members,(Q/M, XXX) got hurt seriously in his left hand while working, so carried out first aid and deviated her course to the nearest coastal station

• Test and inspection

〈For cargo gear〉

- Inspected all cargo tanks. all found in good condition
- Tested cargo pumps, valves and cargo handling crane etc. Found in good order
- Carried out visual inspection of ballast tanks. All found in apparent good order

〈For safety and sanitary〉

- Carried out weekly inspection of safety equipment. All found in good condition
- Carried out monthly inspection of LSA and FFA. All found in apparent good
- Master and heads of dept. conducted sanitary inspection of accommodation area

• Others

- Patrolled all around the ship. All in good order
- Stopped engine and started drifting to meet ETA at lat. 18°35'N, long. 118°37'E

– Resumed sailing and proceeded to the destination

– Exchanged ballast water n No.5 WBT at lat. 14°25'N, long. 018°35'E

③ In port

• Shifting of berth

– Started picking up anchor to shift to her berth

– Commenced shifting of her berth to No. 4

– Hove up anchor and commenced shifting closer to shore

– Let go shore line and commenced shifting

• Rounds of inspection

– Patrolled all around the ship. All in good order

– Checked her anchoring position. Found no movement

– Made rounds of the ship. All in apparent good order

• Supply of bunker, provision, store and spare etc.

– Received bunker(Quantity : F.O. 2000t, D.O. 50t)

– Filled up fresh water tanks with fresh water(Q'ty : 200t)

– Received store and spare

• Shift of crew members

– Newly appointed master, XYZ join her

– Ex-master, XXX relieved by newly appointed master, YYY

• Inspection by surveyors, class or PSCO etc.

– Surveyor on board and inspected all cargo tanks

– PSCO on board and checked all documents and safety equipment

– Anchored at quarantine station and waited for quarantine officer

– Customs officers and immigration officer came on board and inspected respectively

• Cargo work & dock in/out

〈For cargo work〉

- Started loading cargo in No. 5 hold
- All completed cargo work and closed all hatches
- Completed loading
- Resumed cargo work
- Found leaking on valve of oil pipe and stopped sending oil immediately
- Started ballasting in all WBTs by gravity
- Started cargo pump to discharge cargo oil in No. 5, 7

〈For Dock in and out

- Passed through entrance gate into dry dock
- Closed dock gate and started pumping water out
- KR surveyor XXX came on board and inspected her outside hull
- Cleared out dock gate
- Plugged bottom of all tanks applying thick cement under 2nd officer's care

2.2

SMCP(The Standard Marine Communication Phrases)

2.2.1 INTRODUCTION

.1. Position of the SMCP in maritime practice

The Standard Marine Communication Phrases(SMCP) has been compiled:

- to assist in the greater safety of navigation and of the conduct of the ship,
- to standardize the language used in communication for navigation at sea, in port-approaches, in waterways, harbours and on board vessels with multilingual crews, and
- to assist maritime training institutions in meeting the objectives mentioned above.

These phrases are not intended to supplant or contradict the International Regulations for Preventing Collisions at Sea, 1972 or special local rules or recommendations made by IMO concerning ships' routeing, neither are they intended to supersede the International Code of Signals, and when applied in ship's external communication this has to be done in strict compliance with the relevant radiotelephone procedures as set out in the ITU Radio Regulations. Furthermore, the SMCP, as a collection of individual phrases, should not be regarded as any kind of technical manual providing operational instructions.

The SMCP meets the requirements of the STCW Convention, 1978, as revised, and of the SOLAS Convention, 1974, as revised, regarding verbal communications; moreover, the phrases cover the relevant communication safety aspects laid down in these Conventions.

Use of the SMCP should be made as often as possible in preference to other wording of similar meaning; as a minimum requirement users should adhere as closely as possible to their wording in relevant situations. In this way they are intended to become an acceptable safety language, using English for the verbal interchange of intelligence among individuals of all maritime nations on the many and varied occasions when precise meanings and translations are in doubt, increasingly evident under modern conditions at sea.

.2. Organization of the SMCP

The SMCP is divided into External Communication Phrases and On-board Communication Phrases as far as its application is concerned, and into PART A and PART B as to its status within the framework of the STCW, 1978, as revised.

PART A covers phrases applicable in external communications and which may thus be regarded as the replacement of the Standard Marine Navigational Vocabulary, 1985, which is requested to be used and understood by the STCW Code, 1995, Table A-II/I. This part was enriched by essential phrases concerning shiphandling and safety of navigation to be used in on-board communications, particularly when the Pilot is on the bridge, as required by Regulation 14(4), Chapter V, SOLAS 1974, as revised.

PART B calls attention to other on-board standard safety-related phrases which, supplementary to PART A, may also be regarded useful for Maritime English instruction.

.3. Position of the SMCP in Maritime Education and Training

The SMCP does not intend to provide a comprehensive Maritime English syllabus which is expected to cover a far wider range of language skills to be achieved in the fields of vocabulary, grammar, discourse abilities, etc., than the SMCP could ever manage. However, PART A in particular, should be an indispensable part of any curriculum which is designed to meet the corresponding requirements of the STCW Convention, 1978, as revised. In addition, PART B offers a rich choice of situations covered by phrases well suited to meet the communication requirements of the STCW Convention, 1978, as revised, which are implicitly expected to be satisfied by mariners.

The SMCP should be taught and learnt selectively, according to the users' specific needs rather than completely. The respective instruction should be based on practice in the maritime environment and be implemented through appropriate modern language teaching methods.

.4. Basic communicative features

The SMCP builds on a basic knowledge of the English language. It was drafted on purpose in a simplified version of Maritime English to reduce grammatical, lexical and idiomatic varieties to a tolerable minimum, using standardized structures for the sake of its function aspects, i.e. diminishing misunderstanding in safety related verbal communications, thereby endeavouring to reflect present Maritime English language usage on board vessels and in ship-to-shore/ ship-to-ship communications. This means, in phrases offered for use in emergency and other situations developing under considerable pressure of time or psychological stress as wells as in navigational warnings, a block language was applied which sparingly uses, or frequently omits, the function words the, a/an, is/are as done in seafaring practice. Users, however, may be flexible in this respect. Further communicative features may be summarized as follows:

– avoiding synonyms
  ex) Request = ask for, demand
– avoiding contracted forms
  ex) Information = Info, Identification = ID
– providing fully worded answers to "yes/no"-questions and basic alternative answers to sentence questions
  ex) Are you underway ?
    Yes, I am underway / No, I am not underway
– providing one phrase for one event, and
  ex) What is your ETA and arrival draft ?
    = What is your ETA ? + What is your arrival draft ?
– structuring the corresponding phrases after the principle: identical invariable plus variable.
  ex) I read you / bad
    / poor
    / fair
    / excellent

.5. Typographical conventions

( ) brackets indicate that the part of the message enclosed within the brackets may be added where relevant;

ex) I request helicopter with doctor(to pick up a patient)

/ oblique strokes indicate that the items on either side of the stroke are alternatives;

ex) Fore / aft draft, on your port side / starboard side

... dots indicate that the relevant information is to be filled in where the dots occur;

ex) My position is ... , my present course is ... degrees

(*italic letters*) indicate the kind of information requested;

ex) The function words ; *the, a/an, is/are*

~ tildes stand for the invariable part of an aforementioned standard phrase which is followed by a variable addendum.

ex) I am underway / ~ not underway / ~ adrift

2.2.2 GENERAL

.1. Procedure

When it is necessary to indicate that the SMCP are to be used, the following message may be sent:

"Please use Standard Marine Communication Phrases."

"I will use Standard Marine Communication Phrases."

.2. Spelling

.2.1 Spelling of letters

When spelling is necessary, only the following spelling table should be used:

〈Table〉 Table of letter spelling

Letter	Code	Letter	Code
A	Alfa	N	November
B	Bravo	O	Oscar
C	Charlie	P	Papa
D	Delta	Q	Quebec
E	Echo	R	Romeo
F	Foxtrot	S	Sierra
G	Golf	T	Tango
H	Hotel	U	Uniform
I	India	V	Victor
J	Juliet	W	Whisky
K	Kilo	X	X-ray
L	Lima	Y	Yankee
M	Mike	Z	Zulu

ex) HANBADA ; Hotel, Alfa, November, Bravo, Alfa, Delta, Alfa
HANNARA : Hotel, Alfa, November, November, Alfa, Romeo, Alfa

.2.2 Spelling of digits and numbers

A few digits and numbers have a modified pronunciation compared to general English:

〈Table〉 Table of number spelling

Number	Spelling	Pronunciation
0	zero	ZEERO
1	one	WUN
2	two	TOO
3	three	TREE
4	four	FOWER
5	five	FIFE
6	six	SIX
7	seven	SEVEN
8	eight	AIT
9	nine	NINER
1000	thousand	TOUSAND

.3 Message Markers

In shore-to-ship and ship-to-shore communication or radio communication in general, the following eight Message Markers may be used(also see "Application of Message Markers" given in PART AI/6 "Vessel Traffic Service(VTS) Standard Phrases"):

(i) Instruction

(ii) Advice

(iii) Warning

(iv) Information

(v) Question

(vi) Answer

(vii) Request

(viii) Intention

.4 Responses

.4.1 When the answer to a question is in the affirmative, say:

"Yes, ... " - followed by the appropriate phrase in full.

.4.2 When the answer to a question is in the negative, say:

"No, ..." - followed by the appropriate phrase in full.

.4.3 When the information requested is not immediately available, say:

"Stand by" - followed by the time interval within which the information will be available.

.4.4 When the information requested cannot be obtained, say:

"No information."

.4.5 When an INSTRUCTION(e.g. by a VTS-Station, Naval vessel or other fully authorized personnel) or an ADVICE is given, respond if in the affirmative:

"I will/can ... " - followed by the instruction or advice in full; and, if in the negative, respond:

"I will not/cannot ... " - followed by the instruction or advice in full.

ex) "ADVICE. Do not overtake the vessel North of you."

Respond: "I will not overtake the vessel North of me."

.4.6 Responses to orders and answers to questions of special importance both in external and on-board communication are given in wording in the phrases concerned.

.5 Distress, urgency and safety signals

.5.1 MAYDAY to be used to announce a distress message

.5.2 PAN - PAN to be used to announce an urgency message

.5.3 SECURITE to be used to announce a safety message

.6 Standard organizational phrases

.6.1 "How do you read(me)?"

.6.1.1 "I read you ...

bad/one with signal strength one(i.e. barely perceptible)

poor/two with signal strength two(i.e. weak)

fair/three with signal strength three(i.e. fairly good)

good/four with signal strength four(i.e. good)

excellent/five with signal strength five(i.e. very good)

.6.2 When it is advisable to remain on a VHF Channel / frequency say: "Stand by on VHF Channel ... / frequency ... "

.6.2.1 When it is accepted to remain on the VHF channel / frequency indicated, say:

"Standing by on VHF Channel ... / frequency ... "

.6.3 When it is advisable to change to another VHF Channel / frequency, say:

"Advise(you) change to VHF Channel ... / frequency ... ."

"Advise(you) try VHF Channel .. / frequency... ."

.6.3.1 When the changing of a VHF Channel / frequency is accepted, say:

"Changing to VHF Channel ... / frequency ... ."

.7 Corrections

When a mistake is made in a message, say:

"Mistake ..." - followed by the word:

"Correction ... " plus the corrected part of the message.

ex) "My present speed is 14 knots - mistake.

Correction, my present speed is 12, one-two, knots."

.8 Readiness

"I am / I am not ready to receive your message".

.9 Repetition

.9.1 If any part of the message are considered sufficiently important to need safeguarding, say:

"Repeat ... " - followed by the corresponding part of the message.

ex) "My draft is 12.6 repeat one-two decimal 6 metres."

"Do not overtake - repeat - do not overtake."

.9.2 When a message is not properly heard, say:

"Say again(please)."

.10 Numbers

Numbers are to be spoken in separate digits:

"One-five-zero" for 150

"Two decimal five" or

"Two point five" for 2.5

Note: Attention! When rudder angles e.g. in wheel orders are given, say:

"Fifteen" for 15 or

"Twenty" for 20 etc..

.11 Positions

.11.1 When latitude and longitude are used, these shall be expressed in degrees and minutes(and decimals of a minute if necessary), North or South of the Equator and East or West of Greenwich.

ex) "WARNING. Dangerous wreck in position 15 degrees 34 minutes North

.11.2 When the position is related to a mark, the mark shall be a well-defined charted object. The bearing shall be in the 360 degrees notation from true north and shall be that of the position FROM the mark.

ex) "Your position bearing 137 degrees from Big Head lighthouse distance 2.4 nautical miles."

.12 Bearings

The bearing of the mark or vessel concerned, is the bearing in the 360 degree notation from north(true north unless otherwise stated), except in the case of relative bearings.

Bearings may be either FROM the mark or FROM the vessel.

ex) "Pilot boat is bearing 215 degrees from you."

Note: Vessels reporting their position should always quote their bearing FROM the mark, as described in paragraph 11.2 of this section.

.12.1 Relative bearings

Relative bearings can be expressed in degrees relative to the vessel's head. More frequently this is in relation to the port or starboard bow.

ex) "Buoy 030 degrees on your port bow."

(Relative D/F bearings are more commonly expressed in the 360 degree notation.)

.13 Courses

Always to be expressed in 360 degree notation from north(true north unless otherwise stated). Whether this is to TO or FROM a mark can be stated.

.14 Distances

Preferably to be expressed in nautical miles or cables(tenths of a mile) otherwise in kilometres or metres, the unit always to be stated.

.15 Speed

To be expressed in knots:

.15.1 without further notation meaning speed through the water; or,

.15.2.1.1 "ground speed" meaning speed over the ground.

.16 Times

Times should be expressed in the 24 hour UTC notation; if local time will be used in ports or harbours it should clearly be stated.

.17 Geographical names

Place names used should be those on the chart or in Sailing Directions in use.

Should these not be understood, latitude and longitude should be given.

.18 Ambiguous words

Some words in English have meanings depending on the context in which they appear.

Misunderstandings frequently occur, especially in VTS communications, and have produced accidents. Such words are:

.18.1 The Conditionals "May", "Might", "Should" and "Could".

May

Do not say: "May I enter the fairway?"

Say: "QUESTION. Do I have permission to enter the fairway?"

Do not say: "You may enter the fairway."

Say: "ANSWER. You have permission to enter the fairway."

Might

Do not say: "I might enter the fairway."

Say: "INTENTION. I will enter the fairway."

Should

Do not say: "You should anchor in anchorage B 3."

Say: "ADVICE. Anchor in anchorage B 3."

Could

Do not say: "You could be running into danger."

Say: "WARNING. You are running into danger."

.18.2 The word "Can"

The word "Can" either describes the possibility or the capability of doing something. In the SMCP the situations where phrases using the word "Can" appear make it clear whether a possibility is referred to. In an ambiguous context, however, say, for example:

QUESTION. Do I have permission to use the shallow draft fairway at this time?",

Do not say: "Can I use the shallow draft fairway at this time?", if you ask for a permission.(The same applies to the word "May")

Note: In all cases the radiotelephone procedures as set out in the ITU - Radio Regulations have to be observed.

2.2.3 GLOSSARY

The GLOSSARY also includes a limited number of technical terms which do not appear in the text of the SMCP but might be useful in case the content of a given standard Phrase requires modification.

.1 General terms

Abandon vessel

; To evacuate crew and passengers from a vessel following a distress

Accommodation ladder

; Ladder attached to platform at vessel's side with flat steps and handrails enabling persons to embark / disembark from water or shore

Adrift

; Floating, not controlled, without a clearly determinable direction

〈Drawing〉 Vessel and containers being adrift

Air draft

; The height from the waterline to the highest point of the vessel

Assembly station

; Place on deck, in mess rooms, etc., assigned to crew and passengers where they have to meet according to the muster list when the corresponding alarm is released or announcement made

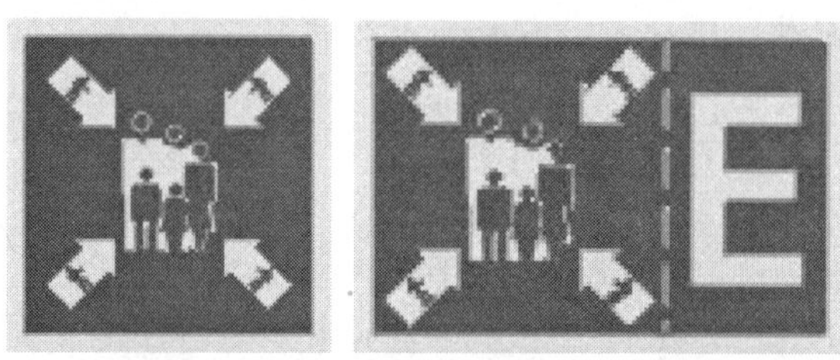

〈Drawing〉 Symbols for assembly station

Backing(of wind)

; Shift of wind direction in an anticlockwise manner, in time(opposite of veering)

Beach(to)

; To run a vessel up on a beach to prevent its sinking in deep water

〈Drawing〉 Vessels that ran ashore

Berth

; 1: A sea room to be kept for safety around a vessel, rock, platform, etc..

2: The place assigned to a vessel when anchored or lying alongside a pier, etc.

Blast

; A sound signal made with the whistle of the vessel

Blind sectors

; Areas which cannot be scanned by the radar of the vessel because they are shielded by parts of its superstructure, masts, etc, or shore obstructions.

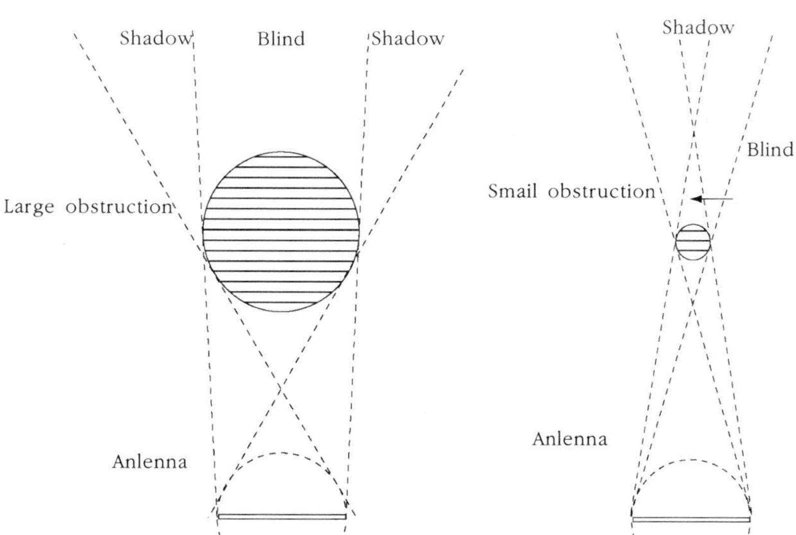

〈Drawing〉 Blind sector

Boarding arrangements

; All equipment, such as pilot ladder, accommodation ladder, hoist, etc., necessary for a safe transfer of the pilot

〈Drawing〉 Boarding arrangement for Pilot

Boarding speed

; The speed of a vessel adjusted to that of a pilot boat at which the pilot can safely embark / disembark

Bob-cat

; A mini-caterpillar with push-blade used for the careful distribution of loose goods in cargo holds of bulk carriers

〈Drawing〉 Bob-cat

Briefing

; Concise explanatory information to crew and/or passengers

Cable

; 1: Chain, wire or rope connecting a vessel to her anchor(s)

2: (measurement),185.2 metres, i.e. one tenth of a nautical mile

Capsizing

; Turning of a vessel upside down while on water

Cardinal buoy

; A seamark, i.e. a buoy, indicating the North, East, South or West, i.e. the cardinal points from a fixed point. such as a wreck, shallow water, banks, etc.

〈Drawing〉 Cardinal buoy

Cardinal points

; The four main points of the compass, i.e. North, East, South and West; for the purpose of the SMCP the intercardinal points, i.e. Northeast, Southeast, etc., are also included

Casualty

: Case of death in an accident or shipping disaster

Check(to)

; 1. To make sure that equipment etc. is in proper condition or that everything is correct and safe

2: To regulate motion of a cable, rope or wire when it is running out too fast

Close-coupled towing

; A method of towing vessels through polar ice by means of icebreaking tugs with a special stern notch suited to receive and hold the bow of the vessel to be towed

〈Drawing〉 Close-coupled towing

Close up(to)

; To decrease the distance to the vessel ahead by increasing one's own speed Compatibility(of goods)

; States whether different goods can be stowed together in one hold

Convoy

; A group of vessels which sail together, e.g. through a canal or ice

Course

; The intended direction of movement of a vessel through the water

Course made good

; That course which a vessel makes good over ground, after allowing for the effect of currents, tidal streams, and leeway caused by wind and sea

COW(Crude Oil Washing)

: A system of cleaning the cargo tanks by washing them with the cargo of crude oil during discharged

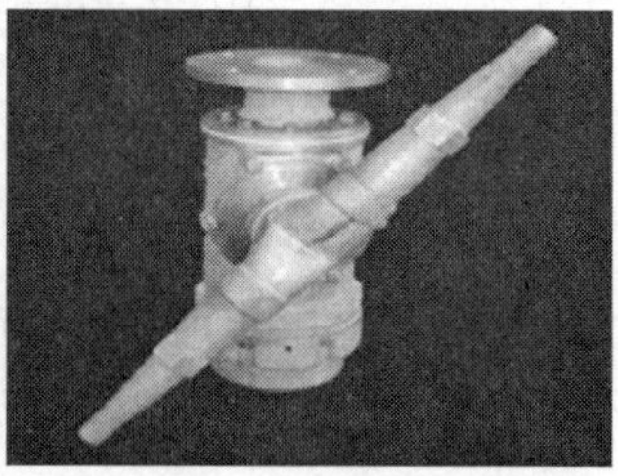

〈Drawing〉 COW machine

CPA/TCPA

; Closest Point of Approach /Time to Closest Point of Approach limit as defined by the observer to give warning when a tracked target or targets will close to within these limits

Crash-stop

; An emergency reversal operation of the main engine(s) to avoid a collision

Damage control team

; A group of crew members trained for fighting flooding in the vessel

Datum

; 1. The most probable position of a search target at a given time

2. The plane of reference to which all data as to the depth on charts are referenced.

Derelict

; Goods or any other commodity, specifically a vessel abandoned at sea

Destination

; Port which a vessel is bound for

Disabled

; A vessel damaged or impaired in such a manner as to be incapable of proceeding on its voyage

Disembark(to)

; To go from a vessel

Distress alert(GMDSS)

; A radio signal from a distressed vessel automatically directed to an MRCC giving position, identification, course and speed of the vessel as well as the nature of distress

Distress/ Urgency traffic here

: The verbal exchange of information on radio from ship to shore and/or ship to ship/ air craft about a distress / urgency situation as defined in the relevant ITU Radio Regulations

Draft

; The depth of water which a vessel draws

Dragging(of anchor)

; Moving of an anchor over the sea bottom involuntarily because it is no longer preventing the movement of the vessel

Dredging(of anchor)

; Moving of an anchor over the sea bottom to control the movement of the vessel

Drifting

; Floating, caused by winds and current with a determinable direction

Drop back(to)

; To increase the distance to the vessel ahead by reducing one's own speed

DSC

; Digital Selective Calling(in the GMDSS system)

Embark(to)

; To go aboard a vessel

EPIRB

; Emergency Position Indicating Radio Beacon

Escape route

; A clearly marked way in the vessel which has to be followed in case of an emergency

Escort

; Attending a vessel, to be available in case of need, e.g. ice-breaker, tug, etc..

ETA

; Estimated Time of Arrival

ETD

; Estimated Time of Departure

Fire patrol

; A crew member of the watch going around the vessel at certain intervals so that an outbreak of fire may be promptly detected; mandatory in vessels carrying more than 36 passengers

Flooding

; Major flow of seawater into the vessel

Fire monitor

; Fixed foam/powder/water cannon shooting fire extinguishing agents on tank deck, manifold etc.

〈Drawing〉 Fire monitor

Foul(of anchor)

; Anchor has its own cable twisted around it or has fouled an obstruction

Foul(of propeller)

; A line, wire, net, etc., is wound round the propeller

Full speed

; Highest possible speed of a vessel

Fume

; Often harmful gas produced by fires, chemicals, fuel, etc.

General emergency alarm

; A sound signal of seven short blasts and one prolonged blast given with the vessel's sound system

GMDSS

; Global Maritime Distress and Safety System

(D) GPS

;(Differential)Global(satellite) Positioning System

Hampered vessel

; A vessel restricted by her ability to manoeuvre by the nature of her work or her deep draft

Hatchrails

; Ropes supported by stanchions around an open hatch to prevent persons from falling into a hold

Heading

; The horizontal direction the vessel's bows at a given moment measured in degrees clockwise from north

Hoist here

: A cable used by helicopters for lifting or lowering persons in a pick-up operation

Icing

; Coating of ice on an object, e.g. the mast or superstructure of a vessel

IMO-Class

; Group of dangerous or hazardous goods, harmful substances or marine pollutants in sea transport as classified in the International Maritime

Dangerous Goods Code

Inert(to)

; To reduce the oxygen in an oil tank by inert gas to avoid an explosive atmosphere

Initial course

; Course directed by the OSC or other authorized person to be steered at the beginning of a search

Inoperative

; Not functioning

Jettison(to)(of cargo)

; Throwing overboard of goods in order to lighten the vessel or improve its stability in case of an emergency

Launch(to)

; To lower, e.g. lifeboats to the water

Leaking

; Escape of liquids such as water, oil, etc., out of pipes, boilers, tanks, etc., or a minor inflow of seawater into the vessel due to damage to the hull

Leeward

; The general direction to which the wind blows; opposite of windward

Leeway

; The angular effect on the vessel's course caused by the prevailing wind

Let go(to)

; To set free, let loose, or cast off(of anchors, lines, etc.)

Lifeboat station

; Place assigned to crew and passengers where they must gather before being ordered into the lifeboats

List here

: Inclination of the vessel to port side or starboard side

Located

; In navigational warnings: Position of object confirmed

Make water(to)

; Seawater flowing into the vessel due to hull damage, or hatches awash and not properly closed

MMSI

; Maritime Mobile Service Identity number

Moor(to)

; To secure a vessel in a particular place by means of wires or ropes made fast to the shore, to anchors, or to anchored mooring buoys, or to ride with both anchors down

MRCC

; Maritime Rescue Co-ordination Centre: Land-based authority responsible for promoting efficient organization of maritime search and rescue and for co-ordinating the conduct of search and rescue operations within a search and rescue region

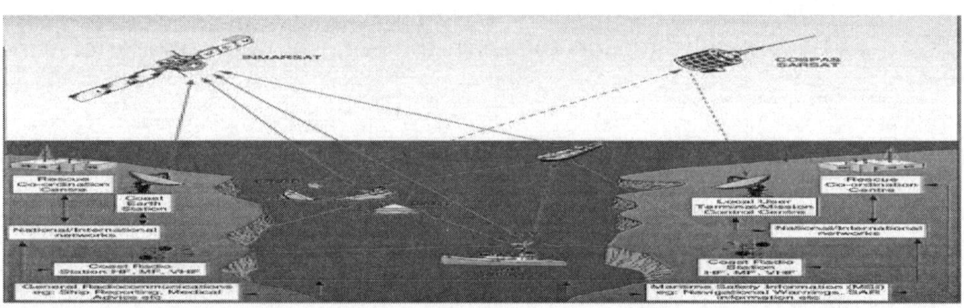

〈Drawing〉 Outline of MRCC

Muster(to)

; To assemble crew, passengers or both in a special place for purposes of checking

Muster list

; List of crew, passengers and all on board and their functions in a distress or drill

Not under command(abbr. NUC)

; A vessel which through exceptional circumstances is unable to manoeuvre as required by the COLREGs

Obstruction

; An object such as a wreck, net, etc., which blocks a fairway, route, etc.

Off air

; When the transmissions of a radio station etc., have broken down, been switched off or suspended

Off station(of buoys)

; Not in charted position

Oil clearance

; Oil skimming from the surface of the water

Operational

; Ready for immediate use

Ordnance exercise

; Naval firing practice

OSC(On-Scene Co-ordinator)

: A person designed to co-ordinate search and rescue operations within a specified area

Overflow

; Accidental escape of oil from a tank which is full because pumping was not stopped in time

Polluter

; A vessel emitting harmful substances into the air or spilling oil into the sea

Preventers

; Ropes or wires attached to derricks to prevent them from swinging during cargo handling operations

〈Drawing〉 Preventers

Proceed(to)

; To sail or head for a certain position or to continue with the voyage

PA-system(Public address system)

; Loudspeakers in the vessel's cabins, mess rooms, etc., and on deck through which important information can be broadcast from a central point, mostly from the navigation bridge

Recover(to) here

: To pick up shipwrecked persons

Refloat(to)

; To pull a vessel off after grounding; to set afloat again

Rendez-vous

; An appointment between vessels normally made on radio to meet in a certain area or position

Reported

; In navigational warnings : Position of object unconfirmed

Restricted area

; A deck, space, area, etc., in vessels, where for safety reasons, entry is only permitted for authorized crew members

Resume(to) here

: To re-start a voyage, service or search

Retreat signal

; Sound, visual or other signal to a team ordering it to return to its base

Rig move

; The movement of an oil rig, drilling platform, etc., from one position to another

〈Drawing〉 Oil and gas rig

Roll call

; The act of checking who of the passengers and crew members are present, e.g. at assembly stations, by reading aloud a list of their names

Safe speed

; That speed of a vessel allowing the maximum possible time for effective action to be taken to avoid a collision and to be stopped within an appropriate distance

Safety load

; The maximum permissible load of a deck, etc.

Safe working pressure

; The maximum permissible pressure in cargo hoses

SAR

; Search and Rescue

Scene

; The area or location where the event, e.g. an accident has happened

Search pattern

; A pattern according to which vessels and/or aircraft may conduct a co-ordinated search(the IMOSAR offers seven search patterns)

Search speed

; The speed of searching vessels directed by the OSC

Seemark

; An elevated object on land or sea serving as a guide .....

Segregation(of goods)

; Separation of goods which for different reasons must not be stowed together Shackle

; Standard length(15 fathoms) of an anchor cable

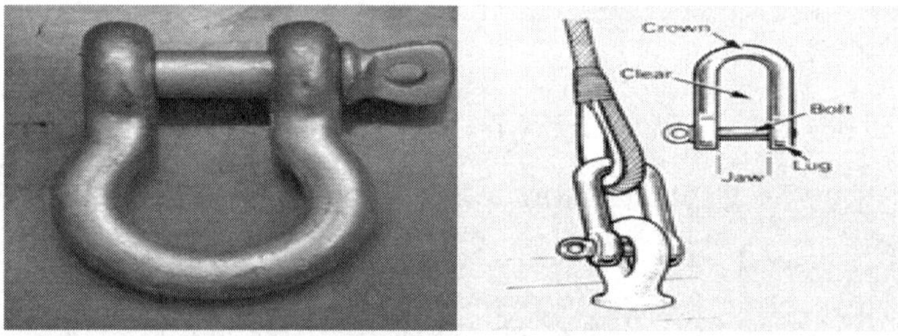

〈Drawing〉 U-shaped link

Shifting cargo

; Transverse movement of cargo, especially bulk, caused by rolling or a heavy list

Slings

; Ropes, nets, and any other means for handling general cargoes

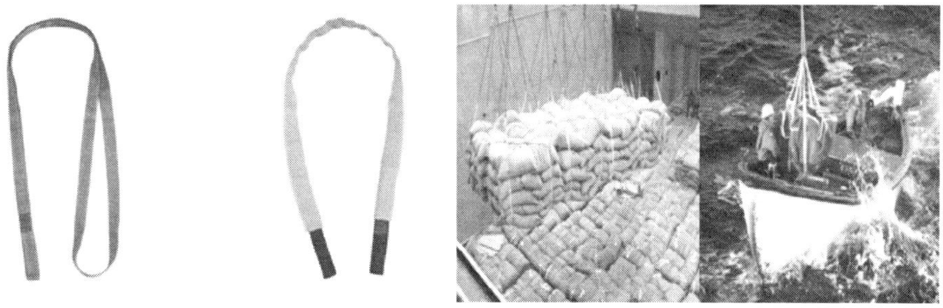

〈Drawing〉 Sling

Speed of advance

; The speed at which a storm centre moves

Spill(to)

; The accidental escape of oil, etc., from a vessel, container, etc., into the sea

Spill control gear

; Special equipment for fighting accidental oil spills at early stages

Spreader here

: Step of a pilot ladder which prevents the ladder from twisting

Stand by(to)

; To be in readiness or prepared to execute an order; to be readily available

Stand clear(to) here

: To keep a boat away from the vessel

Standing orders

; Orders of the Master to the officer of the watch which s/he must comply with

Stand on(to)

; To maintain course and speed

Station

; The allotted place or the duties of each person on board

Stripping

; Draining tanks of the remaining cargo, water, etc.

Survivor

; A person who continues to live in spite of being in an extremely dangerous situation, e.g. a shipping disaster.

Take off(to)

; A helicopter lifts off from a vessel's deck

Target

; The echo generated e.g. by a vessel on a radar screen

Tension winch

; A winch which applies tension to mooring lines to keep them tight

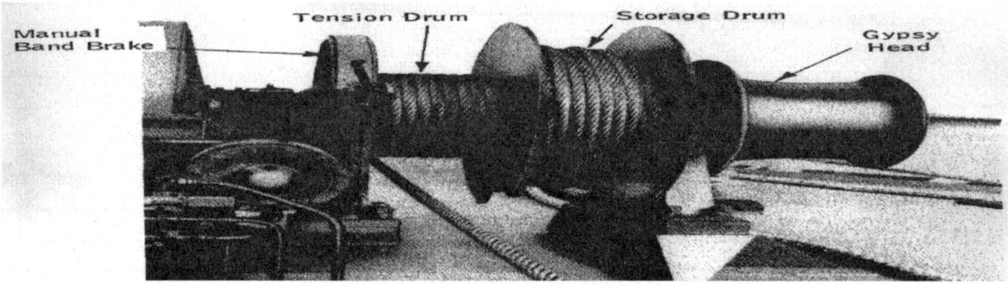

〈Drawing〉 Tension winch

TEU

; Twenty Foot Equivalent Unit(standard container dimension)

〈Drawing〉 Container

Track

; The path followed, or to be followed, between one position and another

Transit here

: The passage of a vessel through a canal, fairway, etc.

Transit speed

; Speed of a vessel required for the passage through a canal, fairway, etc.

Transshipment(of cargo) here

: The transfer of goods from one vessel to another outside harbours

〈Drawing〉 Transshipment of cargo

Underway

; A vessel which is not at anchor, or made fast to the shore, or aground

Union purchase

; A common method of cargo handling by combining two derricks, one of which is fixed over the quay, the other over the hatchway

Unlit

; When the light characteristics of a buoy or a lighthouse are inoperative

UTC

; Universal Time Co-ordinated(ex GMT)

Variable(of winds)

; When a wind is permanently changing the direction from which it blows

Veering(of winds)

; Shifting of wind direction in a manner, in time; opposite of backing

Veer out(to)(of anchors)

; To let out a greater length of cable

VHF

; Very High Frequency(30 - 300 MHz)

Walk out(to)(of anchors)

; To reverse the action of a windlass so as to ease the cable

Way point

; A position a vessel has to pass or at which she has to alter course according to her voyage plan

Windward

; The general direction from which the wind blows; opposite of leeward

Wreck

; A vessel which has been destroyed or sunk or abandoned at sea

.2 VTS special terms

Fairway

; Navigable part of a waterway

Fairway speed

; Mandatory speed in a fairway

ITZ

; Inshore Traffic Zone(of a TSS) : A routing measure comprising a designated area between the landward boundary of a TSS and the adjacent coast

Manoeuvring speed

; A vessel's reduced rate of speed in restricted waters such as fairways or harbours

Receiving point

; A mark or place at which a vessel comes under obligatory entry, transit, or escort procedure

Reference line

; A fictive line displayed on the radar screens in VTS Centres and/or electronic sea-charts separating the fairway for inbound and outbound vessels so that they can safely pass each other

Reporting point

; A mark or position at which a vessel is required to report to the local VTS-Station to establish its position

Separation zone / line

; A zone or line separating the traffic lanes in which vessels are proceeding in opposite or nearly opposite directions; or separating a traffic lane from the adjacent sea area; or separating traffic lanes designated for particular classes of vessels proceeding in the same direction

Traffic clearance

; VTS authorization for a vessel to proceed under conditions specified

Traffic lane

; An area within defined limits in which one-way traffic is established

TSS

; Traffic Separation Scheme: A routing measure aimed at the separation of opposing streams of traffic by appropriate means and by the establishment of traffic lanes

VTS

; Vessel Traffic Services: Services, designed to improve safety and efficiency of vessel traffic and to protect the environment

VTS-area

; Area controlled by a VTS-Centre or VTS-Station

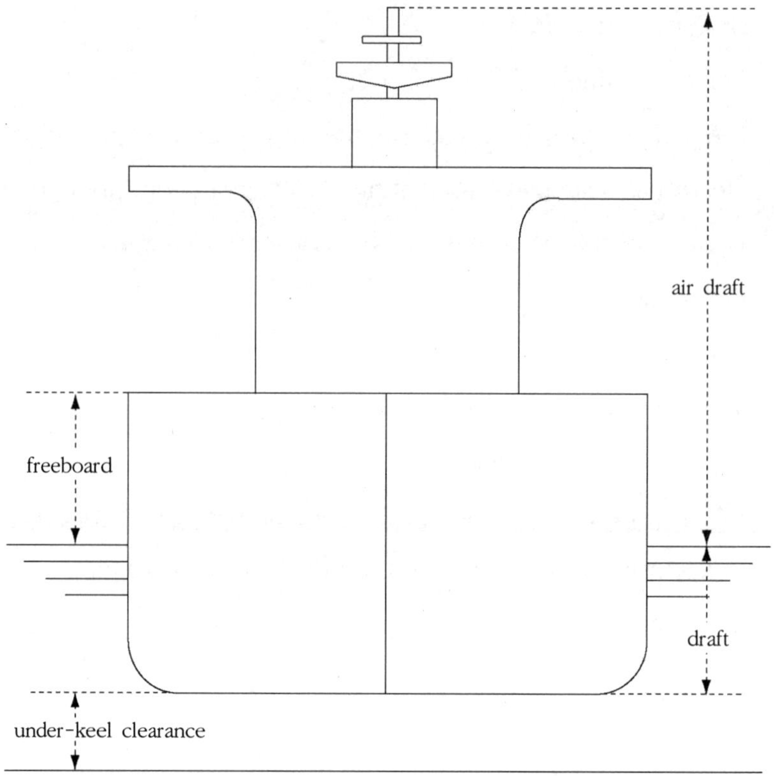

〈Drawing〉 Sketch for mooring arrangement

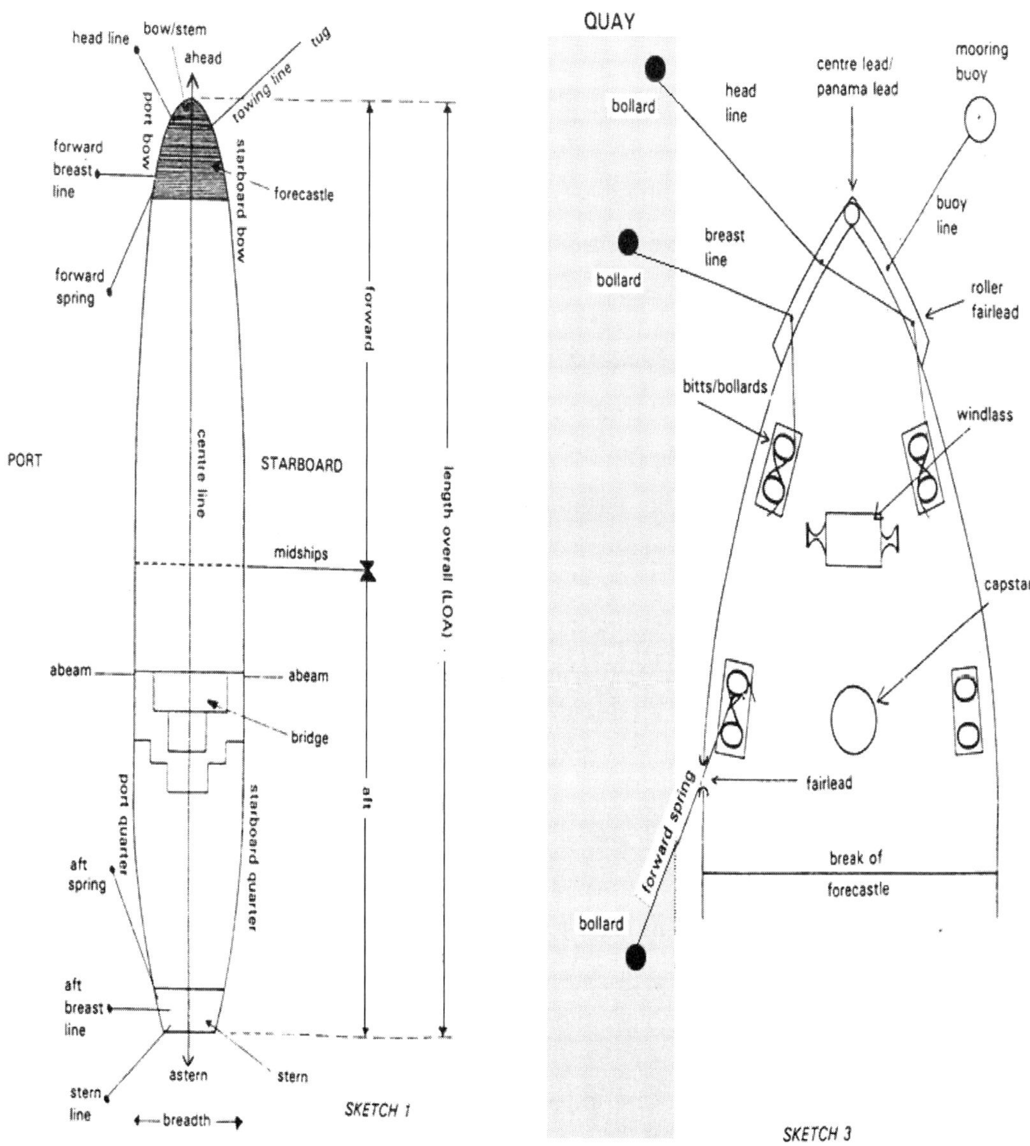

〈Drawing〉 Sketch for mooring arrangement

2.2.4 STANDARD MARINE COMMUNICATION PHRASES : PART A

PART A covers Phrases applicable in external communications from ship to shore, shore to ship and ship to ship as required by STCW 1978, as revised, Table A-II/1, as well as Phrases applicable on board vessels in conversations between Pilots and bridge teams as required by Regulation 14(4) of Chapter V of SOLAS 1974, as revised.

AI EXTERNAL COMMUNICATION PHRASES

Attention: The use of Standard Phrases in vessels' external communication does not in any way exempt from applying the radiotelephone procedures as set out in the ITU - Radio Regulations.

AI/1 Distress traffic

The distress traffic controlling station/other stations may impose radio silence on any interfering stations by using the term:

"Seelonce Mayday / Distress"

unless the latter have messages about the distress.

AI/1.1 Distress communications

Note: A distress traffic has always to commence with stating the position of the vessel in distress as specified in "GENERAL 11 Positions /13 Bearings" if it is not included in the DSC distress alert.

.1 Fire, explosion

.1 I am / MV ... on fire(- after explosion).

.2 Where is the fire?

.2.1 Fire is

~ on deck.

~ in engine-room.

~ in hold(s).

~ in superstructure / accommodation / ... .

2.2.4 표준해사통신어구 : PART A

Part A는 개정 1974 SOLAS 제 V장 규정14(4)에서 요구하는 선교팀과 도선사간의 선상 통신은 물론 개정 1978 STCW 표 A-II/1에서 요구하는 선박과 선박, 선박과 육상, 육상과 육상으로의 외부 통신에 적용되는 문구를 포함한다.

AI 외부 통신 어구

주의 : 선박의 외부 통신에 있어서 표준 용어를 사용한다고 해도 ITU 전파법규에 있는 무선전화에 관한 절차의 적용을 면제하는 것은 아니다.

AI/1 조난 통신

조난통신 통제소 / 다른 국은 다음과 같은 용어를 사용하여 다른 간섭국들의 무선 침묵을 강제할 수 있다:

"See Mayday / Distress"

조난에 관한 후자의 메시지가 없는 한.

AI/1.1 조난 통화

주의 : 조난선의 위치가 DSC 조난 경보에 포함되지 않았으면, "일반사항 1.1 위치 /13 방위"에 명시된 바대로 항상 조난선의 위치를 언급하면서 조난 통화를 시작해야 한다.

.1 화재, 폭발

.1 본선은/ MV ... 는 화재 발생했다.(-폭발 후)

.2 어디에 화재가 났는가?

.2.1 화재는.... 에 발생했다.

~ 갑판상에

~ 기관실에

~ 선창에

~ 상부구조물에/ 거주구역에 / ...

.3 Are dangerous goods on fire?
.3.1 Yes, dangerous goods are on fire.
.3.2 No, dangerous goods are not on fire.
.4 Is there danger of explosion?
.4.1 Yes, danger of explosion.
.4.2 No danger of explosion.
.5 I am / MV ... not under command.
.6 Is the fire under control?
.6.1 Yes, fire is under control.
.6.2 No, fire is not under control.
.7 What kind of assistance is required?
.7.1 I do not / MV ... does not require assistance.
.7.2 I require / MV ... requires
~ fire fighting assistance.
~ breathing apparatus - smoke is toxic.
~ foam extinguishers / CO2 extinguishers.
~ fire pumps.
~ medical assistance / ... .
.8 Report injured persons.
.8.1 No persons injured.
.8.2 Number of injured persons / casualties: ... .

.2 Flooding
.1 I am/ MV ... is flooding below water line.
.2 I / MV ... cannot control flooding.
.3 What kind of assistance is required?
.3.1 I require / MV ... requires pumps / divers, ...
.3.2 I will send pumps / divers / ... .
.3.3 I cannot send pumps / divers ... .
.4 I have / MV ... has dangerous list to port side / starboard.
.5 I am / MV ... in critical condition.
.6 Flooding is under control.
.7 I / MV ... can proceed without assistance.

.3 위험 화물에 화재가 발생하였는가?
.3.1 그렇다, 위험 화물에 화재가 발생했다.
.3.2 아니다, 위험 화물에 화재가 발생하지 않았다.
.4 폭발의 위험이 있는가?
.4.1 그렇다, 폭발의 위험이 있다.
.4.2 아니다, 폭발의 위험은 없다.
.5 본선은 / MV .... 는 조종불능상태이다.
.6 화재를 진압하고 있는가?
.6.1 그렇다, 화재를 진압하고 있다.
.6.2 아니다, 화재를 진압할 수 없다.
.7 어떠한 원조가 필요한가?
.7.1 본선은 / MV ... 는 원조가 필요치 않다.
.7.2 본선은 / MV ....는 요청한다.
~ 소화 원조
~ 호흡구 - 유독성 연기임.
~ 포말 소화기 / CO2 소화기.
~ 소화펌프.
~ 의료원조 /....
.8 부상자들을 보고하라
.8.1 부상자 없음.
.8.2 부상자의 수는 / 사상자...

.2 침수
.1 본선은 / MV ... 는 수선 아래로 침수되고 있다.
.2 본선은 / MV ... 는 침수를 제어할 수 없다.
.3 어떠한 원조가 필요한가?
.3.1 본선은 / MV ... 는 펌프 / 잠수부,...을 요청한다.
.3.2 펌프/ 잠수부/ ....을 보내겠다.
.3.3 펌프/ 잠수부,....을 보낼 수 없다.
.4 본선은 / MV ... 는 좌현/ 우현으로 위험하게 경사가 되었다.
.5 본선은 / MV ... 는 위급한 상황에 있다.
.6 침수를 제어중이다.
.7 본선은 / MV ... 는 원조 없이 항진할 수 있다.

.8 I require / MV … requires escort / tug assistance /… .

.3 Collision

.1 I have / MV … has collided

~ with MV… .

~ with unknown vessel / object / … .

~ with …(name) light vessel.

~ with seamark …(charted name).

~ with iceberg/ … .

.2 Report damage.

.2.1 I have / MV .. has damage above / below water line.

.2.2 I am / MV … not under command.

.3 I / MV … cannot repair damage.

.4 I / MV … can only proceed at slow speed.

.5 What kind of assistance is required?

.5.1 I require / MV … requires / escort / tug assistance /… .

.4 Grounding

.1 I am / MV … aground.

.2 I require / MV … requires tug assistance / pumps / … .

.3 What part of your vessel is aground?

.3.1 Aground forward / amidships /aft / full length.

.4 Warning. Uncharted rocks in position … .

.5 Risk of grounding at low water.

.6 I / MV … will jettison cargo to refloat.

.6.1 Warning! Do not jettison IMO-Class cargo!

.7 When do you / does MV … expect to refloat?

.7.1 I expect / MV … expects to refloat

~ at … UTC.

~ when tide rises.

~ when weather improves.

~ when draft decreases.

~ with tug assistance / … .

.8 본선은 / MV ... 는 호송 / 예인 원조 / ... 를 요청한다.

.3 충돌

.1 본선은 / MV ... 는 충돌했다.

~ 동력선과

~ 알 수 없는 선박과/ 물체와/ ....

~(이름)등대선과.

~ 항해표지와...(해도에 기재되어 있는 이름)

~ 빙산과

.2 손상을 보고하라

.2.1 본선은 / MV ... 는 수선 위로/ 아래로 손상을 입었다.

.2.2 본선은 / MV ... 는 조종불능상태이다.

.3 본선은 / MV ... 는 손상을 수리할 수 없다.

.4 본선은 / MV ... 는 미속으로만 항진할 수 있다.

.5 어떠한 원조가 필요한가?

.5.1 본선은 / MV ... 는 호송/ 예인 원조/...를 요청한나.

.4 좌초

.1 본선은 / MV ... 는 좌초되었다.

.2 본선은 / MV ... 는 예인 원조/ 펌프/ ...을 요청한다.

.3 귀선의 어느 부분이 좌초되었는가?

.3.1 전부/ 중앙부/ 후부/ 전체가 좌초되었다.

.4 경고. ...위치에 해도에 표시되지 않은 암초가 있다.

.5 저조일 때 좌초의 위험이 있다.

.6 본선은 / MV ... 는 부상하기 위해 화물을 투하할 것이다.

.6.1 경고! IMO-Class 화물을 투하하지 말라!

.7 귀선은 / MV ... 는 언제 재부상이 될 것으로 예상되는가?

.7.1 본선은 / MV .... 는 부상될 것으로 기대한다.

~ 세계시...에

~ 조석이 상승할 때.

~ 날씨가 호전될 때.

~ 흘수가 감소될 때.

~ 예인의 도움으로/...

.8 Can you / can MV ... beach?
.8.1 I / MV ... can / will beach in position ... .
.8.2 I / MV ... cannot beach.

.5 List - danger of capsizing
.1 I have / MV ... has dangerous list to port / starboard.
.2 I / MV ... will
~ transfer cargo / bunkers to stop listing.
~ jettison cargo to stop listing.
.3 I am / MV ... in danger of capsizing(- list increasing).

.6 Sinking
.1 I am / MV ... sinking after collision / grounding / flooding / explosion / ...
.2 I require / MV ... requires assistance.
.3 I am / MV ... proceeding to your assistance.
.4 ETA at distress position within ... hours / at ... UTC.

.7 Disabled and adrift
.1 I am / MV ...
~ not under command.
~ adrift.
~ drifting at ... knots to ...(cardinal points).
.2 I require / MV ... requires tug assistance.

.8 Armed attack / piracy
.1 I am / MV ... under attack by pirates.
.1.1 I / MV ... was under attack by pirates.
.2 I require / MV ... requires assistance.
.3 What kind of assistance is required?
.3.1 I require / MV ... requires
~ medical assistance.
~ navigational assistance.
~ military assistance.

.8 귀선은 / MV ... 는 좌안할 수 있는가?
.8.1 본선은 / MV ..... 는 .....위치에 좌안할 것이다.
.8.2 본선은 / MV ... 는 좌안할 수 없다.

.5 경사 - 전복의 위험
.1 본선은 / MV ... 는 좌현/ 우현측으로 위험하게 경사되었다.
.2 본선은 / MV .... 는 할 것이다.
~ 경사를 멈추기 위해 화물/ 연료를 옮김.
~ 경사를 멈추기 위해 화물을 투하함.
.3 본선은 / MV ... 는 전복의 위험에 있음(- 경사 증가)

.6 침몰
.1 본선은 / MV ... 는 충돌/ 좌초/ 침수/ 폭발/...후에 침몰하고 있다.
.2 본선은 / MV ... 는 예인선의 원조를 요청한다.
.3 본선은 / MV ... 는 귀선의 원조를 위해 항진하고 있다.
.4 조난 위치로의 도착예정시간은 ....시 내에/ 세계시 ...시임.

.7 항해불능과 표류
.1 본선은 MV... 는 ...이다.
~ 조종불능상태.
~ 표류
~ ...(기본 방위)로 ... 속력으로 표류하고 있다.
.2 본선은 / MV ... 는 예인 원조를 요청한다.

.8 무장 공격/ 해적 행위
.1 본선은 / MV ... 는 해적에 의해 공격받고 있다.
.1.1 본선은 / MV ... 는 해적에 의해 공격받았다.
.2 본선은 / MV ... 는 원조를 요청함.
.3 어떠한 원조가 필요한가?
.3.1 본선은 / MV... 는 ... 을 요청함.
~ 의료구원
~ 항해원조
~ 군사원조

~ tug assistance.
~ escort / ... .

.4 Report damage.
.4.1 I have / MV .. has
~ no damage.
~ damage to navigational equipment / ... .
.4.2 I am / MV ... not under command.
.5 Can you / can MV ... proceed?
.5.1 Yes, I / MV ... can proceed.
.5.2 No, I / MV ... cannot proceed.

.9 Undesignated distress
.1 I have / MV ... has problems with cargo / engine(s) / navigation / ... .
.2 I require / MV ... requires ... .

.10 Abandoning vessel
.1 I / crew of MV ... must abandon vessel ... after explosion / collision / grounding / flooding / piracy / armed attack / ... .

.11 Person overboard
.1 I have / MV ... has lost person overboard in position ... .
.2 Assist with search in vicinity of position ... .
.3 All vessels in vicinity of position ... keep sharp lookout and report to ... .
.4 I am / MV.. is proceeding for assistance - ETA at ... UTC / within ... hours.
.5 Search in vicinity of position ... .
.5.1 I am / MV ... is searching in vicinity of position ... .
.6 Aircraft ETA at ... UTC / within ... hours to assist in search.
.7 Can you continue search?
.7.1 Yes, I can continue search.
.7.2 No, I cannot continue search.
.8 Stop search.
.8.1 Return to ... .
.8.2 Proceed with your voyage.

~ 예인원조
~ 호송 / ....
.4 손상을 보고하라
.4.1 본선은 / MV ... 는 입었다.
~ 손상 없음.
~ 항해장비에 손상 / ... .
.4.2 본선은 / MV ... 는 조종불능상태이다.
.5 귀선은 / MV ... 는 항진할 수 있는가?
.5.1 그렇다, 본선은 / MV ... 는 항진할 수 있다.
.5.2 아니다, 본선은 / MV ... 는 항진할 수 없다.

.9 지정되지 않은 조난
.1 본선은 / MV ... 는 화물/ 엔진/ 항해/...에 문제가 있다.
.2 본선은 / MV ... 는 ... 요청한다.

.10 퇴선
.1 본선 / MV ... 선원은...폭발 후/ 충돌 후/ 좌초 후/ 침수 후/ 해적 피습 후/ 무장피습 후/...퇴선해야 한다.

.11 익수자
.1 본선은 / MV .... 는 ... 에서 익수자가 발생하였다.
.2 ....지점 부근에 수색을 지원하라.
.3 ....지점 부근의 모든 선박은 경계를 엄중히 하고, ...에 보고하라.
.4 본선은 / MV ... 는 원조를 위해 항진중이다. - 세계시 ...시에/ ...시 내에 도착 예정시간이다.
.5 ....지점 부근을 수색하라.
.5.1 본선은 / MV ... 는 ... 지점 부근을 수색중이다.
.6 항공기는 수색 원조를 위해 세계시 ... 시에 / ...시 내에 도착할 예정이다.
.7 귀선은 계속 수색할 수 있는가?
.7.1 그렇다. 계속 수색할 수 있다.
.7.2 아니다. 계속 수색할 수 없다.
.8 수색을 멈춰라.
.8.1 ..... 로 돌아가라.
.8.2 귀선은 당신의 항해를 하라.

.10 What is the result of search?
.10.1 The result of search is negative.
.11 I / MV … located / picked up person(s) in position … .
.12 Person picked up is crewmember / passenger of MV … .
.13 What is condition of person(s)?
.13.1 Condition of person(s) bad / good.
.13.2 Person(s) dead.

AI/1.2 Search and Rescue communication

.1 SAR communications(specifying or supplementary to 1.1)
.1 I require / MV … requires assistance.
.2 I am / MV … proceeding to your assistance.
.3 What is your MMSI number?
.3.1 My MMSI number is …. .
What is your position?
.4 My position … .
.5 What is your present course and speed?
.5.5.1 My present course … degrees, my speed … knots.
.6 Report number of persons on board.
.6.1 Number of persons on board: … .
.7 Report injured persons.
.7.1 No person injured
.7.2 Number of injured persons / casualties: … .
.8 Will you abandon vessel?
.8.1 I will not abandon vessel.
.8.2 I will abandon vessel at … UTC.
.9 Is your EPIRB switched on?
.9.1 Yes, my EPIRB is switched on/inadvertently switched on.
.10 Did you transmit a DSC distress alert?
.10.1 Yes, I did transmit.
.10.2 No, I inadvertently transmitted.
.11 How many lifeboats / liferafts(with how many persons) will you launch?

.10 수색 결과는 어떤가?
.10.1 수색 결과는 부정적이다.
.11 본선은/ MV ... 는 ....지점에서 익수자를 찾아내었다./ 끌어올렸다.
.12 끌어올린 익수자는 선원임/ MV ... 의 여객이다.
.13 익수자의 상태는 어떤가?
.13.1 익수자의 상태는 나쁘다. / 양호하다.
.13.2 익수자 사망했다.

AI/1.2 수색과 구조 통신

.1 수색 구조 통신(1.1에 상술 혹은 보충)
.1 본선은 / MV ... 는 원조를 요청한다.
.2 본선은 / MV ... 는 귀선의 원조를 위해 항진중이다.
.3 귀선의 MMSI no.는 무엇인가?
.3.1 본선의 MMSI no.는 .....
귀선의 위치는 어디인가?
.4 본선의 위치는...
.5 귀선의 현재 침로와 속력을 얼마인가?
.5.5.1 본선의 현재 침로는 ....도, 속력은....노트이다.
.6 승선 인원을 보고하라.
.6.1 승선 인원은 ....
.7 부상자를 보고하라.
.7.1 부상자는 없다.
.7.2 부상자 / 사상자 수는 ...
.8 귀선은 퇴선할 것인가?
.8.1 본선은 퇴선하지 않을 것이다.
.8.2 본선은 세계시...시에 퇴선할 것이다.
.9 비상위치지시용 무선표지는 켜졌는가?
.9.1 그렇다. 본선의 비상위치지시용 무선표지는 켜졌다./ 부주의로 켜졌다.
.10 귀선은 DSC 조난 경보를 보냈는가?
.10.1 그렇다. 조난 경보를 보냈다.
.10.2 아니다. 부주의로 조난경보가 보내졌다.
.11 몇 개의 구명정/ 구명벌(승정 인원수와)를 진수할 것인가?

.11.1 I will launch ... lifeboats / liferafts(with ... persons).
.12 How many persons will stay on board?
.12.1 No person will stay on board.
.12.2 ... persons will stay on board.
.13 What is the weather situation in your position?
.13.1 Wind ...(cardinal points) force Beaufort ... .
.13.2 Visibility good/moderate/poor.
.13.3 Smooth/moderate/rough/high Sea / slight/moderate/heavy swell ...(cardinal points).
.13.4 Current ... knots, to ...(cardinal points).
.14 Are there dangers to navigation?
.14.1 No dangers to navigation.
.14.2 Warning! Uncharted rocks / ice / abnormally low tides. mines / ... .

.2 Acknowledgement and / or relay of SAR - messages
.1 Received MAYDAY from MV ... at UTC on VHF Channel.../ frequency ....
.2 Vessel in position ...
~ on fire
~ had explosion.
~ flooded.
~ in collision(with ..).
~ listing / in danger of capsizing.
~ sinking.
~ disabled and adrift.
~ abandoned / ... .
.3 Vessel requires assistance.
.4 Received your MAYDAY.
.4.1 My position ... .
.4.2 I / MV ... will proceed to your assistance.
.4.3 ETA at distress position within ... hours / at ... UTC.

.11.1 본선은.....구명정/ 구명벌(승정인원...을)을 진수할 것이다.
.12 몇 명이 승선해 있을 것인가?
.12.1 아무도 승선해 있지 않을 것이다.
.12.2 ...명이 승선해 있을 것이다.
.13 귀선 위치에서의 기상 상태는 어떤가?
.13.1 바람은...(기본 방위) Beaufort .....
.13.2 시정은 좋다 / 보통이다. / 나쁘다.
.13.3 잔잔한/보통/높음/매우 높은 파도 / 잔잔함/보통/높은 swell ...(방점/우점).
.13.4 조류 ....노트, ... 로(방점/우점)
.14 항해에 위험물이 있는가?
.14.1 항해에 위험물은 없다.
.14.2 경고! 해도에 없는 암초 / 빙하 / 비정상적인 저조, 기뢰 /...

.2 수색 구조 - 메시지 확인 / 또는 중계
.1 ... 선박으로부터 세계시 ....시에 VHF 채널... / 주파수...로 조난 통보를 수신했다.
.2 ... 위치의 선박은
~ 화재가 발생했다.
~ 폭발했다.
~ 침수되었다.
~(...과)충돌했다.
~ 경사되었다. / 전복의 위험이 있다.
~ 침몰중이다.
~ 항해 불능이 되었고, 표류중이다.
~ 퇴선했다. / ....
.3 선박이 원조를 요청한다.
.4 귀선의 조난통보를 수신했다.
.4.1 본선의 위치는 .....
.4.2 본선은 / MV ... 는 귀선의 원조를 위해 항진 할 것이다.
.4.3 조난 위치에 ...시간 내에 / 세계시 ...에 도착예정시간이다.

.3 Performing / co-ordinating SAR - operations

The questions are normally asked and advice is given by the On-scene Co-ordinator(OSC).

For further information see IAMSAR Manual, London/Montreal,1998.

.1 I will act as On-scene Co-ordinator.

.1.1 I will show following signals / lights: ... .

.2 Can you proceed to distress position?

.2.1 Yes, I can proceed to distress position.

.2.2 No, I cannot proceed to distress position.

.3 What is your ETA at distress position?

.3.1 My ETA at distress position within ... hours / at ... UTC.

.4 MAYDAY position is not correct.

.4.1 Correct MAYDAY position is ... .

.5 Vessels are advised to proceed to position ... to start rescue.

.6 Carry out search pattern ... starting at ... UTC.

.7 Initial course ... degrees, search speed ... knots.

.8 Carry out radar search.

.9 MV ... allocated track number ... .

.10 MV / MVs ... adjust interval between vessels to ...kilometres / nautical miles.

.11 Adjust track spacing to ...kilometres / nautical miles.

.12 Search speed now ... knots.

.13 Alter course

~ to ... degrees(- at ... UTC).

~ for next leg of track now / at ... UTC

.14 We resume search in position ... .

.15 Crew has abandoned vessel / MV ... .

.16 Keep sharp lookout for lifeboats / liferafts / persons in water / ... .

.4 Finishing with SAR - operations

.1 What is the result of search?

.1.1 The result of search is negative.

.2 Sighted

~ vessel in position ... .

.3 수색 구조 작업의 실행

통상적으로 현장 작업 지휘자에 의하여 질문이 행하여지고, 또한 지시가 내려지게 됨.

보다 자세한 사항은 IAMSAR Manual, London/Montreal, 1998을 참조하라.

.1 본선이 현장 작업 지휘자 역할을 할 것이다.
.1.1 본선은 다음의 신호 / 등화....를 보여줄 것이다.
.2 귀선은 조난 위치로 항진할 수 있는가?
.2.1 그렇다. 본선은 조난 위치로 갈 수 있다.
.2.2 아니다. 본선은 조난 위치로 갈 수 없다.
.3 귀선의 조난 위치 도착예정시간은 언제인가?
.3.1 본선의 조난 위치 도착예정시간은 ...시간 내 / 세계시 ...시이다.
.4 조난 통보 위치가 정확하지 않다.
.4.1 정확한 조난 통보 위치는 ....
.5 구조를 시작하기 위해 ...위치로 선박이 항진할 것을 권고한다.
.6 세계시 ...시에 수색 방식...을 실행하라.
.7 초기 침로 ....도, 수색 속도 ...노트이다.
.8 레이다 수색을 실행하라.
.9 MV는 ...번 항적을 할당받았다.
.10 MV / MVs ... 선박 사이의 간격을 ....킬로미터 / 해리로 조정한다.
.11 .... 킬로미터/ 해리 간격을 두고 항적을 조정하라.
.12 수색 속도 현재 ...노트이다.
.13 변침하라
~ ....도로(세계시 ....시에)
~ 현재 다음 수색 진로를 위해 / 세계시 ... 에
.14 본선은 ...지점에서 수색을 다시 시작한다.
.15 선원은 퇴선했다. / MV ... .
.16 구명정 / 구명벌 / 물속의 사람 / ...을 철저히 경계하라.

.4 수색 구조의 종료 - 작업

.1 수색 결과는 어떤가?
.1.1 수색결과는 부정적이다.
.2 확인되었다.
~ .... 위치에 ~선박이

~ lifeboats / life rafts in position ... .

~ persons in water / ... in position ... .

.3 Continue search in position ... .

.4 Can you pick up survivors?

.4.1 Yes, I can pick up survivors.

.4.2 No, I cannot pick up survivors.

.5 MV ... / I will proceed to pick up survivors.

.5.1 Stand by lifeboats / liferafts.

.6 Picked up

~ ... survivors in position ... .

~ ... lifeboats / liferafts(with ... persons / casualties) in position ... .

~ ... persons / casualties in lifejackets in position ... .

~ ... in position ... .

.7 Survivors in bad / good condition.

.8 Do you require medical assistance?

.8.1 Yes, I require medical assistance.

.8.2 No, I do not require medical assistance.

.9 Try to obtain information from survivors.

.10 There are

~ still ... lifeboats / liferafts with survivors.

~ no more lifeboats / liferafts.

.11 Total number of persons on board was ... .

.12 All persons / ... persons rescued.

.13 You / MV ... may stop search and proceed with voyage.

.14 There is no hope to rescue more persons.

.15 We finish with SAR - operations.

AI/1.3 Requesting medical assistance

.1 I require / MV ... requires medical assistance.

.2 What kind of assistance is required?

.2.1 I require / MV ... requires

~ boat for hospital transfer.

~ radio medical advice.

~ .... 위치에 구명정 / 구명벌.
~ 물속에 사람/ .....위치에.... .

.3 ..... 위치에 수색을 계속하라.

.4 귀선은 생존자를 태울 수 있는가?

.4.1 그렇다. 본선은 생존자를 인양할 수 있다.

.4.2 아니다. 본선은 생존자를 인양할 수 없다.

.5 본선은 / MV ... 는 생존자를 태우기 위해 항진할 것이다.

.5.1 구명정 / 구명벌을 준비하라.

.6 인양했다.

~ .... 위치에 ... 생존자를
~ .... 위치에 구명정 / 구명벌(... 인원과 / 사상자들)
~ ... 위치에 구명조끼를 입은 사람 / 사상자들
~ ... 위치에 ....

.7 생존자의 상태는 나쁘다 / 양호하다.

.8 귀선은 의료 원조를 원하는가?

.8.1 그렇다. 본신은 의료 원조를 요청한다.

.8.2 아니다. 본선은 의료 원조를 요청하지 않는다.

.9 생존자로부터 정보를 얻기 위해 노력하라.

.10 존재한다.

~ 여전히 ... 생존자와 구명정 / 구명벌
~ 더 이상 구명정 / 구명벌은 없다.

.11 승선한 총 인원수는 ....이다.

.12 모든 인원 / ... 사람 구조되었다.

.13 귀선은 / MV ... 는 수색을 멈추고 항해하여도 좋다.

.14 더 이상의 인명구조 가망이 없다.

.15 수색 구조 작업을 종료한다.

AI/13 의료 원조 요청

.1 본선은 / MV ... 는 의료 원조를 요청한다.

.2 어떠한 원조를 요청하는가?

.2.1 본선은 / MV ... 는 요청한다.

~ 병원 운송을 위한 보트.
~ 무선 의료 조언.

~ helicopter with doctor(to pick up person(s)).

.3 I / MV ... will
  ~ send boat.
  ~ send helicopter with doctor
  ~ send helicopter to pick up person(s).
  ~ arrange for radio medical advice on VHF Channel ... / frequency ... .

.4 Boat / helicopter ETA at ... UTC / within ... hours.

.5 Do you have doctor on board?

.5.1 Yes, I have doctor on board.

.5.2 No, I have no doctor on board.

.6 Can you make rendezvous in position ... ?

.6.1 Yes, I can make rendezvous in position at ... UTC / within ... hours.

.6.2 No, I cannot make rendezvous.

.7 I / MV ... will send boat / helicopter to transfer doctor.

.8 Transfer person(s) to my vessel / to MV ... by boat / helicopter.

.9 Transfer of person(s) not possible.

AI/2 Urgency traffic

Safety of a vessel(other than distress).

Note: An urgency traffic has always to commence with stating the position of the calling vessel if it is not included in the DSC alert.

.1 Technical failure

.1 I am / MV ... not under command.

.2 What problems do you have / does MV ... have?

.2.1 I have / MV ... has problems with engine(s) / steering gear / propeller / ...

.3 I am / MV ...is manoeuvring with difficulty.

.4 Keep clear of me / MV ... .

.5 Navigate with caution.

.6 I require / MV ... requires tug assistance / escort / ... .

.7 I try / MV ... tries to proceed without assistance.

.8 Stand by on VHF Channel ... / frequency ... .

.8.1 Standing by on VHF Channel ... / frequency ... .

~ 의사를 태운 헬리콥터(사람을 인양하기 위한)

.3 본선은 / MV ... 는 할 것이다.

~ 보트를 보냄.

~ 의사를 태운 헬리콥터를 보냄.

~ 사람을 인양하기 위한 헬리콥터를 보냄.

~ 무선 의료 조언을 위해 VHF채널 .... / 주파수 ...로 조정함.

.4 보트 / 헬리콥터 세계시 ....시에 / ... 시간 내에 도착예정시간이다.

.5 귀선은 의사가 승선해 있는가?

.5.1 그렇다. 본선은 의사가 승선해 있다.

.5.2 아니다. 본선은 의사가 승선해 있지 않다.

.6 귀선은 .... 위치에 집결할 수 있는가?

.6.1 그렇다. 본선은 세계시 ... 시에 / ... 시간 내에 .... 위치에 집결할 수 있다.

.6.2 아니다. 본선은 집결할 수 없다.

.7 본선은 / MV ... 는 의사 수송을 위해 보트 / 헬리콥터를 보내겠다.

.8 보트 / 헬리콥터로 본선에 / MV ... 에 사람을 이송하라.

.9 사람 이송은 불가능하다.

AI/2 긴급 통신

선박의 안전(조난 신호 이외)

주의 : 호출하는 선박의 위치가 DSC 경보에 포함되지 않았으면 긴급통화는 항상 호출하는 선박의 위치를 말하면서 시작해야 한다.

.1 기술적 결함

.1 본선은 / MV ... 는 조종불능상태이다.

.2 귀선에 / MV ... 는 무슨 문제가 있는가?

.2.1 본선은 / MV ... 는 기관에/ 조타기에/ 프로펠라에/ ...에 문제가 있다.

.3 본선은 / MV ... 는 조선에 어려움이 있다.

.4 본선을 / MV ... 를 충분히 피하시오.

.5 조심해서 항해하라.

.6 본선은 / MV ... 는 예인 원조/ 호송/ ...을 요청한다.

.7 본선은 / MV ... 는 원조 없이 항진하도록 시도한다..

.8 VHF채널 ..../ 주파수 ...로 기다리시오.

.8.1 VHF채널 ..../ 주파수 ...로 기다리고 있다.

.2 Cargo

.1 I have / MV has ... lost dangerous goods of IMO-Class ... in position ... .

.2 Containers / barrels / drums / bags / ... with dangerous goods of IMO-Class ... adrift near position ... .

.3 I am / MV ... is spilling
~ dangerous goods of IMO-Class ... in position ...
~ crude oil / ... in position ... .

.4 I require / MV... requires oil clearance assistance - danger of pollution.

.5 I am / MV ... is dangerous source of radiation.

.3 Ice damage

.1 I have / MV ... has damage above / below waterline.

.2 What kind of assistance is required?

.2.1 I require / MV ... requires
~ tug assistance.
~ ice-breaker assistance / escort / ... .

.3 I have / MV ... has stability problems - heavy icing.

.4 Can you proceed without assistance?

.4.1 Yes, I can proceed without assistance.

.4.2 No, I cannot proceed without assistance.

.5 Stand by on VHF Channel ... / frequency ... .

.5.1 Standing by on VHF Channel ... / frequency ... .

AI/3 Safety Communications

AI/3.1 Meteorological and hydrological conditions

.1 Winds, storms, tropical storms, sea state

.1 What is wind direction and force in your position / in position ... ?

.1.1 Wind direction ...(cardinal points), force Beaufort ... in my position /in position ... .

.2 What wind is expected in my position / in position ... ?

.2.1 The wind in your position / in position ... is expected

.2 화물

.1 본선은 / MV ... 는 ... 위치에 IMO-Class 위험 화물을 유실하였다.

.2 컨테이너 / 통 / drum / bag의 IMO-Class 위험 화물이 ... 위치 근처에서 떠다니고 있다.

.3 본선은 / MV ... 는 흘리고 있다.

~ ... 위치에 IMO-Class 위험 화물을...

~ ... 위치에 원유를 ...

.4 본선은 / MV ... 는 기름 제거 원조를 요구한다. - 오염의 위험이 있다.

.5 본선은 / MV ... 는 방사선의 위험 유출원이다.

.3 얼음 손상

.1 본선은 / MV ... 는 흘수선 위에/ 아래에 손상을 입었다.

.2 어떠한 원조를 요청하는가?

.2.1 본선은 / MV ... 는 요청한다.

~ 예인 원조.

~ 쇄빙선 원조/ 호송/ .... .

.3 본선은 / MV ... 는 복원성에 문제가 있다. - 심한 결빙

.4 귀선은 원조 없이 항진할 수 있는가?

.4.1 그렇다, 본선은 원조 없이 항진할 수 있다.

.4.2 아니다, 본선은 원조 없이 항진할 수 없다.

.5 VHF채널 ..../ 주파수 ....에서 기다리시오.

.5.1 VHF채널 ..../ 주파수.... 에서 기다리고 있다.

AI/3 안전 통신

AI/3.1 기상 및 수로의 상태

.1 바람, 폭풍, 열대성 폭풍, 해면 상태

.1 귀선의 위치 / ....위치에서 풍향과 풍력은 얼마인가?

.1.1 본선의 위치에서/ ....(기본 방위) 위치에서 Beaufort 풍력계급 ...., 풍향은...이다.

.2 본선의 위치에서/ .....위치에서 바람은 어떠해지겠는가?

.2.1 귀선의 위치에서/ ....위치에서 바람은 .... 예상된다.

~ from direction...(cardinal points), force Beaufort ... .
~ to increase / decrease.
~ variable.

.3 What is the latest gale / storm warning?

.3.1 The latest gale / storm warning is as follows:
Gale / storm warning. Winds at ... UTC in area ...(met.area) from direction ...(cardinal points) and force Beaufort ... backing/veering to ...(cardinal points).

.4 What is the latest tropical storm warning?

.4.1 The latest tropical storm warning is as follows:
Tropical storm warning at ... UTC. Hurricane...(name) / tropical cyclone /tornado/ willy-willy / typhoon ...(name) with central pressure of ... millibars /hPascals located in position ... Present movement...(cardinal points) at ... knots. Winds of ... knots within radius of ... miles of centre. Seas smooth/moderate/rough/high. Further information on VHF Channel ... / frequency ... .

.5 What is the atmospheric pressure in your position / in position ... ?

.5.1 The atmospheric pressure in your position / in position ... is ... millibars/hPascals.

.6 What is the barometric change in your position / in position ... ?

.6.1 The barometric change in your position / in position ...is ... millibars/hPascals per hour / within the last ... hours.

.6.2 The barometer is steady / dropping(rapidly) / rising(rapidly).

.7 What maximum winds are expected in the storm area?

.7.1 Maximum winds of ... knots are expected
~ in the storm area.
~ within a radius of ... kilometres / miles of the centre.
~ in the safe / dangerous semicircle.

.8 What is sea state in your position / in position ... ?

.8.1 The smooth/moderate/rough/high sea/ slight/moderate/heavy swell in my position / in position ... is ... metres from...(cardinal points).

.9 Is the sea state expected to change(- within the next hours)?

.9.1 No, the sea state is not expected to change(- within the next hours).

~ 풍향 ….. , 뷰포트 풍력계급 ….
~ 증가한다./ 감소한다.
~ 일정치 않다.

.3 가장 최근의 강풍 / 태풍 경보는 어떤 것인가?

.3.1 가장 최근의 강풍 / 태풍 경보는 아래와 같다 :
강풍 / 태풍 경보. 세계시 ….시 …. 해역의 풍향은…(방점) … 풍력계급은…이며, 풍향은 반전/순전하여…(방점)방향으로 됨.

.4 가장 최근의 열대성 폭풍 경보는 어떤 것인가?

.4.1 가장 최근의 열대성 폭풍 경보는 아래와 같다:
세계시 …. 시에 열대성 폭풍 경보 . … 위치에 중심기압 …. 밀리바/ 핵토 파스칼의 허리케인 ….(이름) / 열대성 사이클론/ 토네이도/ 윌리윌리/ 태풍 …..(이름) … 위치에 있으며 현재의 동정은(우점/방점) … 노트로 움직임. 중심 …. 마일 반경 이내로 …. 노트의 바람. 해면 상태는 잔잔함/보통/거침/매우 거침.
보다 자세한 정보는 VHF채널 … / 주파수…에서 참조 바람.

.5 귀선의 위치에서 / …. 위치에서 기압은 얼마인가?

.5.1 귀선의 위치에 / ….위치에 기압은 ….밀리바/ 핵토 파스칼이다.

.6 귀선의 위치에 / ….위치에서 기압상의 변화는 얼마인가?

.6.1 귀선의 위치에 / … 위치에서 기압상의 변화는 시간당/ 최근 … 시간이내에 …. 밀리바/ 핵토 파스칼이다.

.6.2 기압계는 변화 없음 / 하강(급격히) / 상승(급격히).

.7 폭풍지역에 최대 풍속은 얼마 정도 예상되는가?

.7.1 ….노트의 최대 풍속이 예상되어진다..
~ 폭풍지역에
~ 중심반경 ….킬로미터 / … 마일 이내에
~ 안전/ 위험 반원 내에

.8 귀선의 위치에 / …. 위치에 해면 상태는 어떤가?

.8.1 본선의 위치에서 / … 위치에서 잔잔함/보통/거침/매우 거친 바다 상태 / 낮음 / 보통/매우 높은 파도…(우점/방점)

.9 해면 상태는 변할 것으로 예상되는가(- 앞으로…. 시간 내에)?

.9.1 아니다. 해면 상태는 변할 것으로 예상되어지지 않는다(- 앞으로…. 시간 내에)

.9.2 Yes, a sea / swell of ... metres from ...(cardinal points) is expected(- within the next hours).

.10 A tsunami / an abnormal wave is expected by ... UTC.

.2 Restricted visibility

.1 What is visibility in your position / in position ... ?

.1.1 Visibility in my position / in position is ... metres / nautical miles

.1.2 Visibility is restricted by mist / fog / snow / dust / rain.

.1.3 Visibility is increasing / decreasing / variable.

.2 Is visibility expected to change in my position / in position ...(within the next hours)?

.2.1 No, visibility is not expected to change in your position / in position... (- within the next hours).

.2.2 Yes, visibility is expected to increase / decrease to ... metres / nautical miles in your position / in position ...(within the next hours).

.2.3 Visibility is expected to be variable between ... metres / nautical miles in your position / in position ...(within the next hours).

.3 Ice

.1 What is the latest ice information?

.1.1 Ice warning. Ice / iceberg(s) located in position ... / reported in area around

.1.2 No ice located in position ... / reported in area around ... .

.2 What ice situation is expected in my position / area around ... ?

.2.1 Ice situation is

~ not expected to change in your position / area around ... .

~ expected to improve / deteriorate in your position / area around

.2.2 Thickness of ice is expected to increase / decrease in your position / area around ... .

.3 Navigation is dangerous in area around ... due to floating ice / pack ice / iceberg(s).

.4 Navigation in area around ... is only possible

~ for high-powered vessels of strong construction .

~ with ice-breaker assistance.

.9.2 그렇다. ....(중요지점)으로 부터 ... 미터의 파도/ 파도가 예상됨(-앞으로... 시간 내에)

.10 진파 / 비정상적인 파도가 ... UTC에 예상된다.

.2 제한된 시정

.1 귀선의 위치에 / ...위치에서 시정은 얼마인가?

.1.1 본선의 위치에 / ... 위치에서 시정은 .... 미터 / 해리이다.

.1.2 옅은 안개 / 안개 / 눈 / 먼지 / 비로 시정이 제한적이다.

.1.3 시정이 증가됨 / 감소됨 / 일정치 않다.

.2 본선의 위치에 / .... 위치에 시정이(- 앞으로... 시간 내에) 어떻게 변화될 것으로 예상하는가?

.2.1 아니다. 귀선의 위치에 / .... 위치에서(-앞으로... 시간 내에) 시정이 변할 것으로 생각되지 않는다.

.2.2 그렇다. 귀선의 위치에 / ....위치에서(-앞으로... 시간 내에) 시정이 좋아져서 / 나빠져서 .... 미터 / 해리로 예상된다.

.2.3 귀선의 위치에 / .... 위치에서(-앞으로... 시간 내에) 시정이 ....미터 / 해리 사이로 예상된다.

.3 빙하

.1 가장 최근의 빙하 정보는 무엇인가?

.1.1 빙하 경보. 빙하 / 빙산(들)이 ..... 위치에 있음 / .... 지역 주위에 보고되었다.

.1.2 ....위치에 / .... 지역 주위에 보고된 빙하는 없다.

.2 본선의 위치에 / ....지역 주위에 빙하 상태가 어떨 것으로 예상되는가?

.2.1 빙하 상태는

~ 귀선의 위치에 / ....지역 주위에서 변하지 않을 것으로 예상한다.

~ 귀선의 위치에 / ....지역 주위에서 나아지겠다. / 악화될것으로 예상된다.

.2.2 빙하의 두께는 귀선의 위치에 / ..... 지역 주위에서 증가되겠다/ 감소될 것으로 예상된다.

.3 부빙 / 부빙군 / 빙산 때문에 .... 지역 주위에서 항해는 위험하다.

.4 .... 지역 주위에서만 항해가 가능하다.

~ 강력한 구조의 고 마력의 선박에 대해서만

~ 쇄빙선의 원조와 함께

.5 Area around ... temporarily closed for navigation.
.6 Danger of icing in area around ... .

.4 Abnormal tides
.1 The present tide is ... metres above / below datum in position ... .
.2 The tide is ... metres above/below prediction.
.3 The tide is rising / falling.
.4 Wait until high / low water.
.5 Abnormally high / low tides are expected in position ... at about ... UTC / within ... hours.
.6 Is the depth of water sufficient in position ... ?
.6.1 Yes, the depth of water is sufficient in position ... .
.6.2 No, the depth of water is not sufficient in position ... .
.6.3 The depth of water is ... metres in position ... .
.7 My draft is ... metres - can I enter / pass ...(charted name of place)?
.7.1 Yes, you can enter / pass(charted name of place).
.7.2 No, you cannot enter / pass(charted name of place) - wait until ... UTC.
.8 The charted depth of water is increased / decreased by ... metres due to sea state / winds.

AI/3.2 Navigational warnings involving

.1 Land- or seamarks
Defects
.1 ...(charted name of light / buoy) in position ... ~ unlit / unreliable / damaged / destroyed / off station / missing.
Alterations
.2 ...(charted name of lightbuoy / buoy) in position ...
~ (temporarily) changed to ...(full characteristics).
~(temporarily) removed.
~(temporarily) discontinued.
New and moved
.3 ...(charted name of light / buoy) ...(full characteristics)

.5 ..... 지역 주위는 일시적으로 항해가 폐쇄된다.
.6 ... 지역 주위에서 빙하의 위험이 있다.

.4 불규칙한 조석
.1 현재의 조석은 .... 위치에서 기준에서 ... 미터 아래 / 위이다.
.2 조석은 ... 미터 예보치 위 / 아래이다.
.3 조석이 창조중이다. / 낙조중이다.
.4 고조 / 저조까지 기다려라.
.5 약 세계시....에 / ....시간 내에 ..... 위치에서 불규칙한 고조 / 저조가 예상된다.
.6 .... 위치에서 수심은 충분한가?
.6.1 그렇다, ... 위치에서 수심은 충분하다.
.6.2 아니다. .... 위치에서 수심은 충분치 않다.
.6.3 .... 위치에서 수심은 ..... 미터이다.
.7 본선의 흘수는 ..... 미터 -(해도에 기재된 지명) ....들어가도 / 통과해도 되는가?
.7.1 그렇다, 귀선은(해도에 기재된 지명)... 로 들어가도 / 통과해도 된다.
.7.2 아니다, 귀선은 (해도에 기재된 지명).... 루 들어갈 수 없음 / 통과할 수 없음.
- 세계시.... 까지 기다려라.
.8 해면 / 바람 상태 때문에 해도에 기재된 수심이 .... 미터 증가된다 / 감소되다.

AI/3.2 항행 경보 포함

.1 육지-또는 해상 마크
결함
.1 ...(light / buoy의 해도상 이름) ...위치에서 불이 켜져 있지 않다 / 믿을 수 없다 / 손상을 입었다 / 파괴되었다 / 유실되었다.
변경
.2 ...(lightbuoy / buoy의 해도상 이름)... 위치에서
~(임시적으로) ...(상세 특성)변했다.
~(임시적으로) 제거되었다.
~(임시적으로) 중단되었다.
신설과 이동
.3 ...(light / buoy의 해도상 이름) ...(상세 특성)

~ established in position ... .

~ re-established in position ... .

~ moved ... kilometres / nautical miles in ...(direction) to position ... .

.4(Note: Only for major fog signal stations.)

Fog signal ...(charted name of light / buoy) in position ... inoperative.

.2 Drifting objects

.1 Superbuoy / mine / unlit derelict vessel / ...(number) container(s) adrift in vicinity ...(position) at ...(date and time if known).

.3 Electronic navigational aids

.1 GPS Satellite ...(number) unusable from ...(date and time) to ...(date and time).

Cancel one hour after time of restoration.

.2 LORAN station ...(name or number of master / secondary) off air from ...(date and time) to ...(date and time). Cancel one hour after time of restoration.

.3 RACON ...(name of station) in position ... off air from ...(date and time) to... (date and time). Cancel one hour after time of restoration.

.4 Seabottom characteristics, wrecks

Use REPORTED when position is unconfirmed, and use LOCATED when position has been confirmed by survey or other means

.1 Uncharted reef / rock / shoal / dangerous wreck / obstruction reported / located in position ... .

.2 Dangerous wreck in position... marked by ...(type)buoy ...(distance in kilometres/nautical miles) ...(direction).

.5 Miscellaneous

.5.1 Cable, pipeline and seismic / hydrographic operations

.1 Cable / pipeline operations by ...(vessel) in vicinity / along line joining ...(positions) from ...(date and time)to ...(date and time). Wide berth requested (if requested).

Contact via VHF Channel ... (if requested).

~ 위치에 설치되었다.
~ ...위치에 재설치되었다.
~ ...에서 ...로 ... 킬로미터 / 마일 이동되었다.

.4(주의: 오로지 주요한 안개 신호소에서만)
무중 신호 ...(light / buoy의 해도상 이름)... 위치에서 작동되지 않는다.

.2 표류 물체

.1 대형부표 / 기뢰 / 불이 켜지지 않은 유기물 선박 / ...(개수) 컨테이너가 ...(알려져 있다면 시간과 날짜)위치에 떠다니고 있다.

.3 전자 항행 원조

.1 GPS 위성...(개수)가 ...(시간과 날짜)에서 ...(시간과 날짜)때까지 이용할 수 없다. 복구 시간 1시간 후에 취소한다.

.2 LORAN 기지국...(주국 / 종국의 개수와 이름)가 ...(시간과 날짜)에서부터 ...때(시간과 날짜)까지 중단된다. 복구 시간 1시간 후에 취소한다.

.3 ... 위치의 RACON...(기지국의 이름)가 ...(시간과 날짜)에서부터 ... 때까지(시간과 날짜) 작동하지 않는다. 복구 시간 1시간 후에 취소한다.

.4 저질의 특성, 침선

위치가 확실치 않으면 REPORTED를 사용하라. 그리고 위치가 조사나 혹은 다른 수단에 의해서 확인이 될 때에는 LOCATED를 사용하라.

.1 해도에 기재되지 않은 산호 / 바위 / 위험한 침선 / 보고된 장애물이 ...위치에 존재하고 있다.

.2 ...위치에 위험한 침선이 ...buoy(type)에 의해 ...(킬로미터/마일)...(방향)으로 표시되어 있다.

.5 기타

.5.1 케이블, 파이프라인과 지진 조사 / 수로 작업

.1 케이블 / 파이프 라인 작업이 ...(선박)에 의해 근처에서 / ...(위치)의 line을 따라서 ...에부터(시간과 날짜) ...까지(시간과 날짜) 이루어진다.(필요하다면) 넓은 거리가 요구된다.
VHF 채널을 통해 연락하라...(필요하다면).

.2 Seismic survey / hydrographic operations by ...(vessel) from ...(date and time) to...(date and time) in ...(position). Wide berth requested.(if requested). Contact via VHF Channel ...(if requested).

.3 Survey vessel ...(name) towing ...(length) seismic cable along line joining / in area bounded by / in vicinity ...(position) from ...(date and time) to ...(date and time). Wide berth requested(if requested). Contact via VHF Channel ... (if requested).

.4 Hazardous operations by ...(vessel) in area bounded by / in vicinity ... (position) from ...(date and time) to ...(date and time). Wide berth requested (if requested).

Contact via VHF Channel ...(if requested).

.5 Current meters / hydrographic instruments moored in ...(position). Wide berth requested(if requested).

.5.2 Diving, towing and dredging operations

.1 Diving/dredging operations by vessel ...(name) from ...(date and time) to ...(date and time) in position ... . Wide berth requested(if requested).

.2 Difficult tow from ...(port of departure)on ...(date) to ...(destination)on ...(date).

Wide berth requested.

.5.3 Tanker transshipment

.1 Transshipment of ...(kind of cargo) in position... . Wide berth requested.

.2 I am / MT ... spilling oil / chemicals /... in position....Wide berth requested.

.3 I am / LNG-tanker ... leaking gas in position... - do not pass to windward.

.4 Oil clearance operations near MT ... in position ... . Wide berth requested.

.5.4 Off-shore installations, rig moves

.1 Platform ...(name/number if available) reported / established in position... at ... (date and time).Wide berth requested(if requested).

.2 Platform ...(name/number if available) removed from ...(position) on ...(date).

.3 Pipeline / platform ...(name/number if available) in position ... spilling oil / leaking gas. Wide berth requested.

.2 지진 조사 / 수로 작업이 ...(선박)에 의해 ...부터(시간과 날짜) ...(시간과 날짜)까지 ...(위치)에서 이루어진다.(필요하다면) 넓은 거리가 요구된다. VHF 채널을 통해 연락하라...(필요하다면)

.3 탐사 선박...(선명)이 ...(길이) 지질 조사 케이블을 line을 따라 / 표시가 되어 있는 지역 / ...(위치)의 근처에서 ...부터(시간과 날짜) ...까지(시간과 날짜) 끌고 있다.

(필요하다면) 넓은 거리가 요구된다. VHF 채널을 통해 연락하라...(필요하다면)

.4 ...(선박)에 의한 위험 작업이 표시된 구역 / ...(위치)의 근처에서 ...부터(시간과 날짜) ...까지(시간과 날짜) 이루어진다.(필요하다면) 넓은 거리가 요구된다. VHF 채널을 통해 연락하라...(필요하다면)

.5 조류 미터 / 수로 장비들이 ...(위치)에서 계류하고 있다.(필요하다면) 넓은 거리가 요구된다.

.5.2 잠수, 예인과 준설작업

.1 ...(선명)선박에 의한 잠수 / 준설 작업이 ...부터(시간과 날짜) ...까지(시간과 날짜) ...(위치)에서 이루어진다.(필요하다면) 넓은 거리가 요구된다.

.2 ...에서(출항지) ...부터(날짜) ...(목적지) ...까지(날짜) 어려운 예인 작업이 이루어진다. 넓은 거리가 요구된다.

.5.3 탱커선에서 탱커선으로의 화물의 이동

.1 ...위치에서 ...(화물의 종류)의 선적이 이루어진다. 넓은 거리가 요구된다.

.2 본선은 / MV ... 는 ... 위치에서 기름 / 케미칼을 유출하고 있다. 넓은 거리가 요구된다.

.3 본선 / LNG-tanker는 ...위치에서 가스가 새고 있다 - 풍하쪽으로 통항하지 마라.

.4 기름 제거 작업이 MT...위치에서 이루어지고 있다. 넓은 거리가 요구된다.

.5.4 해상구조물, 굴착 장치 이동

.1 Platform이 ...(가능하다면 이름/개수) 보고되었다 / ...(날짜와 시간) ...위치에서 설치되었다.(필요하다면) 넓은 거리가 요구된다.

.2 Platform ...(가능하다면 이름/개수)이 ...(날짜) ...(위치)에서 제거되었다.

.3 Pipeline / platform ...(가능하다면 이름/개수)이 ...위치에서 기름을 유출하고 있다 / 가스를 누출시키고 있다.(필요하다면) 넓은 거리가 요구된다.

.4 Derelict platform ...(name/number if available) being removed from ...(position) at ...(date and time). Wide berth requested.

.5.5 Defective locks or bridges

.1 Lock ...(name) defective.

.1.1 For entering ...(charted name of place) use lock ...(name).

.2 Lock / bridge ...(name) defective.

.2.1 Avoid this area - no possibility for vessels to turn.

.5.6 Military operations

.1 Gunnery / rocket firing / missile / torpedo / underwater ordnance exercises in area bounded by ...(positions) from ...(date and time) to...(date and time). Wide berth requested(if requested).

.2 Mine clearing operations from ...(date time) to ...(date and time) in area bounded by ...(positions). Wide berth requested. Contact via VHF channel ...(number)(if requested).

.5.7 Fishery

.1 Small fishing boats in area around ... - navigate with caution.

.2 Is fishing gear ahead of me?

.2.1 No fishing gear ahead of you.

.2.2 Yes, fishing gear with buoys / without buoys in position .../ area around ... - navigate with caution.

.3 Fishing gear has fouled my propeller(s).

.4 You have caught my fishing gear.

.5 Advise you to recover your fishing gear.

.6 Fishing in area ... prohibited.

AI/3.3 Environmental protection communications

.1 Located oil spill in position ... extending ...(length and width in metres) to ... (cardinal points).

.2 Located oil spill

.4 유기된 platform …(가능하다면 이름/개수)이 …(위치)에서 …(날짜와 시간)에 제거 되고 있다. 넓은 거리가 요구된다.

.5.5 결함이 있는 수문 또는 다리
.1 수문 …(이름)이 결함이 있다.
.1.1 …(해도상의 지명)에 들어가기 위해서는 수문 …(이름)을 이용하라.
.2 수문 / 다리 …(이름)이 결함이 있다.
.2.1 이 지역을 피하라 - 선박을 선회할 수 없다.

.5.6 군사 작전
.1 사격 / 로케트 발사 / 미사일 / 어뢰 / 수중 통상 훈련이 … 표시된(위치)에서 … 부터(날짜와 시간) … 까지(날짜와 시간) 실시된다.(필요하다면) 넓은 거리가 요구된다.
.2 기뢰 제거 작업이 표시된 …(위치)에서 … 부터(날짜와 시간) … 까지(날짜와 시간)이루어진다. 넓은 거리가 요구된다.(필요하다면) VHF 채널…(number)을 통해 연락하라.

.5.7 어업
.1 소형 어선들이 … 주위에 있다 - 조심해서 항해하라.
.2 본선 앞에 어구가 있는가?
.2.1 귀선 앞에는 어구가 없다.
.2.2 그렇다. buoy가 달린 어구 / … 위치에서 bouy가 없이 / … 근처에서 - 조심해서 항해하라.
.3 어구가 본선 프로펠라에 엉켰다.
.4 귀선은 나의 어구를 걸고 있다.
.5 당신의 어구를 걷어 들이도록 권고한다.
.6 … 지역에서 어로는 금지된다.

AI/3.3 환경 보호 통신

.1 유출유가 … 위치에서 …(길이 및 넓이,m)로 …(기본 방위)로 확산되고 있는 것이 확인되었다.
.2 유출유가 확인되었다.

~ in your wake.
~ in the wake of MV … .

.3 I have / MV … has accidental spillage of oil / … .

.4 Can you / MV … stop spillage?

.4.1 Yes, I / MV … can stop spillage.

.4.2 No, I / MV … cannot stop spillage.

.5 What kind of assistance is required?

.5.1 I require / MV … requires
- oil clearance assistance.
- floating booms / oil dispersants / … .

.5 Stay in vicinity of pollution and co-operate with oil clearance team.

.6 …(number) barrels / drums / containers with IMDG - Code marks reported adrift near position..... .

.7 Located a vessel dumping chemicals / waste / … in position … .

.7.1 Located a vessel incinerating chemicals / waste / … in position … .

.8 Can you identify the polluter?

.8.1 Yes, I can identify the polluter - polluter is MV … .

.8.2 No, I cannot identify the polluter.

.9 What is course and speed of the polluter?

.9.1 Course of the polluter … degrees, speed … knots.

.9.2 The polluter left the scene.

AI/4 Pilotage

AI/4.1 Pilot request
See AI/6 - .4.3 "Pilot request"

AI/4.2 Embarking / disembarking pilot

.1 Stand by pilot ladder.

.2 Rig the pilot ladder on port side / starboard side … metres above water.

.3 The pilot ladder is rigged on port side / starboard side.

.4 You must rig another pilot ladder.

.5 The pilot ladder is unsafe.

~ 귀선의 항적에서
~ MV ...의 항적에서
.3 본선 / MV ... 는 사고고 기름 / ... 를 유출했다.
.4 귀선 / MV ... 는 유출을 중지할 수 있는가?
.4.1 그렇다, 본선 / MV ... 는 기름 유출을 중지할 수 있다.
.4.2 아니다, 본선 / MV ...는 기름 유출을 중지할 수 없다.
.5 어떠한 원조가 필요한가?
.5.1 본선은 / MV ... 는 요구한다.
- 기름 제거 원조.
- 부유 방재 / 유류 분산제 / ... .
.5 오염 현장에서 대기하라, 그리고 기름 방제 팀과 협조하라.
.6 IMDG - Code 마크의 ...(숫자) barrels / drums / 컨테이너가 ... 근처 위치에서 떠다니고 있다고 보고되었다.
.7 케미칼 / 폐기물을 ... 위치에서 한 선박이 투기하고 있다고 확인되었다.
.7.1 케미칼 / 폐기물을 ... 위치에서 한 선박이 소각하고 있다고 확인되었다.
.8 귀선은 그 오염 신빅을 확인할 수 있는가?
.8.1 그렇다, 본선은 오염 선박을 확인할 수 있다 - 오염 선박은 MV ...이다.
.8.2 아니다, 본선은 오염 선박을 확인할 수 없다.
.9 오염 선박의 코스 및 속도는 어떻게 되는가?
.9.1 오염 선박의 코스는 ... 도, 속도는 ... 이다.
.9.2 오염 선박이 현장을 떠났다.

AI/4 도선

AI/4.1 도선사 요구
See AI/6 - .4.3 "도선사 요구"

AI/4.2 도선사 승선 / 하선
.1 Pilot ladder를 준비하라.
.2 Pilot ladder를 수면상 ... 미터 좌현 / 우현에 설치하라.
.3 Pilot ladder는 우현 / 좌현에 설치되어 있다.
.4 귀선은 다른 pilot ladder를 설치해야 한다.
.5 Pilot ladder는 안전하지 못하다.

.6 What is wrong with the pilot ladder?

.7.1 The pilot ladder

~ has broken / loose steps.

~ has broken spreaders.

~ has spreaders too short.

~ is too far aft / forward.

.8 Move the pilot ladder

~ ... metres aft / forward.

~ clear of discharge.

.9 Rig the accommodation ladder in combination with the pilot ladder.

.10 Rig the pilot ladder alongside hoist.

.11 Put lights on at the pilot ladder.

.12 Man ropes are required / not required.

.13 Have a heaving line ready at the pilot ladder.

.14 Correct the list of the vessel.

.15 Make a lee on your port side / starboard side.

.16 Steer ... degrees to make a lee.

.17 Keep the sea on your port quarter / starboard quarter.

.18 Make a boarding speed of ... knots.

.19 Stop engine(s) until pilot boat is clear.

.20 Put helm hard to port / starboard.

.21 Alter course to ...(cardinal points) - the pilot boat cannot clear the vessel.

.22 Put engine(s) ahead / astern.

.23 Embarkation is not possible.

.23.1 Boarding arrangements do not comply with SOLAS - Regulations.

.23.2 Vessel is not suited for the pilot ladder.

AI/4.3 Tug request

.1 Must I take tug(s)?

.1.1 Yes, you must take ... tug(s).

.1.2 No, you need not take tug(s).

.2 How many tugs must I take?

.6 Pilot ladder에 무슨 문제가 있는가?

.7.1 Pilot ladder가

~ step이 부러지다 / 느슨하다.

~ spreader가 부러졌다.

~ spreader가 너무 짧다.

~ 너무 앞쪽 / 뒤쪽에 있다.

.8 Pilot ladder를 옮겨라

~ ... 미터 뒤로 / 앞으로.

~ 배출구를 피해서

.9 Pilot ladder를 accommodation ladder와 같이 설치하라.

.10 Pilot ladder를 접안 현 hoist에 설치하라.

.11 Pilot ladder쪽에 불을 켜라.

.12 Man rope가 필요하다 / 필요하지 않다.

.13 Pilot ladder에 heaving line을 준비하라.

.14 선박의 경사를 수정하라.

.15 귀선의 좌현 / 우현쪽으로 바람을 막아 달라.

.16 바람을 막기 위해 ...도로 조선하라.

.17 귀선의 port / starboard quarter에 파도가 오도록 하시오

.18 승선 속도를 ...로 조정하라.

.19 Pilot boat가 벗어날 때까지 엔진을 정지하라.

.20 타를 최대 전타(좌현 / 우현)하라.

.21 침로를 ...(기본 방위)로 틀어라 - pilot boat가 완전히 떨어질 수 없다.

.22 엔진 전진 / 후진하라.

.23 승선이 불가능하다.

.23.1 승선 배치가 SOLAS 규칙과 맞지 않는다.

.23.2 선박에 pilot ladder가 설치되어 있지 않다.

AI/4.3 Tug 요청

.1 Tug를 사용해야 하나?

.1.1 그렇다, 귀선은 ...tug를 사용해야 한다.

.1.2 아니다, tug를 사용할 필요가 없다.

.2 몇 척의 tug를 사용해야 하나?

.2.1 You must take ... tug(s) according to Port Regulations.
.2.2 You must take ... tug(s) fore and ... tug(s) aft.
.3 I require ... tug(s).
.4 In what position will the tug(s) meet me?
.4.1 The tug(s) will meet you in position ... at ...UTC.
.4.2 Wait for the tug(s) in position ... .
.5 Must I use the towing lines of my vessel?
.5.1 Yes, you must use the towing lines.
.5.2 No, you must use the towing lines of the tug.

AI/5 Specials

AI/5.1 Helicopter operations
(H: = from helicopter V: = from vessel)
.1 V: I require a helicopter.
~ to pick up persons.
~ with doctor.
~ with liferaft / ... .
.1.1 MRCC: I will send a helicopter with ... .
.2 H: MV ... , I will drop ... .
.3 H: MV ... , are you ready for the helicopter?
.3.1 V: Yes, I am ready for the helicopter.
.3.2 V: No, I am not ready for the helicopter(yet).
.3.3 V: Ready for the helicopter in ... minutes.
.4 H: MV ... , helicopter is on the way to you.
.5 H: MV ... , what is your position?
.5.1 V: My position is ... .
.6 H: MV ... , what is your present course and speed?
.6.1 V: My present course is ... degrees, speed is ... knots.
.7 H: MV ... , make identification signals.
.8 V: I am making identification signals by smoke(buoy) / search light / flags / signalling lamp / ... .
.9 H: MV ... , you are identified.

.2.1 귀선은 항만 규정에 의거 ... 의 tug를 사용해야 한다.
.2.2 귀선은 선수에 ..., 선미에 ...tug를 사용해야 한다.
.3 본선은 ... tug를 요구한다.
.4 어느 위치에서 tug와 만나게 되는가?
.4.1 Tug는 ... UTC에 ... 위치에서 만나게 될 것이다.
.4.2 ... 위치에서 tug를 기다려라.
.5 본선의 예인줄을 사용해야 하는가?
.5.1 그렇다, 예인줄을 사용해야 한다.
.5.2 아니다, tug line을 사용해야 한다.

AI/5 특수

AI/5.1 헬리콥터 작업
(H: = 헬리콥터에서 V: = 선박에서)
.1 V: 본선은 헬리콥터를 요구한다.
~ 사람을 인양하기 위해
~ 의사와
~ 구명벌과 / ... .
.1.1 MRCC: ...와 함께 헬리콥터를 보내겠다.
.2 H: MV ... , ...를 내릴 것이다.
.3 H: MV ... , 헬리콥터를 맞이할 준비가 되었는가?
.3.1 V: 그렇다, 본선은 헬리콥터를 맞이할 준비가 되어 있다.
.3.2 V: 아니다, 본선은 아직 준비가 되어 있지 않다.
.3.3 V: ... 분 후에 헬리콥터를 맞이할 준비를 하라.
.4 H: MV ... , 헬리콥터는 귀선을 향해 가고 있다.
.5 H: MV ... , 귀선의 위치는 어디인가?
.5.1 V: 본선의 위치는 ... .
.6 H: MV ... , 귀선의 현재 침로와 속도는 어떻게 되는가?
.6.1 V: 본선의 현재 침로는 ... 이고, 속도는 ... 이다.
.7 H: MV ... , 식별 신호를 보내라.
.8 V: 본선은 연기(buoy) / search light / 깃발 / 신호 lamp / ... 로 식별 신호를 보내고 있다.
.9 H: MV ... , 귀선이 식별되었다.

.10 H: MV ... , what is the relative wind direction in degrees and knots?
.10.1 V: The relative wind direction is ... degrees and ... knots.
.11 H: MV ... , keep the wind on port / starboard bow.
.12 H: MV ... , keep the wind on port / starboard quarter.
.13 H: MV ... , indicate the landing / pick-up area.
.13.1 V: The landing / pick-up area is ... .
.14 H: MV ... , can I land on deck?
.14.1 V: Yes, you can land on deck.
.14.2 V: No, you cannot land on deck(yet).
.14.3 V: You can land on deck in ... minutes.
.15 H: MV ... , I will use hoist / rescue sling / rescue basket / rescue net / rescue litter / rescue seat / double lift.
.16 V: I am ready to receive you.
.17 H: MV ... , I am landing.
.18 H: MV ... , I am starting operation.
.19 H: MV ... , do not fix the hoist cable.
.20 H: MV ... , operation finished.
.21 H: MV ... , I am taking off.

AI/5.2 Ice - breaker operations

.1 Ice - breaker request
.1 I am / MV is ... fast in ice in position ... .
.2 I require / MV ... requires ice-breaker assistance to reach ... .
.3 Ice-breaker assistance
~ will arrive at ... UTC / within ... hours.
~ is not available until ... UTC.
~ is available only up to latitude... longitude....
~ is suspended until...(date and time).
~ is suspended after sunset.
~ is suspended until favourable weather conditions.
~ will be resumed at ... UTC.

.10 H: MV ... , 상대 풍향과 속도는 어떠한가?
.10.1 V: 상대 풍향은 몇 ... 이고, 속도는 ... 이다.
.11 H: MV ... , 좌현 / 우현 선수로 바람을 받으시오.
.12 H: MV ... , 좌현 / 우현 quarter로 바람을 받으시오.
.13 H: MV ... , 착륙 / pick-up 지점을 알려주시오.
.13.1 V: 착륙 / pick-up 지점은 ... 이다.
.14 H: MV ... , 갑판에 착륙해도 되는가?
.14.1 V: 그렇다, 갑판에 착륙해도 된다.
.14.2 V: 아니다, 아직까지 갑판에 착륙할 수 없다.
.14.3 V: ... 후에 갑판에 착륙할 수 있다.
.15 H: MV ... , 본기는 hoist를 사용할 것이다 / 구조 sling / 구조 바스켓 / 구조넷 / 구조 litter / 구조 들것 / double lift.
.16 V: 본기는 당신을 맞이할 준비가 되었다.
.17 H: MV ... , 본기는 착륙하고 있다.
.18 H: MV ... , 본기는 작업 개시 중이다.
.19 H: MV ... , hoist cable을 묶지 마라.
.20 H: MV ... , 작업이 끝났다.
.21 H: MV ... , 본기는 이륙하고 있다.

AI/5.2 빙산 - 쇄빙 작업

.1 빙산 - 쇄빙선 요청
.1 본선은 / MV ... 는 ... 위치에서 빙산에 둘러 쌓였다.
.2 본선은 / MV ... 는 ...에 도달하기 위해 쇄빙선의 원조를 요구한다.
.3 쇄빙선 원조
~ ... 시간 이내에 / ... UTC에 도착할 것이다.
~ ... UTC까지는 이용이 불가능하다.
~ 위도 ... , 경도 ... 에서만 사용이 가능하다.
~ ...(날짜와 시간)까지는 사용이 중지되었다.
~ 해가 진 이후로는 중지된다.
~ 기상 조건이 호전될 때까지는 중지된다.
~ ... UTC에 재개될 것이다.

.2 Ice - breaker assistance for convoy

Ice-breaker commands applying to all the vessels in a convoy have to be immediately confirmed consecutively by each vessel in turn and executed according to the pattern given in GENERAL 4.6. Ice-breaker commands applying to a single vessel are confirmed and executed only by that vessel, this applies also for close coupled towing. When being assisted by an ice-breaker it is important to maintain a continuous listening watch on the appropriate VHF Channel and to maintain a proper lookout for sound and visual signals.

.1 Ice breaker assistance for convoy will start now / at ... UTC.
.2 Your place in convoy is number ... .
.3 MV ... will follow you.
.4 You will follow MV ... .
.5 Go ahead and follow me.
.5.1 Do not follow me.
.6 Proceed along the ice channel.
.7 Increase / reduce your speed.
.8 Reverse your engines.
.9 Stop engines.
.10 Keep a distance of ... metres /cables between vessels.
.11 Increase / reduce the distance between vessels to ... metres / cables.
.12 Stand by for receiving towing line.
.12.1 Stand by for letting go towing line.
.13 Switch on the bow / stern search light
.14 Stop in present position.
.15 Ice-breaker ... will escort you.
.16 Ice-breaker assistance for convoy finished.
.16.1 Open water / light ice conditions ahead.
.17 Proceed by yourself(to area ...).

.3 Ice - breaker assistance in close-coupled towing

.1 Stand by for close coupled towing.
.2 Slack out your anchors under the hawse-pipes.

.2 호송을 위한 쇄빙선 원조

호송 선단의 모든 선박에 적용하는 쇄빙선의 명령은 즉시 다른 선박에 의해 연속하여 즉시 확인이 되어야 하고 GENERAL 4.6의 pattern에 따라 실행되어야 한다. 단일 선박에 적용되는 쇄빙선의 명령은 오로지 그 명령을 받은 선박만이 수행되어야 하고, 이것은 밀접 결합 예인의 경우에도 적용된다. 쇄빙선의 원조를 받고 있는 경우에는, 적당한 VHF 채널을 계속해서 청취하는 것이 중요하고, 음향, 시각 신호에 대해서 적절한 경계를 하는 일이 중요하다.

.1 호송을 위한 쇄빙선의 원조가 지금 / ... UTC에 시작될 것이다.
.2 호송에서 귀선은 ... 이다.
.3 MV ... 가 귀선을 따를 것이다.
.4 귀선은 MV ...을 따를 것이다.
.5 전진 그리고 본선을 따르시오.
.5.1 본선을 따르지 마시오.
.6 빙간 수로를 항진하시오.
.7 속도를 올리시오 / 줄이시오.
.8 후진하시오.
.9 엔진을 정지하시오.
.10 선박간 거리 ... 미터 / 케이블을 유지하시오.
.11 선박간 거리를 ... 미터 / 케이블로 늘이시오 / 줄이시오.
.12 예색을 받을 준비를 하시오.
.12.1 예색을 내려줄 준비를 하시오.
.13 선수 / 선미 search light를 켜시오.
.14 현재의 위치에서 정지하시오.
.15 쇄빙선 ... 이 귀선을 호송할 것이다.
.16 호송을 위한 쇄빙선 원조가 끝났다.
.16.1 전방에 트여 있는 수역 / 결빙 상태이다.
.17 자력으로 항진하시오.

.3 Close-coupled 예인에 있어서 쇄빙선의 원조

.1 Close-coupled 예인을 준비하시오.
.2 Hawse-pipe 아래로 앵커를 내려놓으시오.

.3 Pass heaving lines through the hawse-pipes.
.4 Receive towing line on deck.
.5 Lash together the eyes of the towing line with manila lashing.
.6 Fasten towing line on your bitts.
.7 I start to draw your bow into the stern notch of the ice-breaker.
.8 Stand by for cutting the manila lashing if required.
.9 Keep yourself in the centre-plane of the ice-breaker.

AI/6 Vessel Traffic Service(VTS) Standard Phrases

Application of Message Markers
In order to especially facilitate shore-to-ship and ship-to-shore communication or when one of the Standard Marine Communication Phrases will not fit the meaning desired, one of the following eight message markers may be used to increase the probability of the purpose of the message being properly understood. It is at the discretion of the shore personnel or the ship's officer whether to use one of the message markers and if so which of them to apply depending on the user`s qualified assessment of the situation. If used the message marker is to be spoken preceding the message or the corresponding part of the message. The IMO VTS Guidelines recommend that in any message directed to a vessel it should be clear whether the message contains information, advice, warning, or instruction and IMO Standard Marine Communication Phrases should be used where practicable.
For further standardized VTS communications, also see other sections of PART AI.
For VTS Standard Reporting Procedures see IMO Resolution A. 851(20) on "General Principles for Ship Reporting Systems and Ship Reporting Requirements, including guidelines for reporting incidents involving dangerous goods, harmful substances and / or marine pollutants".

.3 Hawse-pipe를 통해 heaving line을 전달하시오.
.4 갑판에 예색을 받으시오.
.5 Manila lashing으로 예색의 eye를 묶으시오.
.6 예색을 bitt에 고정하시오.
.7 본선은 귀선의 선수를 쇄빙선의 선미 notch로 끌어들이기 시작하겠다.
.8 필요하다면 manila lashing을 자를 준비를 하시오.
.9 귀선을 쇄빙선의 중앙종단면에 위치시키시오.

AI/6 VTS 표준 문구

메시지 마크의 적용
육상국과 선박 사이의 통신을 특별히 용이하게 하기 위해 또는 SMCP 중 하나가 전달하고자 하는 의도와 일치하지 않는 경우에, 전달문이 의도하는 바가 올바르게 이해될 수 있는 가능성을 높이기 위해 다음 8개의 메시지 마크 중 하나가 적절하게 사용될 수 있다. 통보 부호 중의 어느 하나를 사용할 것인지의 여부는 육상 요원 또는 선박의 사관이 판단할 사항이며, 사용할 경우에 어떤 통보 부호를 사용할 것인지는 당시 상황에 대한 담당자의 적절한 평가에 따른다.
통보 부호가 사용된다면 통보 사항에 앞서서, 또는 통보 사항 중의 해당 부분에 앞서서 통보 부호를 말해야 한다. IMO의 VTS 지침에 의하면 어떤 통보 사항이 선박에 통보될 때 그 전달 사항 내에 통보, 권고, 경고, 지시 사항이 포함되어 있는지의 여부를 확실히 해야 하며, 실행 가능한 한 IMO 표준해사용어를 사용해야 한다. 표준화된 VTS 교신에 관한 더 자세한 사항을 AI편의 다른 부분들을 참고할 것. VTS의 표준 보고 절차에 관하여는 "IMO 결의서 A.851(20), 위험 화물, 유해물질 및 또는 해양 오염 물질과 관련된 사건의 보고에 대한 지침이 포함된 선박 보고 제도 및 선박 보고 요구 사항에 관한 일반 원칙"을 참고할 것.

Message Markers

(i) INSTRUCTION

This indicates that the following message implies the intention of the sender to influence others by a Regulation.

Comment : This means that the sender, e.g. a VTS - Station or a naval vessel, must have the full authority to send such a message. The recipient has to follow this legally binding message unless s/he has contradictory safety reasons which then have to be reported to the sender.

Example : "INSTRUCTION. Do not cross the fairway."

(ii) ADVICE

This indicates that the following message implies the intention of the sender to influence others by a Recommendation.

Comment : The decision whether to follow the ADVICE still stays with the recipient. ADVICE does not necessarily have to be followed but should be considered very carefully.

Example : "ADVICE.(Advise you) stand by on VHF Channel six nine."

(iii) WARNING

This indicates that the following message implies the intention of the sender to inform others about danger.

Comment : This means that any recipient of a WARNING should pay immediate attention to the danger mentioned. Consequences of a WARNING will be up to the recipient.

Example : "WARNING. Obstruction in the fairway."

(iv) INFORMATION

This indicates that the following message is restricted to observed facts, situations, etc..

Comment : This marker is preferably used for navigational and traffic information, etc..

Consequences of INFORMATION will be up to the recipient.

Example : "INFORMATION. MV Noname will overtake to the West of you."

메시지 마크

(i) 지시

지시는 규정에 의해 아래의 메시지가 다른 선박에게 영향을 주기 위한 송신자의 의도를 암시한다.

해설, 설명: 지시는 송신자가, 예를 들면 VTS 기지국 또는 함정, 그러한 메시지를 보내는 권한을 전적으로 가지고 있다는 의미이다. 수신자는 이것을 자신의 안전에 반하지 않는다면 법적으로 따라야 한다. 그리고 그러한 사정이 있다면 송신자에게 보고를 해야 한다.

예 : "지시. 항로를 횡단하지 마시오."

(ii) 권고

권고는 다음의 메시지가 권고에 의해 다른 선박에게 영향을 주기 위한 송신자의 의도를 암시한다.

해설, 설명 : 권고를 따를 것인지에 대한 결정은 수신자에게 달려 있다. 조언은 반드시 따라야 할 필요는 없지만 매우 신중하게 생각해야 한다.

예 : 조언.(귀선에 권고한다) VHF 채널 69에서 대기하라."

(iii) 경고

경고는 위험에 대하여 다른 선박에게 알리기 위한 송신자의 의도를 암시한다.

해설, 설명 : 경고를 수신한 선박은 언급된 위험에 대한 즉각적인 주의를 기울여야 한다. 경고에 대한 결과는 수신한 선박에 달려 있다.

예 : 경고. 항로상에 장애물이 있다.

(iv) 정보

정보는 관찰된 사실, 상황에 국한되는 메시지를 말한다.

해설, 설명 : 정보는 항행 및 통항 정보에 우선적으로 많이 사용된다.
정보에 대한 결과는 수신한 선박에 달려 있다.

예 : "정보. MV ... 는 귀선의 서쪽을 추월할 것이다."

(v) QUESTION

This indicates that the following message is of interrogative character.

Comment : The use of this marker removes any doubt on whether a question is being asked or statement being made, especially when interrogatives such as What, Where, Why, Who, How are additionally used at the beginning of the question. The recipient is expected to return an answer.

Example : "QUESTION.(What is) your present maximum draft?"

(vi) ANSWER

This indicates that the following message is the reply to a previous question.

Comment : Note that an answer should not contain another question.

Example : "ANSWER. My present maximum draft is zero seven metres."

(vii) REQUEST

This indicates that the following message is asking for action from others with respect to the vessel.

Comment : The use of this marker is to signal: I want something to be arranged or provided, e.g. ship's stores requirements, tugs, permission, etc..

Note : REQUEST must not be used involving navigation, or to modify COLREGS.

Example : "REQUEST. I require two tugs."

(viii) INTENTION

This indicates that the following message informs others about immediate navigational action intended to be taken.

Comment : The use of this message marker is logically restricted to messages announcing navigational actions by the vessel sending this message.

Example : "INTENTION. I will reduce my speed."

(v) 질문

질문은 의문스러울 때 사용한다.

해석, 설명 : 질문의 사용은 질문이나 의견, 특히 질문이 시작될 때 부가적으로 사용되는 무엇을, 어디서, 왜, 누가, 어떻게 와 같은 의문사를 사용할 때 의심을 제거한다. 수신한 선박은 질문에 대답을 할 것으로 기대된다.

예 : "질문.(얼마인가)귀선의 현재 최대 흘수는?"

(vi) 대답

대답은 전 질문에 대해 응답하는 것을 말한다.

해석, 설명 : 대답은 다른 질문을 포함해서는 안 된다는 것을 주의하라.

예 : "응답. 본선의 현재 최대 흘수는 7미터이다.

(vii) 요구

요구는 어떤 선박이 다른 선박에게 어떠한 행동을 요구할 때 사용하는 것이다.

해석, 설명 : 메시지의 사용은 신호를 위한 것이다: 본선은 준비되어지기를 또는 보급되어지기를 원한다. 예를 들면 선용품, tug, 허가 등등...

주의 : 요구는 항해를 포함하는 또는 COLREG를 수정하는 것을 포함해서는 안 된다.

예 : " 요구. 본선은 2대의 예인선을 원한다."

(viii) 의도

이 메시지는 취하고자 하는 즉각적인 항행상의 조치에 대해서 타 선박들에게 알리는 것이다.

해석, 설명 : 이 메시지의 사용은 이 메시지를 보내는 선박에 의해서 항행상의 행동을 알리는 것을 논리적으로 제한하는 것이다.

예 : "의도. 본선은 속도를 줄일 것이다."

AI/6.1 Phrases for acquiring and providing data for a traffic image

.1 Acquiring and providing routine traffic data

.1 What is the name of your vessel and call sign / identification?

.1.1 The name of my vessel is … , call sign … / identification … .

.1.2 Spell the name of your vessel.

.2 What is your flag state?

.2.1 My flag state is … .

.3 What is your position?

.3.1 My position is … .

.4 What is your present course and speed?

.4.1 My present course is … degrees, my speed is … knots.

.5 From what direction are you approaching?

.5.1 I am approaching from … .

.6 What is your port of destination / destination?

.6.1 My port of destination / destination is … .

.7 What was your last port of call?

.7.1 My last port of call was … .

.8 What is your ETA in position … ?

.8.1 My ETA is … UTC.

.9 What is your ETD from … ?

.9.1 My ETD from … is … UTC.

.10 What is your draft forward / aft?

.10.1 My draft forward / aft is … metres.

.11 What is your present maximum draft ?

.11.1 My present maximum draft is … metres.

.12 What is your freeboard?

.12.1 My freeboard is … metres.

.13 What is your air draft?

.13.1 My air draft is … metres.

.14 Are you underway?

.14.1 Yes, I am underway.

.14.2 No, I am not underway.

AI/6.1 통항 이미지 자료의 제공과 획득을 위한 문구

.1 일반적인 통항 자료의 획득 및 제공

.1 귀선의 선명과 호출 부호 / 식별부호는 무엇인가?

.1.1 본선의 선명은 ... , 호출 부호는 ... / 식별부호는 ... .

.1.2 귀선 선명의 철자를 말하시오.

.2 귀선의 기국은 어디인가?

.2.1 본선의 기국은 ... .

.3 귀선의 위치는?

.3.1본선의 위치는 ... .

.4 귀선의 현재 침로와 속도는?

.4.1 본선의 현재 침로는 ... 도이고, 속도는 ... 이다.

.5 귀선은 어느 방향에서 접근하고 있는가?

.5.1 본선은 ...에서 접근하고 있다.

.6 귀선의 목적항 / 목적지는 어디인가?

.6.1 본선의 목적항 / 목적지는 ... .

.7 귀선의 전 출항지는 어디인가?

.7.1 본선의 전 출항지는 ... .

.8 귀선의 ... 위치의 ETA는 언제인가?

.8.1 본선의 ETA는 ... UTC이다.

.9 귀선의 ... 에서의 ETD는 언제인가?

.9.1 본선의 ... 에서의 ETD는 ... UTC이다.

.10 귀선의 선수 / 선미 흘수는 얼마인가?

.10.1 본선의 선수 / 선미 흘수는 ... 미터이다.

.11 귀선의 최대 흘수는 얼마인가?

.11.1 본선 최대 흘수는 ... 미터이다.

.12 귀선의 건현은 얼마인가?

.12.1본선의 건현은 ... 미터이다.

.13 귀선의 air draft는 얼마인가?

.13.1 본선의 air draft는 ... 미터이다.

.14 귀선은 항해중인가?

.14.1 그렇다, 항해중이다.

.14.2 아니다, 항해중이지 않다.

.14.3 I am ready to get underway.
.15 What is your full speed / full manoeuvring speed?
.15.1 My full speed / full manoeuvring speed is ... knots.
.16 What is your cargo?
.16.1 My cargo is ... .
.17 Do you carry any dangerous goods?
.17.1 Yes, I carry the following dangerous goods: ... kilogrammes / tonnes IMO Class ... .
.17.2 No, I do not carry any dangerous goods.
.18 Do you have any deficiencies / restrictions?
.18.1 No, I have no deficiencies / restrictions.
.18.2 Yes, I have the following deficiencies / restrictions: ... .
.19 I am / MV ... is constrained by draft.
.20 The maximum permitted draft is ... metres.
.21 Do you have any list?
.21.1 Yes, I have a list to port / starboard of ... degrees.
.21.2 No, I have no list.
.22 Are you on even keel?
.22.1 Yes, I am on even keel.
.22.2 No, I am trimmed by the head / stern.

.2 Acquiring and providing distress traffic data
See AI/1.1 "Distress communications "

AI/6.2 Phrases for providing VTS services

.1 Information service
These phrases are normally transmitted from the shore.

.1.1 Navigational warnings
.1 Unknown object(s) in position ... .
.2 Ice / iceberg(s) in position ... / area around ... .
.3 Unlit derelict vessel adrift in vicinity ... at ...(date and time).

.14.3 본선은 항해할 준비가 되었다.
.15 귀선의 최고 속도 / 최고 조종 속도는 얼마인가?
.15.1 본선의 최고 / 최고 조종 속도는 ... 이다.
.16 화물은 무엇인가?
.16.1 화물은 ... .
.17 위험 화물을 선적하고 있는가?
.17.1 그렇다, 본선은 다음과 같은 위험 화물을 선적하고 있다: ... kg / ton IMO class ... .
.17.2 아니다, 본선은 위험 화물을 선적하고 있지 않다.
.18 귀선은 어떤 결함 / 제약이 있는가?
.18.1 아니다, 본선은 결함 / 제약이 없다.
.18.2 그렇다, 본선은 다음과 같은 결함 / 제약이 있다: ... .
.19 본선은 / MV ... 는 흘수에 제약을 받고 있다.
.20 허용된 최대 흘수는 ... 미터이다.
.21 귀선은 경사가 있는가?
.21.1 그렇다, 본선은 좌현 / 우현으로 ...도 경사가 있다.
.21.2 아니다, 경사가 없다.
.22 귀선은 even keel인가?
.22.1 그렇다, even keel이다.
.22.2 아니다, 선수 / 선미 트림이다.

.2 조난 교통 자료의 획득 및 제공
See AI/1.1 "조난 통신 "

AI/6.2 VTS 서비스에서 제공하는 문구

.1 정보 서비스
이러한 문구들은 보통 육상에서 송신된다.

.1.1 항행 경보
.1 ... 위치에서의 알려지지 않은 장애물이 있다.
.2 얼음 / 빙하 ... 위치에서 / ... 근처에 있다.
.3 불이 켜지지 않은 유기된 선박이 ... 근처에서 ...(날짜와 시간)에 표류하고 있다.

.4 Dangerous wreck / obstruction located in position ... marked by ...(type) buoy.
.5 Hazardous mine adrift in vicinity ... at ...(date and time).
.6 Uncharted reef / rock / shoal reported in position ... .
.7 Pipeline is leaking gas / oil in position ... - wide berth requested.
.8 Depth of water not sufficient in position ... .
.9 Navigation closed in area ... .

.1.2 Navigational information
.1 Oil spill in position ... .
.2 Current meters / hydrographic instruments moored in position ...- wide berth requested.
.3 Platform ...(name / number) reported / established in position ... - wide berth requested.
.4 ...(charted name of light / buoy) in position ...
~ unlit / unreliable / damaged / destroyed / off station / missing.
~(temporarily) changed to ...(full characteristics).
~(temporarily) removed.
~(temporarily) discontinued.
.5 ...(charted name of light / buoy) ...(full characteristics)
~ established in position ... .
~ re-established in position ... .
~ moved ... kilometres / nautical miles in ...(direction) to position ...
.6(Note: Only for major fog signal stations.)
Fog signal ...(charted name of light / buoy) in position ... inoperative.

.1.3 Traffic information
.1 Gunnery / rocket firing / missile / torpedo / underwater ordnance exercises in area bounded by ...(positions) and ... from ...(date and time) to ...(date and time).
Wide berth requested.

.4 ... 위치에 있는 위험한 침선 / 장애물이 ...(type)부이로 표시되어 있다.
.5 위험한 기뢰가 ... 근처에서 ...(날짜와 시간)에 표류하고 있다.
.6 해도에 표시되어 있지 않은 산호 / 암초 / 여울이 ... 에서 보고되었다.
.7 Pipeline에서 가스가 / 기름이 ... 위치에서 새고 있다 ... - 넓은 이안 간격이 요구된다.
.8 ... 위치에서는 수심이 충분치 않다.
.9 ... 지역에서 항해가 폐쇄되었다.

.1.2 항행 정보
.1 ... 지점에서 기름 유출이 발생했다.
.2 해류계 / 수로 기구가 ... 위치에서 계류해 있다 - 넓은 이안 간격이 요구된다.
.3 Platform ...(이름 / Number)이 ... 위치에서 보고되었다 / 설치되었다 - 넓은 이안 간격이 요구된다.
.4 ...(해도상의 light 이름 / buoy) ... 위치에서
~ 점멸되었다 / 믿을 수 없다 / 파손되었다 / 제자리에 있지 않다 / 유실되었다.
~(임시적으로) ...(세부 특싱)으로 바뀌었다
~(임시적으로) 제거되었다.
~(임시적으로) 중단되었다.
.5 ...(등화의 해도에 기록된 이름/부표) ...(세부 특징)
~ ...위치에 확인됨.
~ ...위치에 재확인됨.
~ ...킬로미터 이동됨. / ...(방향)에서 ...위치로 몇 해리
.6(주의: 오직 주요 안개 신호국에서만)
...위치에서 안개 신호...(등화의 차트상에 기록된 이름/부표)는 작동하지 않는다.

.1.3 교통 정보
.1 포술/ 로켓발포/ 미사일/ 어뢰/ 수중 일상 훈련은 ...(날짜와 시간)에서 ... 와 ...(위치)경계에서 훈련한다.
넓은 이안 간격이 요구된다.

.2 Cable / pipeline operations by...(vessel) in vicinity ... / along a line joining ...(position) from ...(date and time) to...(date and time) - wide berth requested. Contact via VHF Channel ...

.3 Salvage operations in position ... from ...(date and time) to ...(date and time) Wide berth requested. Contact via VHF Channel ...

.4 Seismic / hydrographic operations by ...(vessel)... from ...(date and time) to ...(date and time) in position ... - wide berth requested.
Contact via VHF Channel ... .

.5 Oil clearance operations near MT ... in position ... - wide berth requested.

.6 Transshipment of ...(kind of cargo) in position ... - wide berth requested.

.7 Difficult tow from ...(port of departure) to ...(destination) on ...(date) - wide berth requested.

.8 Vessel not under command in position ... / area ... .

.9 Hampered vessel in position .../ area ...(course ... degrees, speed ... knots).

.9.1 Vessel constrained by her draft in position ... area ...(course ... degree ... speed ... knot)

.10 Vessel in position ... on course ... and speed ... is not complying with traffic regulations.

.11 Vessel is crossing ... traffic lane on course ... and speed ... in position ...

.12 Small fishing boats in area around ... - navigate with caution.

.13 Submarines operating in sea area around ... surface vessels are in attendance.

.1.4 Route information

.1 Route .../ Traffic Lane ... has been suspended / discontinued / diverted.

.1.5 Hydrographic information

.1 Tidal prediction for ...(name of station(s)) / area ...

.1.1 A tide of ... metres above / below datum is expected in position ... / area ... at about ... UTC.

.1.2 Abnormally high / low tides are expected in position ... / area ... at about ... UTC.

.2 The tide is rising -

~ it is ... hours before high water / after low water.

.2 케이블 / …부근에 …(선박)이 파이프라인 작업 / …(위치)에서 …(날짜와 시간) 부터…(날짜와 시간) 까지 라인결합. 넓은 이안 간격이 요구된다. via VHF 채널 … 로 접촉하라.

.3 …위치에서 …부터(날짜와 시간) …까지 회수작업. 넓은 이안 간격이 요구된다. VHF 채널 … 로 접촉하라.

.4 진원지/ …(날짜와 시간)부터 …(날짜와 시간)까지 …위치에서 …(선박)이 수로작업. 넓은 이안 간격이 요구된다. VHF 채널 … 로 접촉하라.

.5 MT… 가 … 위치에서 기름 제거 작업중이다. 넓은 이안 간격이 요구된다.

.6 … 위치에서 …(화물의 종류)의 환적이 이루어지고 있다. 넓은 이안 간격이 요구된다.

.7 …(날짜)에 …(출발항)에서 …(목적지)까지 까다로운 예인이 있을 것이다. 넓은 이안 간격이 요구된다.

.8… 위치 / …지역에서 선박이 조종불능이다.

.9 …위치 / …지역(침로 …도, 속도 …노트)에 조종 성능 제한선이 있다.

.9.1 … 구역 … 위치에서 흘수 제한 선박이 있다.(침로 …도 속도 …노트)

.10 침로… 와 속도 … 인 선박이 … 위치에서 항법을 지키지 않고 있다.

.11 … 위치에서 침로 …와 속력 …선박이 통항선을 가로 지르고 있다.

.12 … 구역 주위에 작은 어선들이 있다. 항행에 주의하라.

.13 … 구역 주위에 잠수함 작업 중이다. 수면의 선박들은 주의하라.

.1.4 항로 정보

.1 … 항로 / … 통항선은 일시 중단되었다 / 사용이 중지되었다 / 전환되었다.

.1.5 수로 정보

.1 …(기지국 이름) / … 지역을 위한 조석 예보.

.1.1 조석은 …위치에서 datum 보다 … 미터 높은 / 낮을 것으로 예상된다 / … 지역 UTC …시에

.1.2 이상 해면 상승/ 저조가 … 위치에서 예상된다 / UTC …시에 …구역에서

.2 조수는 창조이다.

~ 고조 전 / 저조 후 … 시간이다.

~ it is ... metres below high water / above low water.

.3 The tide is falling -

~ it is ... hours after high water / before low water.

~ it is ... metres below high water / above low water.

.4 The tide is slack.

.5 Present tide is ... metres above / below datum ... in position ... ..

.6 The tide is ... metres above / below prediction

.7 The tidal stream / current is ... knots in position ... .

.8 The tide is setting in direction ... degrees.

.9 The depth of water is / is not sufficient in position ... .

.10 Charted depth has increased / decreased by ... metres due to winds / sea state.

.1.6 Electronic navigational aids information

.1 GPS Satellite ...(number) unusable from ...(date and time) to ... (date and time). Cancel one hour after time of restoration.

.2 LORAN station ...(name number of master / slave) off air from ...(date and time) to...(date and time). Cancel one hour after time of restoration.

.3 RACON ...(name of station) in position ... off air ... from ...(date and time) to ... (date and time).

.1.7 Meteorological warnings

.1 Gale warning / storm warning was issued at ... UTC starting at ... UTC .

.1.1 Gale warning / storm warning. Wind at ... UTC in area ...(met. area) from direction...(cardinal points) and force Beaufort ... backing / veering to ... (cardinal points).

.2 Tropical storm warning was issued at ... UTC starting at ... UTC.

2.1 Tropical storm warning at ... UTC. Hurricane ...(name) / tropical cyclone / tornado /willy-willy / typhoon / ... with central pressure of ... millibars/hPascals located in position ... .

Present movement ...(cardinal points) at ... knots. Winds of ... knots within radius of ... nautical miles of centre. Seas over ... metres.

Further information on VHF Channel ... / frequency ...(at ... UTC).

~ 고조 아래 / 저조 위 ... 미터이다.

.3 조수는 낙조이다.

~ 고조 후 / 저조 전 ... 시간이다.

~ 고조 아래 / 저조 위 ... 미터이다.

.4 조수는 게조이다.

.5 현재 조수는 ...위치에서 기준점보다 ...미터 높다 / 낮다.

.6 조수는 예보보다 .. .미터 높다 / 낮다.

.7 조수의 흐름은 ... 위치에서 / 조류는 ... 노트이다.

.8 조수는 ... 도 방향으로 밀려들고 있다.

.9 ...위치에서 수심은 충분치 않다.

.10 해도에 기재된 수심이 바람 / 해상 상태로 인해 ...미터 증가됐다 / 감소되었다.

.1.6 전자 항해 기기 정보

.1 GPS 위성 ...(숫자)는 ...(날짜와 시간)부터 ...(날짜와 시간)까지 사용 할 수 없다. 취소는 복구 1시간 후이다.

.2 로란국 ...(주국의 이름 번호 / 종국)는 ...(날짜와 시간)부터 ...(날짜와 시간)까지 중지된다. 취소는 복구 1시간 후이다.

.3 ...위치의 ...(기지국의 이름) 레이콘은 ...(날짜와 시간)부터 ...(날짜와 시간)까지 중지된다.

.1.7 기상 경보

.1 강풍 경보 / 폭풍경보가 UTC ...시에 시작되어 UTC ...시에 발효되었다.

.1.1 강풍 경보 / 폭풍경보. ...(기상.지역)에 UTC ...시에 ...(우점/방점)방향으로부터 바람이 불고 바람의 세기는... 역전 중/ ... 로 순전(우점/방점)

.2 열대성 폭풍경보가 UTC ...시에 시작하여 UTC ...시에 발효되었다.

2.1 UTC ...시에 열대성 폭풍경보. ...밀리바 / 헥토파스칼의 중앙압력을 가진 허리케인 ...(이름)/ 열대성 싸이클론 / 토네이도 / 윌리윌리/ 타이푼 / ...위치에 위치하고 있다. 현재 ...노트로 ...(우점/방점)로 이동 중이다 / 중심에서 ... 해리 반경을 가지고 ... 노트의 바람이 분다. 파도는 ...미터이다. 보다 자세한 정보는 VHF 채널 ... / 주파수 ...에(UTC ...시에) 이용하라.

.1.8 Meteorological information

.1 Position of tropical storm ...(name) ..., path ...(cardinal points), speed of advance ... knots.

.2 Wind direction ...(cardinal points), force Beaufort ... in position ... .

.3 Wind is backing / veering and increasing / decreasing.

.4 Wind is expected to increase / decrease in position ... to force Beaufort ... within the next... hours.

.5 Visibility in position ...

~ ... metres / nautical miles.

~ reduced by mist / fog / snow / dust / rain / ... .

~ expected to increase / decrease to ... metres / nautical miles within the next ... hours.

.6 Sea / swell in position ...

~ ... metres from ...(cardinal points).

~ expected to increase / decrease within the next ... hours.

.7 Icing is expected / not expected in area ... .

.1.9 Meteorological questions and answers

See AI/3.1 "Meteorological and hydrological conditions"

.2 Navigational assistance service

Shore based pilotage by Navigational Assistance Service: also see AI/6.4 .3.18 to .3.21

.2.1 Request and identification

.1 Is shore based radar assistance available?

.1.1 Yes, shore based radar assistance is available.

.1.2 No, shore based radar assistance is not available.

.2 Shore based radar assistance is available from ... to ... UTC.

.3 Do you require navigational assistance to reach ... ?

.3.1 Yes, I require navigational assistance.

.3.2 No, I do not require navigational assistance

.4 What is your position?

.1.8 기상 정보

.1 ...(이름)열대폭풍의 위치는... , 경로 ...(우점/방점) , 전진속도 ...노트

.2 풍향 ...(우점/방점), ...위치에서 뷰포트 세기 ...

.3 바람이 역전함 / 순전하며 강해지고 있음/ 약해지고 있음.

.4 ...위치에서 ...시간 이내에 바람의 세기가 강해짐 / 감소될 것으로 예상된다.

.5 ...위치의 시정

~ ...미터 / 해리

~ 이슬비 / 안개 / 눈 / 먼지 / 비 / .. 때문에 나빠진다.

~ ...시간 이내에 ....미터 / 해리로 좋아짐 / 나빠질 것으로 예상된다.

.6 ...위치에서의 파도 / swell

~ ...(기본방위)로부터 ...미터

~ ...시간 이내에 높아짐 / 약해질 것으로 예상된다.

.7...지역에서 결빙이 예상됨 / 예상되지 않는다.

.1.9 기상 질의와 응답

See AI/3.1 "기상과 수로 상태"

.2 항해 원조 서비스

항해 원조 서비스에 의한 육상 기지 도선: AI/6.4 .3.18 to .3.21을 참조하라

.2.1 요구와 확인

.1 육상 레이다 원조가 가능한가?

.1.1 그렇다, 육상 레이다 원조가 가능하다.

.1.2 아니다, 육상 레이다 원조가 가능치 않다.

.2 육상 레이다 원조는 UTC ...시부터 ...시까지 가능하다.

.3 귀선은 ...에 도착하기 위해 항해 도움을 필요한가?

.3.1 그렇다, 본선은 항해 도움을 요청한다.

.3.2 아니다, 본선은 항해 도움을 요청하지 않는다.

.4 귀선의 위치는 어디인가?

.4.1 My position is bearing ... degrees ..., distance ... kilometres / nautical miles from ... .

.5 How was your position obtained?

.5.1 My position was obtained by GPS / RADAR / cross-bearing / astronomical observation / ...

.6 Repeat your position for identification.

.7 I have located you on my radar screen.

.7.1 Your position is bearing ... degrees, distance ... kilometres / nautical miles from ... .

.8 I cannot locate you on my radar screen.

.9 What is your present course and speed?

.9.1 My present course is ... degrees, my speed is ... knots.

.10 What is the course to reach you?

.10.1 The course to reach me is ... degrees.

.11 Is your radar in operation?

.11.1 Yes, my radar is in operation.

.11.2 No, my radar is not in operation.

.12 What range scale are you using?

.12.1 I am using ... miles range scale.

.12.2 Change to a larger / smaller range scale.

.13 You are leaving my radar screen.

.14 Change to radar ...(name) VHF Channel ... .

.15 I have lost radar contact.

.2.2 Position

.1 You are entering ... .

.2 Your position is .../ bearing ... degrees, distance ... kilometres / nautical miles from ... .

.3 You are passing ... .

You are

~ in the centre of the fairway.

~ on / not on the radar reference line(of the fairway).

~ on the ...(cardinal points) side of the fairway.

.4.1 본선의 위치는 …부터 방위 …도 거리 ….킬로미터 / 해리이다.
.5 귀선의 위치는 어떻게 구했는가?
.5.1 본선의 위치는 GPS / 레이더 / 교차방위 / 천측 / … 로 구했다.
.6 확인을 위해 귀선의 위치를 다시 말하라.
.7 I 레이더 화면에서 귀선을 확인했다.
.7.1 귀선의 위치는 …부터 방위 …도, 거리 … 킬로미터 / 해리이다.
.8 레이더 화면에서 귀선을 확인할 수 없다.
.9 귀선의 현재 침로와 속력은 얼마인가?
.9.1 본선의 현재 침로는 …도 , 속력은 …노트이다.
.10 귀선으로 가는 침로를 알려 달라.
.10.1 본선으로 오는 침로는 …도이다.
.11 귀선의 레이더는 작동하는가?
.11.1그렇다, 본선의 레이더는 작동한다.
.11.2 아니다, 본선의 레이더는 작동하지 않는다.
.12 귀선이 사용하고 있는 range scale은 얼마냐?
.12.1 본선은 …마일 range scale을 사용하고 있다.
.12.2 더 크게 바꾸어라./ 더 작게 바꾸어라.
.13 귀선은 본선의 레이더 화면에서 벗어났다.
.14 VHF 채널 …로 레이더 …(이름)을 바꿔라
.15 Radar contact이 사라졌다.

.2.2 위치
.1 귀선은 … 에 진입하고 있다.
.2 귀선의 위치는 … / 방위 …도, 거리 …킬로미터 / …로부터 몇 해리이다.
.3 귀선은 …을 통과하고 있다.

귀선은

~ 가항항로의 중앙에 있다.
~ 에 / 레이더 기준 항행선에 있지 않다(항로상의).
~ 가항항로 …(우점/방점)측에 있다.

.4 You are approaching the ...(cardinal points) limit of the fairway.
.5 Your position is buoy number ... distance ... metres / cables to the ... (cardinal points) of the radar reference line...
.6 Your position is distance ... metres / cables from the intersection of radar reference line ... and radar reference line ... and distance ... metres / cables to the ...(cardinal points) of radar reference line ... .
.7 MV ... has reported at reporting point ... .
.8 You are getting closer to the vessel ... (cardinal points) of you.
.9 Vessel on opposite course is passing to the ...(cardinal points) of you.
.10 MV ... is ... metres / cables ...(cardinal points) of you
~ is ingoing / outgoing.
~ has stopped.
~ is at anchor.
~ is on a reciprocal course
~ will overtake to the ...(cardinal points) of you.
.11 Vessel has anchored ... metres / cables ...(cardinal points) of you in position ... .
.12 Vessel ...(cardinal points) of you is obstructing your movements.
.13 You will meet crossing traffic in position ... .
.14 Vessel is entering / leaving the fairway at ... .
.15 Buoy ... distance ... metres / cables ...(cardinal points).
.16 Vessel ...(cardinal points) of you is
~ turning.
~ anchoring.
~ increasing / decreasing speed.
~ overtaking you.
~ not under command.

.2.3 Course

Note: The user of this phrase should be fully aware of the implications of words such as "track", "heading" and "course made good".

.1 Your track is
~ parallel with the reference line.

.4 귀선은 가항항로 제한 ...(기본방위)로 접근중이다.

.5 귀선의 위치는 부표번호 ... 거리 ... 미터 / 레이더 기준항행선의 ...(우점/방점)로 케이블이다.

.6 귀선의 위치는 거리 .. .미터 / 레이더 기준항행선 ... 의 교차점으로부터 케이블과 레이더 기준항행선 ...과 거리 ...미터/ 레이더 기준항행선 ...의 ...(우점/방점)로 케이블이다.

.7 MV ... 는 레포팅 포인트 ... 에서 보고하였다.

.8 귀선은 ...(우점/방점)로 선박에 가까워지고 있다.

.9 반대방향에서 오는 선박은 귀선의 ...(우점/방점)를 통과하는 중이다.

.10 MV ...는 ... 귀선으로부터 ... 미터 / ...(우점/방점)로 케이블이다.

~ 입항하고 있다/ 출항하고 있다

~ 멈추었다

~ 묘박하고 있다.

~ 상대 침로에 있다.

~ 귀선의 ...(우점/방점)로 추월할 것이다.

.11 선박은 ...위치에서 귀선으로부터 ...미터 / ...케이블로(우점/방점) 묘박했다.

.12 귀선의 ...(우점/방점)에 있는 선박이 귀선의 이동을 차단하고 있다.

.13 귀선은 ...위치에서 교차되는 통항을 만날 것이다.

.14 ...에서 항로를 선박이 입항 / 출항하고 있다.

.15 부표 ... 는 거리 .. .미터 / ...케이블(우점/방점)에 있다.

.16 귀선의 ...(우점/방점)에 있는 선박은

~ 선회중이다.

~ 투묘중이다.

~ 증속중이다/ 감속중이다.

~ 귀선을 추월중이다.

~ 조종 불능선이다.

.2.3 침로

주의: 이 어구를 사용하는 자는 "항로", "침로", "이행 침로" 낱말의 의미를 충분히 알아야 한다.

.1 귀선의 항로는

~ 기준항행선과 평행하다.

~ diverging from the reference line.

~ converging to the reference line.

.2 What is your present course / heading?

.2.1 My present course / heading is ... degrees

.3 You are steering a dangerous course.

.4 Course to make good is ... degrees.

.5 Vessel ...(cardinal points) of you is on same course ... degrees.

.5.1 Advise you

~ Keep your present course.

~ a new course of ... degrees.

.6 Have you altered course?

.6.1 Yes, I have altered course - my new course is ... degrees.

.6.2 No, I have not altered course - my course is ... degrees.

.7 You are running into danger -

~ shallow water ...(cardinal points) of you.

~ submerged wreck ...(cardinal points) of you.

~ fog bank ...(cardinal points) of you.

~ risk of collision(with a vessel bearing ... degrees, distance ... kilometres / nautical miles).

~ bridge is defective / ... .

.3 Traffic organization service

.3.1 Clearance, forward planning

.1 Traffic clearance is required before entering ... .

.2 Do not enter the traffic lane / ... .

.3 Proceed to the emergency anchorage.

.4 Keep clear of .../ avoid ... .

.5 You have permission

~ to enter the traffic lane / route - traffic clearance granted.

~ to enter traffic lane / route in position ... at ... UTC.

.6 Do not pass the reporting point ... until ... hours UTC.

.7 Report at the next way point / way point ... / at ... hours UTC.

~ 기준항행선에서 벗어났다.

~ 기준항행선에 접근하고 있다.

.2 귀선의 현재 침로 / 선수방위는?

.2.1 본선의 현재 침로 / 선수방위는 ...도이다.

.3 귀선은 위험한 침로로 조타하고 있다.

.4 침로 ...도로 조타하라.

.5 귀선의 ...(우점/방점)에 선박은 같은 침로 ...도이다.

.5.1 귀선에 권고한다.

~ 귀선의 현재 침로를 유지하라.

~ ...도의 새로운 침로로 조타하라.

.6 귀선은 변침하였는가?

.6.1 그렇다, 본선은 변침하였다- 본선의 새로운 침로는 ...도이다.

.6.2 아니다, 본선은 변침하지 않았다- 본선의 침로는 ...도이다.

.7 귀선은 위험 지역으로 향하고 있다.

~ 귀선의 ...(우점/방점)에 얕은 수심

~ 귀선의 ...(우점/방점)에 진몰침선

~ 귀선의 ...(우점/방점)에 짙은 안개

~ 급박한 충돌 위험(선박 방위 ...도, 거리 ....킬로미터/ 해리)

~ 다리의 결함/ ...

.3 통항 조직 서비스

.3.1 허가, 집행 계획

.1 통항 통관은 ...들어가기 전에 요구된다.

.2 통항로에 들어갈 수 없다 / ...

.3 비상 투묘지로 가라.

.4 ...에 접근하지 말라/ ... 피하라.

.5 귀선은 허가 되었다.

~ 통항로 출입/ 항로- 통항 통관 절차가 승인되었다.

~ 통항로 출입 / UTC ...시에 ...위치 항로

.6 UTC ...시까지 .. 레포팅 포인트를 통과하지 마라.

.7 UTC ...시에 다음 변침점에서 보고하라 / 변침점 ...

.8 You must arrive at way point ... at ... hours UTC - your berth is clear.
.9 Do not arrive in position ... before / after ... hours UTC.
.10 The tide is with you / against you.

.3.2 Anchoring
.1 You must anchor
~ at ... UTC.
~ until the pilot arrives.
~ in a different position.
~ clear of fairway.
.2 Do not anchor in position ... .
.3 Anchoring is prohibited.
.6 You must heave up anchor.
.7 You are at anchor in a wrong position.
.8 Have your crew on stand by for heaving up anchor when the pilot embarks.
.9 You have permission to anchor(at ... UTC)
~ in position ... .
~ until the pilot arrives.
~ until the tugs arrive.
~ until sufficient water.
.10 You are obstructing the fairway / other traffic.
.11 Are you dragging / dredging anchor?
.11.1 Yes, I am dragging / dredging anchor.
.11.2 No, I am not dragging / dredging anchor.
.12 Do not dredge anchor.

.3.3 Arrival, berthing and departure
.1 Your orders are to berth on ... .
.2 Your orders are changed to proceed to ... .
.3 Proceed to ... for orders.
.4 You have permission to enter / to proceed at ... UTC.
.5 Vessel is turning / manoeuvring in position ... .

.8 귀선은 반드시 UTC ... 시에 변침점 ... 에 도착해야 한다 - 귀선의 정박지가 비어 있다.
.9 귀선은 UTC ..., 시 후에 / UTC ...시 전에 ...위치에 도착하면 안 된다.
.10 조류가 순조이다 / 역조이다.

.3.2 묘박
.1 귀선은 투묘하시오.
~ 세계시 ....에.
~ 도선사가 도착할 때까지.
~ 다른 위치에.
~ 항로를 피해서.
.2 ....위치에 투묘하지 마시오.
.3 투묘는 금지되어 있다.
.6 귀선은 양묘하시오.
.7 귀선은 잘못된 위치에 투묘하고 있다.
.8 도선사가 승선할 때 귀선의 선원은 양묘할 준비를 하시오.
.9 귀선은 투묘가 허락되었다..(세계시 ...에)
~ ...위치에.
~ 도선사가 도착할 때까지.
~ 예인선이 도착할 때까지.
~ 수심이 충분할 때까지.
.10 귀선은 항로 / 타선의 통항에 방해가 되고 있다.
.11 귀선은 주묘중인가 / 닻을 끌고 있는가?
.11.1 그렇다, 본선은 주묘중이다 / 닻을 끌고 있다.
.11.2 아니다, 본선은 주묘중이 아니다 / 닻을 끌고 있지 않다.
.12 닻을 끌지 마시오.

.3.3 도착, 정박, 출항
.1 귀선은 ....에 정박하라는 지시가 있다.
.2 귀선은 ....로 항진하라고 변경이 되었다.
.3 지시대로 ...로 항진하라.
.4 귀선은 ..... UTC에 입항하여도 좋음/ 항진하여도 좋다.
.5 선박은 .....위치에서 선회중/ 조선중이다.

.6 MV …

~ will turn in position … .

~ will leave … at … UTC.

~ is leaving … .

~ has left … .

~ entered fairway in position … .

.7 Your berth is not clear(until … UTC)

.7.1 Your berth will be clear at … UTC.

.8 You will berth / dock at … UTC .

.9 Berthing has been delayed by … hours.

.10 Be ready to get underway.

.10.1 I am ready to get underway

.11 Get underway.

.12 Are you underway?

.12.1 Yes, I am underway.

.12.2 No, I am not underway.

.13 Move ahead / astern … metres.

.14 Your vessel is in position - make fast.

.3.4 Enforcement

.1 According to my radar, your course does not comply with Rule 10 of COLREGS.

.2 Your actions will be reported to the Authorities.

.3 You are

~ not complying with traffic regulations.

~ not keeping to the correct traffic lane.

.4 Have all navigational instruments in operation before entering this area / area … .

.5 Your navigation lights are not visible.

.6 Recover your fishing gear.

.6.1 You are fishing in the fairway.

.7 Fishing gear is to the …(cardinal points) of you.

.8 Fishing in area …is prohibited.

.6 MV...

~ ...위치에서 선회할 것이다.

~ UTC ...시에 ...를 떠날 것이다.

~ ...에서 떠나려하고 있다.

~ ...에서 떠났다.

~ ...위치에서 가항항로로 들어갔다.

.7 귀선의 정박 장소가 비지 않았다.(....시까지)

.7.1 귀선의 정박 장소는 ....시에 비게 된다.

.8 귀선은 ....시에 정박/ 계류할 것이다.

.9 정박은 ....시까지 연기되었다.

.10 항해 준비를 하시오.

.10.1 본선은 항해준비가 되었다.

.11 항해를 개시하라.

.12 귀선은 항해중인가?

.12.1 그렇다, 본선은 항해중이다.

.12.2 아니다. 본선은 항해중이 아니다.

.13 전방으로 / 후방으로 ....미터 이동하시오.

.14 귀선은 정 위치이다.(계류하시오)

.3.4 강제

.1 본선의 레이더에 따르면, 귀선의 침로는 COLREGS 규칙10을 따르지 않고 있다.

.2 귀선의 행동은 당국에 보고될 것이다.

.3 귀선은

~ 통항 규칙에 따르지 않고 있다.

~ 올바른 통항선을 유지하지 않고 있다.

.4 이 구역 / ...구역을 들어가기 전에 모든 항해 기기를 작동시켜라.

.5 귀선의 항해등이 보이지 않는다.

.6 귀선의 어구를 회수하라.

.6.1 귀선은 가항항로에서 어로를 하고 있다.

.7 귀선의 ...(우점/방점)에 어구가 있다.

.8 ...구역에선 어로가 금지되어 있다.

.9 You are approaching a prohibited fishing area.
.10 Fairway speed is... knots.

.3.5 Avoiding dangerous situations, providing safe movements
.1 It is dangerous
~ to anchor in your present position.
~ to remain in your present position.
~ to alter course to ...(cardinal points).
.2 Large vessel is leaving the fairway- keep clear of the fairway approach.
.3 Nets with buoys / without buoys in this area - navigate with caution.
.4 Collision in position ... .
.5 MV ... is aground / on fire / ... in position ... .
.6 Stand by for assistance.
.7 Vessels must
~ keep clear of this area / area ... .
~ avoid this area / area ... .
~ navigate with caution.
.8 Keep clear of ... - search and rescue in progress.
.9 Your present course is too close
~ to ingoing / outgoing vessel.
~ to the vessel that you are overtaking.
~ to the ...(cardinal points) limit of the fairway.
.10 Your course is deviating from the radar reference line.
.11 You are running into danger
~ shallow water ....(cardinal points) of you.
~ submerged wreck ...(cardinal points) of you.
~ fog bank ...(cardinal points) of you.
~ risk of collision(with vessel bearing ... degrees, distance ... kilometres / nautical miles).
~ bridge is defective.
.12 You are proceeding at a dangerous speed.
.13 You must
~ proceed by the fairway / route ... .

.9 귀선은 어로금지구역으로 접근하고 있다.
.10 가항항로 내 속력은 ...노트이다.

.3.5 위험 상황 회피, 안전 행동 제공
.1 위험하다
~ 현 위치에서 투묘하는 것은
~ 현 위치에 있는 것은
~ ...(우점/방점)로 변침하는 것은
.2 대형 출항선이 항로에서 벗어나고 있다. - 항로로 접근하지 마라.
.3 이 구역에선 부표가 달린 / 부표가 없는 그물이 있다. - 항해시 주의하라.
.4 ...위치에서 충돌이 있었다.
.5 MV ...가 좌초되어 있다/ 화재... /...위치에 ...
.6 원조를 위해 대기하라.
.7 반드시 선박은
~ 이 구역에 접근하지 마라/ ...구역
~ 이 구역을 피하라/ ...구역
~ 항해에 주의하라.
.8 ...에 접근하지 마라- 수색 구조 작업중이다.
.9 귀선의 현재 침로는 너무 가깝다.
~ 입항하는 / 출항하는 선박
~ 귀선이 추월중인 선박
~ 항로의 한계선 ...(우점/방점)
.10 귀선의 침로는 레이더 참조 항행선으로부터 벗어나고 있다.
.11 귀선은 위험 지역으로 향하고 있다.
~ 귀선 ...(우점/방점)에 얕은 수역
~ 귀선 ...(우점/방점)에 전침몰선
~ 귀선 ...(우점/방점)에 짙은 안개
~ 급박한 충돌의 위험(선박 방위 ...도, 거리 ...킬로미터/ 해리)
~ 다리에 결함이 있다.
.12 귀선은 위험 속도로 항진하고 있다.
.13 반드시 귀선은
~ 가항항로로 항진해야 한다./ ...항로

~ keep to the ...(cardinal points) of the fairway line / radar reference line.

~ stay clear of the fairway.

.14 You must wait for MV ... to cross ahead of you.

.15 You must wait for MV ... to clear ... before

~ entering the fairway.

~ getting underway.

~ leaving the berth.

.16 Do not

~ overtake.

~ cross the fairway.

.17 Alter course to ...(cardinal points) of you.

.18 Pass ...(cardinal points) of

~ ingoing /outgoing / anchored / disabled vessel.

~ of ... mark / ... .

.19 Stop engines.

.20 MV ...

~ wishes to overtake ... (cardinal points) of you.

~ agrees / does not agree to be overtaken.

~ is approaching an obscured area ... - approaching vessels acknowledge.

.3.6 Canal and lock operations

.1 You must

~ close up on the vessel ahead of you.

~ drop back from the vessel ahead of you.

~ wait at ... .

~ moor at ... .

~ wait for lock clearance at ... until ... hours UTC.

.2 Convoy ... must wait / moor at ... .

.3 You will

~ join convoy ... at ... hours UTC.

~ enter canal / lock at ... urs UTC.

~ 가항항로선의 ...(우점/방점)를 유지/ 레이더 참조 항행선
~ 가항항로를 벗어나 유지하라.

.14 귀선은 전방으로 MV ...가 지나가도록 대기하라.

.15 귀선은 MV ...가 ...를 지나가도록 대기하라.

~ 가항항로에 들어가다
~ 항행하다
~ 출항하다.

.16 금지한다

~ 추월
~ 가항항로를 횡단하다.

.17 귀선의 ...(우점/방점)로 변침하는 것을

.18 ...(우점/방점)를 통과하는 것을

~ 입항하는 / 출항하는 / 정박한 / 움직이지 못하는 선박
~ ...표지의/ ...

.19 기관을 정지하라.

.20 MV...

~ 귀선의 ...(우점/방점)로 추월하기를 원한다.
~ 동의한다 / 추월에 동의하지 않는다.
~ 불명료한 ...구역에 접근중이다 - 접근중인 선박을 확인하라.

.3.6 운하와 수문작업

.1 반드시 귀선은

~ 전방의 선박에 더 접근하라.
~ 전방의 선박으로부터 뒤로 떨어져라.
~ ...에 대기하라.
~ ...에 계류하라.
~ UTC ...시까지 ...에서 수문이 비기를 기다려라.

.2 ...호송선단은 반드시 대기하라/ ...에 계류하라.

.3 귀선은

~ UTC ...시에 ....호송선단에 참가하게 된다.
~ 운하게 들어가게 된다 / UTC ...시에 수문에 들어가게 된다.

.4 Transit will begin at ... UTC.
.5 Your place in convoy is number ... .
.6 Transit / convoy speed is ... knots.
.7 Convoys / vessels will pass in area ... .

AI/6.3 Handing over to another VTS

.1 ... VTS this is ... VTS: MV ... position is bearing... degrees, distance ... kilometres / nautical miles from ... . working frequency is VHF Channel ... . Your target. Please confirm.
.2 ... VTS this is ... VTS: MV ... position bearing is ... degrees, distance ... kilometres / nautical miles from ... . I confirm. My target.
.3 .... VTS this is ... VTS: MV ... position is bearing... degrees, distance ... kilometres / nautical miles from ... . I am unable to take over this target.

AI/6.4 Phrases for communication with emergency services and allied services

.1 Emergency services(SAR, fire fighting, pollution fighting)
See AI/1 "Distress Communication"

.2 Tug services
Also see AII/3.6 "Tug assistance"
.1 How many tugs do you require?
.1.1 I require ... tug(s).
.2 You must take
~ ... tug(s) according to port regulations.
~ ... tug(s) fore and ... tug(s) aft.
.3 Wait for the tug(s) in position ... .
.4 The tugs will meet you in position ... at ... UTC.
.6 Tug services have been suspended until ...(date and time) / resumed on...(date and time).

.3 Pilot request
.1 Must I take a pilot?
.1.1 Yes, you must take a pilot - pilotage is compulsory.

.4 통과는 UTC ...시에 개시된다.
.5 귀선은 호송선단의 ...번선이다.
.6 통과 / 호송선단의 속력은 ...노트이다.
.7 호송선단 / 선박들은 .. .구역을 통과할 것이다.

AI/6.3 다른 VTS로 교체
.1 ... VTS 여기는 ... VTS: MV ...위치는 ...로부터 방위 ...도, 거리 ...킬로미터/ 몇 해리에 있다. 교신 주파수는 VHF 채널 ..이며, 귀국 VTS 관할이다. 확인 바람
.2 ... VTS 여기는 ... VTS: MV ...위치는 ...로부터 방위 ...도, 거리 ...킬로미터 / 몇 해리. 본국 VTS 대상 확인했음.
.3 ... VTS 여기는 ... VTS: MV ...위치는 ...로부터 방위 ...도, 거리 ...킬로미터 / 몇 해리. 본선은 이 선박을 관할할 수 없다.

AI/6.4 비상 서비스와 연합 서비스 통신을 위한 어구
.1 비상 서비스(SAR, 화재 진압, 오염 방제)
AI/1 "조난 통신"을 참조하라

.2 예인선 서비스
AII/3.6 "예인선 원조"을 참조하라
.1 귀선은 몇 척의 예인선을 요청하는가?
.1.1 본선은 예인선 ...척을 요청한다.
.2 귀선은 반드시 사용하라
~ 항만 규정에 따라 ...예인선을.
~ 선수에 ...예인선과 선미에 ...예인선을.
.3 ...위치에서 예인선을 기다려라.
.4 예인선은 UTC ...시에 ...위치에서 귀선을 만날 것이다.
.6 예인선 업무는 ...(날짜와 시간)까지 중지되었다./ ...(날짜와 시간)에 재개되었다.

.3 도선사 요구
.1 도선은 강제적인가?
.1.1 그렇다, 도선은 강제적이다- 도선은 의무적이다.

.1.2 No, you need not take a pilot.
.2 Do you require a pilot?
.2.1 Yes, I require a pilot.
.2.2 No, I do not require a pilot - I am holder of Pilotage Exemption Certificate (No. ...).
.3 You are exempted from pilotage.
.4 Do you require a pilot at ...(name) Pilot Station?
.4.1 Yes, I require a pilot at ...(name) Pilot Station.
.4.2 No, I do not require a pilot at ...(name) Pilot Station - I require a pilot in position ...
.5 What is your ETA at ...(name) Pilot Station in local time?
.5.1 My ETA at...(name) Pilot Station is ... hours local time.
.6 What is local time?
.6.1 Local time is ... hours.
.7 What is your position?
.7.1 My position is ... .
.8 What is your distance from ...(name) Pilot Station?
.8.1 My distance from ...(name) Pilot Station is ... kilometers / nautical miles.
.9 Is the pilot boat on station?
.9.1 Yes, the pilot boat is on station.
.9.2 No, the pilot boat is not on station.
.9.3 The pilot boat will be on station at ... hours local time.
.10 In what position can I take the pilot?
.10.1 Take the pilot at ...(Pilot Station) / near ... at ... hours local time.
.11 When will the pilot embark?
.11.1 The pilot will embark at ... hours local time.
.12 The pilot boat is coming to you.
.13 Stop in present position and wait for the pilot.
.14 Keep the pilot boat ... (cardinal points) of you.
.15 What is your freeboard?
.15.1 My freeboard is ... metres.
.16 Change to VHF Channel ... for pilot transfer.
.17 Stand by on VHF Channel ... until pilot transfer is completed.

.1.2 아니다- 귀선은 도선사가 필요치 않다.
.2 귀선은 도선사를 요청하는가?
.2.1 그렇다, 본선은 도선사를 요청한다.
.2.2 아니다, 본선은 도선사를 요청하지 않는다 - 나는 도선 면제 자격을 가지고 있다 (No...).
.3 귀선은 도선이 면제되었다.
.4 귀선은 ...(이름) 파이럿 스테이션에서 도선사를 요구하는가?
.4.1 그렇다, 본선은 ...(이름) 파이럿 스테이션에서 도선사를 요구한다.
.4.2 아니다, 본선은 ...(이름) 파이럿 스테이션에서 도선사를 요구치 않는다 - 본선은 ...위치에서 도선사를 요구한다.
.5 귀선의 ...(이름) 파이럿 스테이션 도착 예정시는 지방시로 몇 시인가?
.5.1 본선의 ...(이름)파이럿 스테이션 도착 예정시는 지방시로 ...시이다.
.6 현지 시간은 얼마인가?
.6.1 현지 시간은 ...시이다.
.7 귀선의 위치는 어디인가?
.7.1 본선의 위치는 ...이다.
.8 귀선은 ....(이름) 파이럿 스테이션으로부터 거리가 얼마인가?
.8.1 본선은 ...(이름) 파이럿 스테이션으로부터 .. .킬로미터이다 / 해리이다.
.9 도선선은 제 위치에 있는가?
.9.1 그렇다, 도선선은 제 위치에 있다.
.9.2 아니다, 도선선은 제 위치에 있지 않다.
.9.3 지방시 ... 시에 도선선이 제 위치에 있을 것이다.
.10 도선사는 어느 위치에서 승선하는가?
.10.1 ...(파일럿 스테이션)에서 도선사가 승선한다 / 지방시...시 ...근처에서
.11 언제 도선사가 승선할 것인가?
.11.1 지방시 ...시에 도선사가 승선할 것이다.
.12 도선사가 귀선으로 가고 있다.
.13 현 위치에서 정지하고 도선사를 기다려라.
.14 귀선의 ...(우점/방점)에 도선선이 있도록 조선하라.
.15 귀선의 건현은 얼마인가?
.15.1 본선의 건현은 ...미터이다.
.16 도선사와의 통화를 위해 VHF 채널 ...으로 바꿔라.
.17 도선사와의 통화가 끝날 때까지 VHF 채널 ...에서 대기하라.

.18 Pilotage at ...(name) Pilot Station has been suspended until ... (date and local time).

.19 Pilotage at ...(name) Pilot Station has been resumed.

.20 The pilot cannot embark at ... (name) Pilot Station due to ... .

.21 Do you accept shore-based navigational assistance from VTS Centre?

.21.1 Yes, I accept shore-based navigational assistance.

.21.2 No, I do not accept shore-based navigational assistance.

.21.3 I will stay in position ... until ... .

.22 You have permission to proceed by yourself (or wait for the pilot at ... buoy).

.23 Follow the pilot boat inward where the pilot will embark.

.4 Embarking / disembarking pilot

See AI/4.2 "Embarking/disembarking pilot"

Appendix to AI - External Communication Phrases

Standard GMDSS Messages

For further details see: ITU MANUAL for use by the Maritime Mobile and Maritime Mobile-Satellite Services, Geneva.

1 Standard Distress Message

.1 Structure

Upon receipt of a DSC Distress Alert acknowledgement the vessel in distress should commence the distress traffic on one of the international distress traffic frequencies for telephony (VHF Channel 16 or 2182 kHz) as follows:

MAYDAY

THIS IS

- The 9-digit Maritime Mobile Service Identity code (MMSI) plus name / call sign or other identification of the vessel calling
- the position of the vessel
- the nature of distress
- the assistance required
- any other information which might facilitate rescue.

.18 파이럿 스테이션 ...(이름)에서 도선이 ...(날짜와 지방시)까지 일시 중단되었다.
.19 파이럿 스테이션 ...(이름)에서 도선이 재개되었다.
.20 파이럿 스테이션 .. 때문에 ...(이름)에서 도선사가 승선하지 못한다.
.21 귀선은 VTS 센터로부터 육상기지의 항해도움을 수락하는가?
.21.1 그렇다, 본선은 육상기지의 항해도움을 수락한다.
.21.2 아니다, 본선은 육상기지의 항해도움을 수락하지 않는다.
.21.3 본선은 ...때까지 ...위치에 있겠다.
.22 귀선은 스스로 항진하도록 승인되었다. (또는 ...부표에서 도선사를 기다리도록)
.23 도선사가 승선할 장소로 도선선을 따라가라.

.4 승선/ 도선사 하선
AI/4.2 "승선/ 도선사 하선"을 참조하라

Appendix to AI - 외부통신문구
표준 GMDSS 메시지
좀더 자세한 내용을 위해서 해상이동통신 및 해상이동통신위성 업무에 관한 ITU 지침. Geneva를 잠조하라.

1 표지 조난 메시지

.1 구성
DSC 조난경보 수신 확인 통보를 수신하면, 조난선은 VHF 채널 16번이나 2182kHz(자동으로 제어되지 않으면)와 같은 국제 조난 통신 주파수 중 하나로 다음과 같이 조난 통화를 개시해야 한다.

MAYDAY
본선은
- 9자리의 MMSI 코드에 추가하여 선명 / 호출부호 또는 호출하는 선박의 다른 식별자
- 선박의 위치
- 조난의 종류
- 요청되는 도움
- 구조를 용이하게 할 수 있는 다른 정보

.2 Example

MAYDAY

- THIS IS TWO-ONE-ONE-TWO-THREE-NINE-SIX-EIGHT-ZERO
  MOTOR VESSEL "BIRTE" CALL SIGN DELTA ALPHA MIKE KILO
- POSITION SIX TWO DEGREES ONE ONE DECIMAL EIGHT MINUTES NORTH, ZERO ZERO SEVEN DEGREES FOUR FOUR MINUTES EAST
- I AM ON FIRE AFTER EXPLOSION
- I REQUIRE FIRE FIGHTING ASSISTANCE
- SMOKE NOT TOXIC OVER

2 Standard Urgency Message

.1 Structure

After the transmission of a DSC Urgency Call switch the transmitter to VHF Channel 16 or frequency 2182 kHz (if not automatically controlled) and commence the urgency traffic as follows:

PAN-PAN (repeated three times)
ALL STATIONS (repeated three times)
THIS IS
-the 9-digit MMSI of the vessel plus name / call sign or other identification
-the position of the vessel
-the text of the urgency message.

.2 Example

PAN-PAN PAN-PAN PAN-PAN
ALL STATIONS ALL STATIONS ALL STATIONS

- THIS IS TWO-ONE-ONE-TWO-THREE-NINE-SIX-EIGHT-ZERO
  MOTOR VESSEL "BIRTE" CALL SIGN DELTA ALPHA MIKE KILO
- POSITION SIX TWO DEGREES ONE ONE DECIMAL EIGHT MINUTES NORTH, ZERO ZERO SEVEN DEGREES FOUR FOUR MINUTES EAST
- I HAVE PROBLEMS WITH ENGINES
- I REQUIRE TUG ASSISTANCE OVER

.2 예

MAYDAY

- 본선은 2-1-1-2-3-9-6-8-0 이고, 동력선 BIRTE이다. 호출 부호는 DAMK이다.
- 위치는 북위 62도 11.6분, 동경 007도 44분이다.
- 본선은 폭발 후에 화재가 발생한 상태이다.
- 본선은 소화 작업의 도움을 요청한다.
- 연기는 유독성이 아니다. 이상

2 표준 긴급 메시지

.1 구성

DSC 긴급 호출 신호를 발신한 다음, 발신기를 VHF 채널 16번이나 주파수 2182KHz(자동으로 제어되지 않으면)로 전환하고 다음과 같이 긴급 통화를 개시한다.

PAN-PAN (3번 반복)
모든 통신국 (3번 반복)
본선은

- 9 자리 MMSI 코드에 추가하여 선명 / 호출부호 또는 호출하는 선박의 다른 식별자
- 선박의 위치
- 긴급 메시지의 내용.

.2 예

PAN-PAN PAN-PAN PAN-PAN
모든 통신국, 모든 통신국, 모든 통신국

- 본선은 2-1-1-2-3-9-6-8-0 이고, 동력선 BIRTE이다. 호출 부호는 DAMK이다.
- 위치는 북위 62도 11.6분, 동경 007도 44분이다.
- 본선의 기관에 문제가 있다.
- 본선은 예인선 도움을 요청한다. 이상

3 Standard Safety Message

.1 Structure

After the transmission of a DSC Safety Call switch the transmitter to VHF Channel 16 or frequency 2182 kHz (if not automatically controlled) and transmit the safety message as follows:

SECURITE (repeated three times)
ALL STATIONS (or all ships in a specific geographical area, or to a specific station) (repeated three times)
THIS IS
- the 9-digit MMSI of the vessel plus name / call sign or other identification
- the text of the safety message.

.2 Example

SECURITE SECURITE SECURITE
ALL SHIPS ALL SHIPS ALL SHIPS IN AREA PETER REEF
- THIS IS TWO-ONE-ONE-TWO-THREE-NINE-SIX-EIGHT-ZERO
  MOTOR VESSEL "BIRTE" CALL SIGN DELTA ALPHA MIKE KILO
- DANGEROUS WRECK LOCATED IN POSITION TWO NAUTICAL MILES SOUTH OF PETER REEF OVER

3 표준 안전 메시지

.1 구성

DSC 안전 호출신호를 발신한 다음, 발신기를 VHF채널 16이나 주파수의 2182KHz(자동으로 제어되지 않으면)로 전환하여 다음과 같이 안전 통신문을 발신한다.

SECURITE (3번 반복)

모든 통신국 (또는 특정한 지리적 위치에 있는 모든 선박, 또는 특정 통신국) (3번 반복)

본선은

- 9 자리 MMSI 코드에 추가하여 선명 / 호출부호 또는 호출하는 선박의 다른 식별자
- 안전 메시지의 내용

.2 Example

SECURITE SECURITE SECURITE

PETER REEF 수역에 있는 모든 선박, 모든 선박, 모든 선박

- 본선은 2-1-1-2-3-9-6-8-0 이고, 동력선 BIRTE이다. 호출 부호는 DAMK이다.
- PETER REEF에서 남쪽 2해리 떨어진 곳에 위험 침선이 있다. 이상

AII ON-BOARD COMMUNICATION PHRASES(A)

AII/1 Standard Wheel Orders

All wheel orders given should be repeated by the helmsman and the officer of the watch should ensure that they are carried out correctly and immediately. All wheel orders should be held until countermanded. The helmsman should report immediately if the vessel does not answer the wheel.

When there is concern that the helmsman is inattentive s/he should be questioned:

"What is your heading ?" And s/he should respond:
"My heading is ... degrees."

Order	Meaning
1. Midships	Rudder to be held in the fore and aft position.
2. Port / starboard five	5。 of port / starboard rudder to be held.
3. Port / starboard ten	10。 of port / starboard rudder to be held.
4. Port / starboard fifteen	15。 of port / starboard rudder to be held.
5. Port / starboard twenty	20。 of port / starboard rudder to be held.
6. Port / starboard twenty-five	25。 of port / starboard rudder to be held.
7. Hard -a-port / starboard	Rudder to be held fully over to port/starboard.
8. Nothing to port/starboard	Avoid allowing the vessel's head to go to port/starboard
9. Meet her	Check the swing of the vessel's head in a turn.
10. Steady	Reduce swing as rapidly as possible.
11. Ease to five / ten / fifteen / twenty	Reduce amount of rudder to 5。 /10。 /15。 /20。 and hold.
12. Steady as she goes	Steer a steady course on the compass heading indicated at the time of the order. The helmsman is to repeat the order and call out the compass heading on receiving the order. When the vessel is steady on that heading, the helmsman is to call out: "Steady on ..."

13. Keep the buoy/ mark/ beacon/ ... on port side / starboard side.

AII 선상 통신 어구들(A)

AII/1 표준조타구령

모든 조타 명령은 조타수에 의해 복창되어져야 하고 당직 사관은 조타 명령이 정확하고 즉시 행해지는지 확인해야 한다. 모든 조타 명령은 다음 조타 명령이 있을 때까지 유지되어야 하며 조타수는 만약 타효가 없으면 즉시 보고해야 한다.
조타수의 조타에 대해 만약 의문이 있다면 당직 사관은 즉시 "지금 heading이 몇 도입니까 ?" 라는 식으로 조타수의 환기를 집중토록 해야 한다.
그리고 조타수는 "Heading은 ....도입니다." 라고 대답해야 한다.

구령	의미
1. Midships	타를 타 중앙으로 하라.
2. Port / starboard five	타각을 좌현(우현) 5。로 하라.
3. Port / starboard ten	타각을 좌현(우현) 10。로 하라.
4. Port / starboard fifteen	타각을 좌현(우현) 15。로 하라.
5. Port / starboard twenty	타각을 좌현(우현) 20。로 하라.
6. Port / starboard twenty-five	타각을 좌현(우현) 25。로 하라.
7. Hard -a-port / starboard	타각을 우현(좌현)으로 최대 전타하라.
8. Nothing to port/starboard	현재 침로에서 좌현(우현)으로 가까이 마라.
9. Meet her	선회 중인 선회를 억제하라.
10. Steady	선박의 회전을 가능한 한 빨리 줄여라.
11. Ease to five / ten / fifteen / twenty	타각을 5, 10, 20。로 줄이고 유지하라
12. Steady as she goes	명령이 떨어질 당시 compass heading이 가르키는 각도로 정침하라는 뜻이다. 조타수는 명령을 복창하고 명령이 떨어질 때의 compass heading을 읽는다. 선박이 그 heading으로 정침하면 조타수는 Steady on ...으로 보고한다.
13. Buoy/mark/beacon	을 좌현(또는 우현) ...로 유지하라.

14. Report if she does not answer the wheel.
15. Finished with wheel, no more steering.

When the officer of the watch requires a course to be steered by compass, the direction in which s/he wants the wheel turned should be stated followed by each numeral being said separately, including zero, for example:

Order	Course to be steered
Port, steer one eight two	182°
Starboard, steer zero eight two	082°
Port, steer three zero five	305°

On receipt of an order to steer, for example, 182, the helmsman should repeat it and bring the vessel round steadily to the course ordered. When the vessel is steady on the course ordered, the helmsman is to call out:

"Steady on one eight two".

The person giving the order should acknowledge the helmsman's reply.

If it is desired to steer on a selected mark the helmsman should be ordered to:

"Steer on ... buoy / ... mark / ... beacon".

The person giving the order should acknowledge the helmsman's reply.

AII/2 Standard Engine Orders

Any engine order given should be repeated by the person operating the bridge telegraph(s) and the officer of the watch should ensure the order is carried out correctly and immediately.

Order

1. (Port / starboard engines) Full ahead / astern
2. (Port / starboard engines) Half ahead / astern
3. (Port / starboard engines) Slow ahead / astern
4. (Port / starboard engines) Dead slow ahead / astern
5. Stop(port / starboard) engines
6. Emergency full ahead / astern

14. 만약 타효가 없으면 보고하라.
15. 조타는 더 이상 하지 않는다.

당직 사관이 선박을 자신이 원하고자 하는 방향으로 조선을 하고자 할 때에는 조타 명령은 숫자 "0"을 포함하여 각각의 숫자를 분리해서 불러주어야 한다.
예를 들면 조타 명령이 "Port, steer one eight two"라고 한다면 182。로 조타하라는 뜻이다.

명령	조타해야 할 침로
Port, steer one eight two	182。
Starboard, steer zero eight two	082。
Port, steer three zero five	305。

조타수는 182。로 조타하라는 구령을 듣자마자 복창하고 선박을 즉시 명령되어진 각도로 돌리고 선박이 명령되어진 각도로 정침하면 조타수는 "Steady on one eight two"라고 보고힌다. 조다 구령을 내린 딩직 사관은 조타수의 보고를 인지했다는 것을 나타내어야 한다.
선택되어진 mark로 조선하고자 할 때 조타수에게 명령을 내려야 한다:

"조타하라 ... buoy / ... mark ... beacon".

구령을 주고 있는 사람은 조타수의 응답에 대답해야 한다.

AII/2 표준 기관 명령

선교의 텔레그래프를 작동하는 사람의 명령된 모든 기관명령을 복창해야 하고 또한 당직항해사는 그 명령은 정확하고 신속하게 수행되었는지를 확인해야 한다.

명령

1.(좌현/ 우현 기관) 전진전속/ 후진전속
2.(좌현/ 우현 기관) 전진반속/ 후진반속
3.(좌현/ 우현 기관) 전진미속/ 후진미속
4.(좌현/ 우현 기관) 전진극미속/ 후진극미속
5. 기관 정지(좌현/ 우현)
6. 비상 전진전속/ 비상 후진전속

7. Stand by engine
(Engine-room personnel fully ready to manoeuvre and bridge manned to relay engine orders.)
8. Finished with engines - no more manoeuvring.
(Operation of engines no longer required.)

In vessels fitted with twin propellers, the word "both" should be added to all orders affecting both shafts, e.g. "Full ahead both", and "Slow astern both", except that the words "Stop all engines" should be used, when appropriate. When required to manoeuvre twin propellers independently, this should be indicated, i.e. "Full ahead starboard", "Half astern port", etc.

Where bow thrusters are used, the following orders are used:
9. Bow thruster full / half to port / starboard.
10. Stern thruster full / half to port / starboard.
11. Bow / stern thruster stop

AII/3 Pilot on the Bridge

AII/3.1 Propulsion system
.1 Is the engine a diesel or a turbine?
.1.1 The engine is a diesel / turbine.
.2 Is the engine-room manned or is the engine on bridge control?
.2.1 The engine-room is manned.
.2.2 The engine is on bridge control.
.3 How long does it take to change the engines from ahead to astern?
.3.1 It takes ... seconds to change the engines(from ahead to astern).
.4 How long does it take to start the engines from stopped?
.4.1. It takes ... seconds to start the engines(from stopped).
.5 Is extra power available in an emergency?
.5.1 Yes, extra power is available.
.5.2 No, extra power is not available.
.6 Do you have a controllable or fixed pitch propeller?

7. 기관 준비
   (기관실에서는 기관운전을 위해서 인원이 완전히 배치되고, 선교에서는 기관명령을 전달하기 위해서 인원이 배치되는 것.)
8. 기관 완료 - 더 이상 조종이 없음
   (기관의 작동 요구 없음)

쌍축선의 경우 양축을 동시에 사용할 때에는 "양현"이라는 말을 모든 기관명령에 덧붙여야 한다. 예컨데, "양현 전진전속" "양현 후진미속" 등과 같다. 단, 적절한 경우 "모든 기관 정지"라는 말을 사용하는 때는 제외한다.
두 프로펠러를 각각 별도로 사용해야 할 경우에는 이 사실을 지시해야 한다. 예를 들어, "우현 전진전속" "좌현 후진반속" 등과 같다.

선수 스러스터를 사용하는 경우의 명령은 다음과 같다.

9. 선수 스러스터 전속/ 반속/ 우현으로
10. 선미 스러스터 전속/ 반속/ 우현으로
11. 선수/ 선미 스러스터 정지

AII/3 선교에서 도선사

AII/3.1 추진 계통

.1 기관은 디젤 혹은 터빈인가?
.1.1 기관은 디젤 / 터빈이다
.2 기관실은 기관 제어 또는 선교 제어인가?
.2.1 기관실 사람에 의한 것이다.
.2.2 기관실은 선교제어에 의한 것이다.
.3 전진에서 후진으로 기관을 전환하는데 얼마나 시간이 걸리는가?
.3.1 전진에서 후진으로 기관을 전환하는데 ...초가 걸린다.
.4 기관을 정지된 상태에서 출발하는데 얼마나 걸리는가?
.4.1.기관을 출발하는데 ...초가 걸린다(정지에서부터)
.5 비상시에 여분 출력 이용이 가능한가?
.5.1 그렇다, 여분 출력이 가능하다.
.5.2 아니다, 여분 출력이 가능하지 않다.
.6 귀선은 가변피치 추진기 또는 고정피치 추진기인가?

.6.1 We have a controllable pitch propeller.
.6.2 We have a fixed pitch propeller.
.7 Do you have a right-hand or left - hand propeller?
.7.1 We have a right-hand / left-hand propeller.
.8 Do you have a single propeller or twin propellers?
.8.1 We have a single propeller / twin propellers.
.9 Do you have a bow thrusteror /stern thruster?
.9.1 We have one /two/.. bow thruster(s) / stern thruster(s).
.10What is the maximum manoeuvring power ahead / astern?
.10.1 The maximum manoeuvring power ahead / astern is ... kiloWatts.
.11 What are the maximum revolutions ahead / astern?
.11.1 The maximum revolutions ahead / astern are ... .
.12 Do the twin propellers turn inward or outward when going ahead?
.12.1 The twin propellers turn inward / outward(when going ahead).

AII/3.2 Manoeuvring
.1 I require the pilot card / manoeuvring data.
.2 What is the diameter of the turning circle?
.2.1 The diameter of the turning circle is ... metres.
.3 What is the advance and transfer distance in a crash-stop?
.3.1 The advance distance is ... kilometres / nautical miles,
the transfer distance is ... degrees(in a crash-stop).
.4 How long does it take from hard-a-port to hard-a-starboard?
.4.1 It takes ... seconds(from hard-a-port to hard-a-starboard).
.5 Is the turning effect of the propeller very strong?
.5.1 Yes, the turning effect(of the propeller) is very strong.
.5.2 No, the turning effect(of the propeller) is not very strong.
.6 Where is the whistle control?
.6.1 The whistle control is on the console / on ... .
.7 What notice is required to reduce from full sea speed to manoeuvring speed?
.7.1 ... minutes notice is required(to reduce from full sea speed to manoeuvring speed).
.8 Do you have an automatic pilot?

.6.1 본선은 가변피치 추진기이다.
.6.2 본선은 고정피치 추진기이다.
.7 귀선은 오른쪽 방향 회전 추진기인가 - 왼쪽 방향 회전 추진기인가?
.7.1 본선은 오른쪽 방향 회전 추진기이다/ 왼쪽 방향 회전 추진기이다.
.8 귀선은 단축선인가 쌍축선인가?
.8.1 본선은 단축선이다/ 쌍축선이다.
.9 귀선은 선수 스러스터가 있는가 / 선미 스러스터가 있는가?
.9.1 본선은 하나 / 둘 / ...선수 스러스터가 있다 / 선미 스러스터가 있다.
.10 전진 / 후진 최대조종출력은 얼마인가?
.10.1 전진 / 후진 최대조종출력은 ...킬로와트이다.
.11 전진 / 후진 최대회전수는 얼마인가?
.11.1 전진 / 후진 최대회전수는 ...이다.
.12 전진시 쌍추진기는 내선식인가 외선식인가?
.12.1 쌍추진기는 내선식이다/ 외선식이다(전진시)

AII/3.2 조선

.1 본선은 도선사 카드 / 조선 자료를 요청한다.
.2 선회권의 직경은 얼마인가?
.2.1 선회권의 직경은 ...미터이다.
.3 급정거시 선회 종거와 선회 횡거는 얼마인가?
.3.1 선회 횡거는 ...킬로미터 / 해리이다.
선회종거는 ...도이다.(급정거시)
.4 최대 좌현에서 최대 우현으로 하는데 얼마나 걸리는가?
.4.1 ...초가 걸린다(최대 좌현에서 최대 우현으로)
.5 추진기의 선회 효과는 매우 좋은가?
.5.1 그렇다,(추진기의) 선회 효과는 매우 좋다.
.5.2 아니다,(추진기의) 선회 효과는 매우 좋지 못하다.
.6 기적은 어디 있습니까?
.6.1 기적은 계기판에 / ...에 있다.
.7 최대 항해속력에서 조종속력으로 감소시키는데 어떤 주의가 필요한가?
.7.1 ...분의 주의가 필요하다(최대 항해속력에서 조종속력으로 감소시키는데)
.8 귀선은 자동 조타기가 있는가?

.8.1 Yes, we have an automatic pilot.

.8.2 No, we do not have an automatic pilot.

.9 Give ... short / prolonged blast(s)(on the whistle).

.10 Stand by lookout.

~ on the bridge

~ on the forwardcastle

~ in the port/ starboard wing

.11 Maintain a speed of ... knots.

.12 What is the(manoeuvring) speed at full / half / slow / dead slow ahead?

.12.1 The manoeuvring speed at full / half / slow / dead slow ahead is ... knots.

.13 What is the full sea speed / fairway speed?

.13.1 The full sea speed / fairway speed is ... knots.

AII/3.3 Radar

.1 Is the radar operational?

.1.1 Yes, the radar is operational.

.1.2 No, the radar is not operational.

.2 Where is the radar antenna?

.2.1 The radar antenna is on ... .

.3 Does the radar have any blind sectors?

.3.1 Yes, the radar has blind sectors from ... to ... degrees and from ... to ... degrees.

.3.2 No, the radar does not have any blind sectors.

.4 Change the radar to

~ ... miles range scale.

~ relative head-up / north-up / course-up.

~ true-motion north-up / course-up.

AII/ 3.4 Draft and air draft

.1 What is your present maximum draft?

.1.1 My present maximum draft is ... metres.

.1.2 My draft forward / aft is ... metres.

.2 What is your air draft?

.8.1 그렇다, 본선은 자동 조타기가 있다.
.8.2 아니다, 본선은 자동 조타기가 없다.
.9 ...번의 단음 / 장음을 울려라(whistle로)
.10 경계 준비하라
~ 선교에서
~ 선수갑판에서
~ 좌현 wing에서/ 우현 wing에서
.11 ...노트의 속력을 유지하라.
.12 전진전속(조종) / 전진반속/ 전진미속/ 전진극미속 속력은 얼마인가?
.12.1 전진전속 조종 속력은/ 전진반속/ 전진미속/ 전진극미속 속력은 ...노트이다.
.13 최대 항해속력은 얼마인가?/ 항로 내 속력
.13.1 최대 항해속력/ 항로내 속력은 ...노트이다.

AII/3.3 레이더
.1 귀선의 레이더는 작동하고 있는가?
.1.1 그렇다, 작동하고 있다.
.1.2 아니다, 작동하고 있지 않다.
.2 레이더 안테나는 어디 있는가?
.2.1 레이더 안테나는 ...에 있다.
.3 레이더의 맹목구간이 있는가?
.3.1 그렇다, 레이더의 맹목구간은 ...에서 ....도 그리고 ...에서 ...도이다.
.3.2 아니다, 레이더의 맹목구간은 없다.
.4 레이더를 바꿔라
~ ...마일 거리척
~ 상대운동지시 방식의 헤드업/ 노스업/ 코스업
~ 진운동지시 방식의 노스업/ 코스업

AII/ 3.4 흘수와 air draft
.1 귀선의 현재 최대 흘수는 얼마인가?
.1.1 본선의 현재 최대 흘수는 ...미터이다.
.1.2 본선의 선수 흘수/ 선미 흘수는 ...미터이다.
.2 귀선의 air draft는 얼마인가?

.2.1 My air draft is ... metres.

AII/3.5 Anchoring

.1 Going to anchor

.1 Stand by port / starboard / both anchor(s) for letting go.

.2 Walk out the anchor(s)

.3 We are going to anchorage.

.4 We will let go port / starboard / both anchor(s).

.5 Put ... shackles in the water / in the pipe / on deck.

.6 Walk back port / starboard / both anchor(s) one / one and a half shackle(s).

.7 We will let go port / starboard / both anchor(s) ... shackle(s) and dredge it / them.

.8 Let go port / starboard / both anchor(s).

.9 Slack out the cable(s).

.9.1 Check the cable(s).

.9.2 Hold on the port / the starboard / both cable(s).

.10 How is the cable leading?

.10.1 The cable is leading

~ ahead / astern.

~ to port / to starboard.

~ round the bow.

~ up and down.

.11 How is the cable growing?

.11.1 The cable is slack / tight / coming tight.

.12 Is / are the anchor(s) holding.

.12.1 Yes, the anchor(s) is / are holding.

.12.2 No, the anchor(s) is / are not holding.

.13 Is she brought up?

.13.1 Yes, she is brought up in position ... .

.13.2 No, she is not brought up(yet).

.14 Switch on the anchor light(s).

.15 Hoist the anchor ball.

.2.1 본선의 air draft는 ...미터이다.

AII/3.5 묘박

.1 투묘 작업

.1 좌현/ 우현/ 양현 앵커 투묘 준비하라.
.2 투묘 준비 상태로 하라.
.3 본선은 묘박지로 가고 있다.
.4 본선은 좌현 / 우현 / 양현 앵커 투묘할 것이다.
.5 ... 샤클을 수면/ 파이프 / 갑판 상에 내려 놓아라.
.6 좌현 / 우현 / 양현 앵커를 1/1.5 샤클 walk back하라.
.7 본선은 좌현 / 우현 / 양현 앵카를 ...샤클 내리고 끌고가겠다.
.8 좌현 / 우현 / 양현묘 투묘하라.
.9 닻출을 늦추어 주어라.
.9.1 닻줄 상태를 조사하라.
.9.2 좌현 / 우현 / 양현 앵커 케이블을 현상태로 멈춰라.
.10 닻줄 발향이 어떠한가?
.10.1 닻줄이 향하고 있다.
~ 선수로/ 선미로.
~ 좌현으로/ 우현으로.
~ 선수 주위로.
~ 수직으로.
.11 닻줄의 장력은 어떠한가?
.11.1 케이블이 느슨하다 / 팽팽하다 / 팽팽해지고 있다.
.12 앵커는 파주력을 가지고 있는가?
.12.1 그렇다, 앵커는 파주력을 가지고 있다.
.12.2 아니다, 앵커는 파주력을 가지고 있지 않다.
.13 앵카가 brought up 되었는가?
.13.1 그렇다, ...위치에 앵카가 brought up되었다.
.13.2 아니다, 앵카가 brought up되지 않았다(아직).
.14 앵카등을 켜라.
.15 흑구를 올려라.

.16 Check the anchor position by bearings / by … .
.16.1 The anchor position is bearing … degrees,
distance … kilometres / nautical miles to … .
.16.2 Check the anchor position every … minutes.

.2 Leaving the anchorage
.1 How much cable is out?
.1.1 … shackle(s) is / are out.
.2 Stand by for heaving up.
.3 Put the windlass in gear.
.3.1 The windlass is in gear.
.4 How is the cable leading?
.4.1 The cable is leading
~ ahead / astern.
~ to port / to starboard.
~ round the bow.
~ up and down.
.5 Heave up port / starboard / both cable(s).
.6 How much weight is on the cable?
.6.1 Much / too much weight is on the cable.
.6.2 No weight is on the cable.
.7 Stop heaving.
.8 How many shackles are left(to come in)?
.8.1 … shackles are left(to come in).
.9 Attention! Turn in cable(s).
.10 The anchor(s) is / are aweigh..
.10.1 The cables are clear.
.11 The anchor(s) is / are clear of the water / home / foul / secured.

AII/3.6 Tug assistance
.1 We will take … tug(s).

.16 방위 / ...로 앵커 위치를 조사하라.
.16.1 앵커 위치는 방위 ...도이다.
거리 ....킬로미터/ ...로 몇 해리이다.
.16.2 매 ...분마다 앵커 위치를 조사하라.

.2 묘박지 출항
.1 닻줄이 얼마나 나갔는가?
.1.1 ...샤클 나갔다.
.2 앵커를 감아올릴 준비를 하라.
.3 윈들라스에 gear를 넣어라.
.3.1 윈들라스에 gear가 준비되었다.
.4 닻줄은 어디로 향하고 있는가?
.4.1 닻줄이 향하고 있다.
~ 선수로/ 선미로.
~ 좌현으로/ 우현으로.
~ 선수주위.
~ 수직으로.
.5 좌현 / 우현 / 양현 케이블을 감아 들여라.
.6 닻줄에 걸리는 장력이 어떤가?
.6.1 강하다 / 케이블에 매우 강한 장력이 걸린다.
.6.2 닻줄에 장력이 걸리지 않는다.
.7 감는 것을 중지하라.
.8 몇 샤클 남아 있는가(감아들였는가)?
.8.1 ...샤클 남아 있다(감아들였다)
.9 주의! 닻줄이 꼬여 있다.
.10 앵커가 막 해저에서 떨어졌다.
.10.1 닻줄은 꼬이지 않았다.
.11 앵커는 수면을 벗어나 있다/ 묘쇄공으로/ 꼬임/ 완전히 격납하였다.

AII/3.6 예인선 원조
.1 본선은 ...척의 예인선을 사용할 것이다.

.2 The tug(s) will pull / push.
.3 We use the towing line(s) of your vessel.
.3.1 We use the towing line(s) of the tug(s).
.4 Stand by for making fast the tug(s).
.5 Use the centre lead / panama lead.
.5.1 Use the fairlead
~ on port side / starboard side.
~ amidships.
~ on port bow / starboard bow.
~ on port / starboard quarter.
.6 Send heaving line(s) to the tug(s).
.7 Send two towing line(s) to the tug(s).
.8 Lower towing line(s)
~ to the tug(s).
~ ... metre(s) from the water.
.9 Slack away towing line(s).
.10 Make fast the tug(s).
.10.1 Make fast the tug(s)
~ forward / aft.
~ on port bow / starboard bow.
~ on port quarter / starboard quarter.
.11 Make fast the forward / aft tug(s) alongside on port side / starboard side.
.12 Make fast ... tug(s) on each bow / quarter.
.13 Put the eyes of the towing line(s) on bitts.
.14 The tug(s) is / are fast(on ...).
.15 Keep clear of towing line(s).
.16 Stand by for letting go the tug(s).
.17 Let go the tug(s).
.18 Towing line(s) is/are broken.

.2 예인선은 당길 것이다 / 밀것이다.
.3 본선은 귀선의 예인줄을 사용한다.
.3.1 본선은 예인선의 예인줄을 사용한다.
.4 예인선을 고박 시킬 준비를 하라.
.5 센터리드 / 파나마리드를 사용하라.
.5.1 페어리드를 사용하라

~ 좌현쪽에 / 우현쪽에
~ 중앙부에.
~ 좌현 선수에 / 우현 선수에.
~ 좌현 / 우현 쿼터에.

.6 히빙 라인을 예인선으로 보내라.
.7 두개의 예인줄을 예인선으로 보내라.
.8 예인줄을 내려라

~ 예인선으로.
~ 수면으로 ...미터.

.9 예인줄을 늦춰라.
.10 예인선을 고박시켜라.
.10.1 예인선을 고박시켜라

~ 선수/ 선미.
~ 좌현 선수/ 우현 선수.
~ 좌현 쿼터/ 우현 쿼터.

.11 선수부 / 선미부 예인선은 좌현 / 우현측에 나란히 고박시켰다.
.12 ...척의 예인선을 각각 선수 / 쿼터에 고박시켜라.
.13 비트에 예인줄의 eye를 걸어라.
.14 예인선은 ...에 고박되었다.
.15 예인줄에서 벗어나라.
.16 예인선을 놓을 준비를 하라.
.17 예인선을 놓아라.
.18 예인줄이 끊어졌다.

AII/3.7 Berthing and unberthing

.1 General

.1 Is/are the propeller(s) clear?

.1.1 Yes, the propeller(s) is clear.

.1.2 No, the propeller(s) is not clear.

.1.3 Keep the propeller(s) clear.

.2 Are fenders on the berth?

.2.1 Yes, fenders are on the berth.

.2.2 No, fenders are not on the berth.

.3 Have fenders ready fore and aft.

.2 Berthing

.1 We will berth port side / starboard side alongside.

.2 We will moor

~ to buoy(s)(ahead and astern).

~ alongside.

~ to dolphins.

.3 Send out

~ the head / stern / breast lines.

~ the ... spring(s) forward / aft.

.4 Do you have tension winches?

.4.1 Yes, we have tension winches(forward and aft).

.4.2 No, we do not have tension winches.

.5 Have the heaving lines ready forward and aft.

.6 Send the heaving / head / stern / breast line(s) ashore.

.7 The linesmen will use shackles / lashings for securing the mooring.

.8 Use

~ the centre lead / panama lead .

~ the bow lead.

~ the port quarter / starboard quarter lead.

.9 Heave on the ... line(s) / ... spring(s)..

.10 Pick up the slack on the ... line(s) / ... spring(s)..

AII/3.7 접안과 이안

.1 일반

.1 프로펠러는 사용해도 되는가?

.1.1 그렇다, 프로펠러를 사용해도 된다.

.1.2 아니다, 프로펠러를 사용해서는 안된다.

.1.3 프로펠러를 사용할 수 있게 하라.

.2 정박지에 fender가 있는가?

.2.1 그렇다, 정박지에 fender가 있다.

.2.2 아니다, 정박지에 fender가 없다.

.3 선수와 선미에 fender를 준비하라.

.2 접안

.1 본선은 좌현 / 우현으로 접안할 것이다.

.2 본선은 계류할 것이다

~ 부표에(선수와 선미).

~ 나란히

~ dolphin에

.3 보내라

~ 헤드라인 / 스턴라인 / 브레스트라인

~ 선수 …스프링 / 선미

.4 귀선은 tension 윈치가 있는가?

.4.1 그렇다, 본선은 tension 윈치가 있다.(선수와 선미)

.4.2 아니다, 본선은 tension 윈치가 없다.

.5 히빙라인을 선수와 선미에 준비하라.

.6 육상으로 히빙라인/ 헤드라인/ 스턴라인/ 브레스트라인을 보내라.

.7 lineman은 계류를 고박하기 위해 샤클/ 라싱을 사용할 것이다.

.8 사용하라

~ 센터리드/ 파나마리드.

~ 바우리드.

~ 좌현쿼터/ 우현쿼터리드.

.9 …라인을 감아라/ …스프링을

.10 …라인 /…스프링을 처진 것만 감아라.

.11 Heave away.
.11.1 Stop heaving.
.12 Slack away / check the ... line(s) / ... spring(s)..
.13 Hold on the ... line(s) / ... spring(s).
.14 Heave in easy.
.14.1 Heave alongside.
.15 Keep the ... line(s) / ... spring(s) tight.
.16 Report the forward / aft distance to ... .
.16.1 The forward / aft distance to ... is ... metres.
.17 We have to move ... metres ahead / astern.
.18 We are in position.
.19 Make fast fore and aft.
.20 Finished with manoeuvring stations.

.3 Unberthing
.1 Stand by engine(s).
.2 Are you ready to get underway?
.2.1 Yes, we are ready(to get underway).
.2.2 No, we are not ready(yet)(to get underway).
.2.3 We will be ready to get underway in ... minutes.
.3 Stand by for letting go.
.4 Single up the ... lines and ... springs fore and aft.
.5 Slack away / hold on / heave on the
~ head / stern line. ~ breast line.
~ fore / aft spring.
.6 Let go
~ the head / stern line.
~ the breast line.
~ the fore / aft spring
~ all(forward / aft).
.7 Let go the towing line(s).
.8 Stand by bow anchor(s).
.9 Finished with manoeuvring stations.

.11 감아라.
.11.1 감는 것을 중지하라.
.12 늦춰라 / ...라인을 학인하라 / ...스프링을
.13 ...라인을 그대로 유지하라 / ...스프링을
.14 천천히 감아라.
.14.1 안벽쪽으로 감아라.
.15 ...라인을 / ...스프링을 팽팽하게 하라.
.16 ...부터 선수 / 선미거리 보고하라.
.16.1 선수/ ...부터 선미거리는 ...미터이다.
.17 본선은 ...미터 전진 / 후진해야 한다.
.18 본선은 정 위치에 있다.
.19 선수와 선미에 고박하라.
.20 입항 부서를 해제한다.

.3 이안
.1 기관 준비하라.
.2 귀선은 항해 준비가 되었는가?
.2.1 그렇다, 본선은 준비가 되었다(항해 준비).
.2.2 아니다, 본선은 준비되지 않았다(아직)(항해 준비).
.2.3 본선은 ...분에 항해 준비가 될 것이다.
.3 라인을 풀 준비를 하라.
.4 선수와 선미의 ...라인과 ...스프링을 single up하라.
.5 늦춰라 / 유지하라 / 감아라
~ 헤드라인 / 스턴라인. ~ 브레스트라인.
~ 선수 / 선미스프링.
.6 풀어라
~ 헤드라인 / 스턴라인.
~ 브레스트라인.
~ 선수 / 선미스프링.
~ 모두(선수 / 선미).
.7 예인선을 풀어라.
.8 선수 앵커를 준비하라.
.9 출항 부서를 해제한다.

2.2.5 IMO STANDARD MARINE COMMUNICATION PHRASES : PART B

PART B covers further on-board standard safety-related Phrases which, supplementary to PART A, may assist mariners in meeting other basic on-board communication requirements and may be regarded useful for Maritime English instruction.

ON-BOARD COMMUNICATION PHRASES(B)

B1 Operative Ship handling

B1/1 Handing over the watch

B1/1.1 Briefing on position, movement and draft

The officer of the watch should brief the relieving officer on the following:

.1 Position

.1 The present position is

~ latitude ..., longitude ... .

~ bearing ... degrees, distance ... kilometres / nautical miles.

~ buoy ...(charted name).

~ between ... and... .

~ way point / reporting point ... .

~ ... .

.2 The next way point / reporting point is ... .

.3 ETA at ... is ... hours UTC.

.4 We are passing / we passed buoy ...(charted name) on port side / starboard side.

.5 We are approaching buoy ...(charted name) on port side / starboard side.

.6 Buoy ...(charted name) ... is ... kilometres / nautical miles ahead.

.7 We are entering / we entered area ... .

.8 We are leaving / we left area ... .

2.2.5 표준 해사 통신 어구 : PART B

파트 B는 파트 A에 추가하여 안전과 관련된 선상 표준 어구를 포함하며 다른 기본적인 선상 통신 요건을 이야기하는 데 해기사에게 도움을 줄 것이며 해사 영어 교육에도 도움이 될 것이다.

선상 통신 어구(B)

B1 작동하는 선박 조종

B1/1 당직 교대

B1/1.1 위치, 동정 및 흘수에 대한 브리핑
당직 사관은 차직 당직 사관에게 아래와 같은 것을 설명해야 한다.

.1 위치
.1 현재 위치는
~ 위도 ... , 경도 ... .
~ 방위 ... 도 , 거리 ... 킬로미터/ 해리.
~ 부표 ...(해도상의 이름).
~ ... 와 ... 사이.
~ 변침점 / ...레포딩 포인드.
~ ... .
.2 다음 변침점 / 보고지점은 ... 이다.
.3 ... ETA는 UTC로 ...시이다.
.4 본선은 통과 중이다 / 본선 좌현측 / 우현측으로 ... (해도상의 이름)부표를 지났다.
.5 본선은 ...(해도상의 이름)부표를 좌현측 / 우현측으로 접근중이다.
.6 ...(해도상의 이름)부표는 ...킬로미터이다 / 선수 몇 해리이다.
.7 본선은 들어가고 있는 중이다 / 본선은 ...구역을 진입했다.
.8 본선은 떠나는 중이다 / 본선은 ...구역을 떠났다.

.2 Movements

.1 True course / gyro compass course / magnetic compass course is ...

.2 Gyro compass error is ... degrees plus / minus.

.2.1 Magnetic compass error is ... degrees east / west.

.3 Speed over ground / through water is ... knots.

.4 Set and drift is ... degrees, ... knots.

.5 We are making ... degrees leeway.

.6 The course board is written up.

.7 The next chart is within .... hours.

.3 Draft

.1 Draft forward / aft is ... metres.

.2 Present maximum draft is ... metres.

.3 Underkeel clearance is ... metres.

B1/1.2 Briefing on traffic situation in the area

.1 A vessel is

~ overtaking ...(cardinal points) of us.

~ on opposite course.

~ passing on port side / starboard side.

.2 A vessel is crossing from port side.

.2.1 The vessel

~ will give way.

~ has given way.

~ has not given way yet.

~ is standing on.

~ need not give way.

.3 A vessel is crossing from starboard side.

.3.1 We

~ need not give way.

~ will stand on.

~ will alter course to give way.

~ have altered course to give way.

.2 동정
.1 진침로 / 자침로 / 나침로는 ...도이다.
.2 자이로 콤파스 오차는 플러스 ...도 / 마이너스이다.
.2.1 마그네틱 콤파스 오차는 동쪽 / 서쪽...도이다.
.3 대지 속력/ 대수 속력은 ...노트이다.
.4 유향와 편류는 ...도 ...노트이다.
.5 본선의 풍압차는 ...도이다.
.6 침로는 기재 판에 쓰였다.
.7 다음 해도는 ...시간 이내이다.
.3 흘수
.1 선수 흘수/ 선미 흘수는 ...미터이다.
.2 현재 최대 흘수는 ...미터이다.
.3 선저여유수심은 ...미터이다.

B1/1.2 구역에서의 교통상황 설명
.1 선박은
~ 본선의 ...로(기본 방위) 추월하고 있다.
~ 반대 침로이다.
~ 좌현측/ 우현측으로 지나고 있다.
.2 좌현측으로 선박이 가로지르고 있다.
.2.1 선박은
~ 양보할 것이다.
~ 양보했다.
~ 아직 양보하지 않았다.
~ 그대로 있다.
~ 양보할 필요가 없다.
.3 우현측으로 선박이 가로지르고 있다.
.3.1 본선은
~ 양보할 필요가 없다.
~ 그대로 있을 것이다.
~ 양보하기 위해 침로를 바꿀 것이다.
~ 양보하기 위해 침로를 바꾸었다.

.3.2 The vessel will pass ... kilometres / nautical miles ahead / astern.
.3.3 I will complete the manoeuvre.
.4 A vessel ...(cardinal points) of us is on the same course.
.5 The bearing to the vessel in ... degrees is constant.
.6 There is heavy traffic / ... in the area.
.6.1 There are fishing boats / ... in the area.
.7 There are no dangerous targets on the radar .
.7.1 Attention. There are dangerous targets on the radar
.8 Call the Master if any vessel passes with a CPA of less than .... miles.
.8.1 Call the Master if ... .

B1/1.3 Briefing on navigational aids and equipment status
.1 Port side / starboard side radar is at ... miles range scale.
.2 The radar is
~ relative head-up / north-up / course-up.
~ true-motion north-up / course-up.
.3 GPS / LORAN is / is not in operation.
.4 Echo sounder is at ... metres range scale.
.4.1 The echo sounder recordings are unreliable.
.5 I changed to manual / automatic steering(at ... hours UTC).
.6 Navigation lights are switched on / off.

B1/1.4 Briefing on radiocommunications
.1 INMARSAT ...(type of system) is operational / is not operational.
.2 VHF DSC Channel 70 / VHF Channel ... / DSC controller is switched on.
.2.1 DSC frequency 2187.5 kHz is switched on.
.3 NAVTEX is switched on.
.4 Following was received on ... at ... UTC
.5 Shore based radar assistance / VTS / Pilot station is on VHF Channel ... .
.6 The Pilot station / VTS station requires
~ flag state.
~ call sign / identification.
~ draft.

.3.2 선박은 ...킬로미터 통과할 것이다 / 선수방향 몇 해리 / 선미방향

.3.3 조선을 끝낼 것이다.

.4 본선의 ...(우접/방접) 선박은 본선과 같은 침로이다.

.5 ...도에 있는 선박의 방위는 일정하다.

.6 통항량이 많다 / ...구역에.

.6.1 어선들이 있다 / ...구역에.

.7 레이더상에 위험한 표적이 없다.

.7.1 주의. 레이더에 위험한 표적이 있다.

.8 어떤 선박이 ...마일 이내 CPA로 통과하면 선장을 호출하라.

.8.1 만약 ...하면 선장을 호출하라.

B1/1.3 항해기기와 장비 상태 상황 설명

.1 좌현측/ 우현측 레이더는 ...마일 거리척이다.

.2 레이더는

~ 상대운동지시 방식의 헤드업/ 코스업.

~ 진운동지시 방식의 노스업/ 코스업.

.3 GPS/ LORAN은/ 설치되지 않았다.

.4 측심기는 ...미터 거리척이다.

.4.1 측심기 기록을 신뢰할 수 없다.

.5 I 수동으로 바꾸었다/ 자동 조타(UTC ...시에)

.6 항해등을 켰다/ 껐다.

B1/1.4 무선 통신 상황설명

.1 INMARSAT ...(시스템 형식)가 작동된다. / 작동되지 않는다.

.2 VHF DSC 채널 70/ VHF 채널 .../ DSC 제어기가 켜져 있다.

.2.1 DSC 주파수 2187.5kHz가 켜져 있다.

.3 NAVTEX가 켜져 있다.

.4 ...에서 UTC ...시에 다음과 같은 것을 받았다

.5 육상 레이더 원조 / VTS / 파이럿 스테이션은 VHF ... 채널이다.

.6 Pilot station / VTS가 요청한다.

~ 기국.

~ 호출부호 / 식별부호.

~ 흘수.

~ gross tonnage.
~ length overall.
~ kind of cargo.
~ ETA at .... .
~ MAREP POSREP / ... .
~ ... .

B1/1.5 Briefing on meteorological conditions

.1 A weak / strong(tidal) current is setting .... degrees.
.1.1 The direction of the(tidal) current will change in ... hours.
.2 Fog / mist / dust / rain / snow / ... is in the area.
.3 Automatic fog signal is switched on.
.4 The wind increased / decreased(within last ... hours).
.4.1 The wind is ...(cardinal points) force Beaufort ... .
.4.2 The wind changed from ....(cardinal points) to ....(cardinal points).
.5 The sea state is expected to change(within .... hours).
.6 A smooth/moderate/rough/heavy sea / slight/moderate/high swell of ... metres from ...(cardinal points) is expected(within .... hours).
.7 A tsunami / an abnormal wave is expected by ... UTC.
.8 Visibility is ...kilometres/ nautical miles.
.9 Visibility is reduced by fog / mist / dust / rain / snow / ... .
.10 Visibility is expected
~ to decrease / increase to ...kilometres / nautical miles(within ... hours).
~ variable between ... and ... kilometres / nautical miles(within .... hours).
.11 Next weather report is at ... UTC.
.12 Atmospheric pressure is ... millibars/hPascal.
.13 Barometric change is ... millibars /hPascal per hour / within the last ... hours.
.13.1 Barometer is steady / dropping(rapidly) / rising(rapidly).
.14 There was a gale warning / tropical storm warning for the area ... at ... UTC.

~ 총톤수.
~ 전장.
~ 화물의 종류.
~ ...에 도착예정시간.
~ MAREP POSREP / ... .
~ ... .

B1/1.5 기상 상태 상황 설명

.1 약한 / 강한(조수) 조류가 ... 도로 흐르고 있다.
.1.1(조수) 조류의 방향이 ... 시간 후에 바뀔 것이다.
.2 ...지역에 짙은 안개 / 옅은 안개 / 비 / 눈이 내린다.
.3 자동 무중 신호가 켜져 있다.
.4 바람이 강해졌다 / 약해졌다.(지난 ...시간 동안)
.4.1 바람이 ...의 세기로 ... 로(우점/방점) 분다.
.4.2 바람이 ...에서(우점/방점) ...로(우점/방점)으로 바뀌었다.
.5 바다의 상태가 바뀔 것으로 예상된다.(...시간 안에)
.6 평온한 / 온화한 / 거친 / 약간 높은 파도 /... 미터의 강한 파도가 ...로부터(우점/방점) 예상된다(...시간 안에).
.7 진파 / 불규칙한 파도가 세계시...시에 예상된다.
.8 시정이 ...킬로미터 / 마일이다.
.9 시정이 짙은 안개 / 부슬비 / 먼지 / 비 / 눈 / ...에 의해 감소되었다.
.10 시정이 예상된다
~ ...킬로미터 / 마일로 감소 / 증가할 것으로(...시간 안에).
~ ...와 ... 킬로미터 / 마일 사이로 변하기 쉽다(...시간 안에).
.11 다음 일기 예보는 UTC ... 시이다.
.12 기압이 ...밀리바 / 헥토파스칼이다.
.13 기압계가 시간당 / 지난... 시간동안 ... 밀리바 / 헥토파스칼이다.
.13.1 기압계가 유지한다 / 떨어진다(급격히) / 올라간다(급격히).
.14 ... UTC시 ...지역에 강풍 / 열대성 저기압이 있었다.

B1/1.6 Briefing on standing orders and bridge organization

.1 Standing orders for the period from ... to ... UTC ... are: ... .

.2 Standing orders for the area ... are: ... .

.3 Take notice of changes in the standing orders.

.4 Do you understand the standing orders?

.4.1 Yes, I understand the standing orders.

.4.2 No, I do not understand, please explain.

.5 Read / sign the standing orders.

.6 The latest fire patrol was at ... UTC.

.7 The latest security patrol was at ... UTC.

.7.1 Everything is in order.

.7.2 The following was stated: ... .

.7.3 The following measures were taken: ... .

.7.4 The following requires attention: ... .

.8 The lookout is standing by.

.9 The helmsman is standing by.

.10 Call the Master at ... UTC / in position ... .

B1/1.7 Briefing on special navigational events

Also see AI/3 Safety communications.

.1 There was an engine alarm at ... UTC due to ......

.2 Speed was reduced at ... UTC due to ......

.3 Engine(s) was / were stopped at ... UTC due to ......

.4 Course was altered at ... UTC due to ....

.5 The Master / Chief Engineer was called at ... UTC due to ... .

B1/1.8 Briefing on temperatures, pressures and soundings

.1 The ...(equipment) temperature minimum/maximum is

~ ... degrees(centigrade) /to maintain.

~ ... above / below normal.

~ critical.

.1.1 Do not exceed a minimum/maximum temperature of ... degrees.

.2 The ...(equipment) pressure minimum/maximum is

B1/1.6 당직 근무 수칙과 선교 조직 상황 설명
.1 당직 근무는 ...시에서 ...시까지이다.
.2 ...지역에의 당직 근무 수칙은 ... 이다.
.3 당직 근무 수칙에 변경사항을 주목하라.
.4 당신은 당직 근무 수칙을 이해하고 있습니까?
.4.1 예, 당직 근무 수칙을 이해하고 있습니다.
.4.2 아닙니다, 이해하지 못했습니다, 설명해주십시오.
.5 당직 근무 수칙을 읽어라 / 서명해라.
.6 최근의 소방 순찰은 ...UTC에 했다.
.7 최근의 안전 순찰은 ...시에 했다.
.7.1 모든 것이 정상이다.
.7.2 다음의 것이 언급되었다: ...
.7.3 다음의 조치가 내려졌다: ...
.7.4 다음은 주의가 요구된다: ... .
.8 경계원이 대기중이다.
.9 조다수가 대기중이다.
.10 ...UTC / ... 위치에서 선장을 호출하라.

B1/1.7 특별한 항해상 사고의 상황 설명
또한 A1/3 안전 통신을 참조하라.
.1 ...UTC에 ... 때문에 엔진 알람이 울렸다.
.2 ...UTC에 ... 때문에 속도가 감소되었다.
.3 ...UTC에 ... 때문에 기관(들)이 멈췄다.
.4 ...UTC에 ... 때문에 침로가 변경되었다.
.5 ...UTC에 ... 때문에 선장 / 기관장을 호출했다.

B1/1.8 온도, 압력, 측심 상황 설명
.1 ...(장비)의 최소 / 최대 온도는 ...이다.
~ ...도(섭씨) / ~ 로 유지된다.
~ ... 정상 이상 / 아래
~ 위험한
.1.1 최소/최대 ... 도를 넘기면 안된다.
.2 (장비)의 최소/최대 압력은 ... 이다.

~ ... kiloponds / bars /to maintain.
~ above / below normal.
~ critical.

.2.1 Do not exceed a pressure of ... kiloponds / bars.
.3 Ballast / fresh water/ fuel / oil /slop sounding is ... metres / cubic metres.
.3.1 Sounding of
~ no ... cargo tank is ... metres / cubic metres.
~ no ... cargo hold is ... centimetres.
~ ... .

B1/1.9 Briefing on operation of main engine and auxiliary equipment
Also see B1/1.8.

.1(present) revolutions of the main engine(s) are ... per minute.
.2(present) output of the main engine(s) / auxiliary engine(s) are ... kilowatts.
.3(present) pitch of the propeller(s) is ... degrees.
.4 There are no problems.
.5 There are problems with ... .
~ with the main engine(s) / auxiliary engine(s).
~ with ... .

.6 Call the watch engineer(if the problems continue).
.6.1 Call the watch engineer ... minutes before the arrival at ... / at ... UTC.

B1/1.10 Briefing on pumping of fuel, ballast water, etc.

.1 There is no pumping at present.
.2 We are filling / we filled(no.) ... double bottom tank(s) / the ballast tanks / the ... tank(s).
.2.1 Fill up ... tonnes/ sounding .../ ullage .../ level ... to the alarm point.
.3 We are discharging / we discharged(no.) ... double bottom tank(s) / the ballast tanks / the ... tank(s).
.4 We are transferring / we transferred fuel / ballast / fresh water / oil from(no.) ... tank(s) to(no.) ... tank(s).
.5 We require a further generator to operate an additional pump.

~ ...kiloponds / bars / ~로 유지된다.
~ 정상의 위 / 정상의 아래로
~ 위험한

.2.1 ...kiloponds / bars 의 압력을 넘겨서는 안된다.
.3 밸러스트 / 청수 / 연료 / 기름 / slop 측심은 ...미터 / 큐빅 미터이다.
.3.1 측심은

~ ... 화물 탱크는 ...미터 / 큐빅미터이다.
~ ...화물 홀드는 ... 센티미터이다.
~ ... .

B1/1.9 주기관과 보조 장비의 조작 상황 설명

또한 B1/1.8을 참조하라.

.1 (현재)주기관(들)의 회전수는 분당 ... 이다.
.2 (현재)주기관(들)/보조기관(들)의 출력은 ... 킬로와트이다.
.3 (현재) 프로펠러의 피치는 ... 도이다.
.4 아무 문제가 없다.
.5 문제는 ...이다.

~ 주기관(들)/보조 기관(들).
~ ...와 같이.

.6 당직 기관사를 불러라(만약 문제가 지속된다면).
.6.1 ...UTC /...시에 도착하기 ... 분 전에 당직 기관사를 호출하라.

B1/1.10연료, 밸러스트, 기타 등의 pumping에 관한 상황 설명

.1 현재 Pumping은 없다.
.2 우리는 채우고 있다 / 채웠다(no)...double bottom tank(s)/ ballast tanks /...탱크(들)에.
.2.1 Alarm point까지 ...톤 / sounding... / ullage... / ...level까지 채워라.
.3 우리는 배출하고 있다 / 배출했다.(no.)...double bottom tank(s) / ballast tanks / ... 탱크(들)에
.4 우리는 이송하고 있다 / 이송했다 연료 / 밸러스트 / 청수 / 기름을(no.)...탱크(들)에서(no.)...탱크(들)로 .
.5 우리는 추가의 pump를 작동시키기 위해 부가적인 발전기 작동을 요구한다.

B1/1.11 Briefing on special machinery events and repairs

.1 There was a breakdown of the main engine(s)(at ... UTC / from ... to ... UTC).

.1.1 There was a breakdown of ...(at ... UTC / from ... to ... UTC).

.2 There was a total blackout(at ... UTC / from ... to ... UTC).

.2.1 There was a blackout in ...(at ... UTC / from ... to ... UTC) .

.3 Main engine(s) was / were stopped(at ... UTC / from ... to ... UTC) due to ...

.4 Speed was reduced(at ... UTC / from ... to ... UTC) due to ... .

.5 Call the Master / Chief engineer if the revolutions of the main engine(s) are below ... per minute.

.5.1 Call the Master / Chief Engineer / watch engineer if ... .

B1/1.12 Briefing on record keeping

.1 The log books / record books are completed and signed.

.1.1 The note book entries will be copied(into the log books / record books) after the watch.

.2 Change the paper of the data logger / echo sounder / ... recorder.

.2.1 Refill the toner / ink of the data logger / echo sounder / ... recorder

B1/1.13 Handing and taking over the watch / conn

The Master / Chief Engineer or an(engineer) officer handing over the watch should say:

.1 You have the watch now.

The relieving officer should confirm and say:

.1.1 I have the watch now.

The Master / Chief Engineer when called to the bridge / engine(control) room and formally taking over the watch, should confirm and say:

.2 I have the watch now.

The officer of the watch should confirm and say:

.2.1 You have the watch now.

B1/2 Trim, List and Stability

.1 The vessel is on even keel(at present).

B1/1.11 특별한 기계 사고와 수리에 대한 상황 설명

.1 주기관(들)의 고장이었다.(...UTC /... 시에서... 시까지 UTC)

.1.1 ...의 고장이 있었다.(...시에 UTC / ...시에서 ...시까지 UTC)

.2 정전이었다.(...시에 UTC / ...시에서 ...시까지 UTC)

.2.1 ...에 정전이 있었다.(...시에 UTC / ...시에서 ...시까지 UTC)

.3 주기관(들)이 ...때문에 멈췄다(...시에 UTC / ...시에서 ...시까지 UTC).

.4 속도가 ... 때문에 감소되었다.(...시에 UTC / ...시에서 ...시까지 UTC)

.5 주기관(들)의 회전수가 분당...로 떨어지면 선장/.기관장을 호출하라.

.5.1 만약 ...이면 선장 / 기관장 / 당직 기관사를 호출하라.

B1/1.12 기록 유지에 관한 상황 설명

.1 항해일지들 / 기록부는 완료되었고 사인했다.

.1.1 Note book 기재사항은 당직 후에 기록될 것이다.(로그북 안에 / 레코드북들)

.2 데이터 logger / 측심기 / ... 기록지를 바꿔라.

.2.1 데이터 logger / 측심기 / ... 기록지의 토너를 채워라.

B1/1.13 당직 인수인계

당직을 인계하는 선장 / 기관장 또는 항해사(기관사)는 이야기해야 한다:

.1 지금부터 당신이 당직이다.

인계받은 사관은 확인하고 말해야 한다:

.1.1 지금부터 내가 당직이다.

선장 / 기관장이 브리지 / 기관실에 호출되어 당직을 공식적으로 인수받을 때 확인하고 다음과 같이 말해야 한다.

.2 지금부터 내가 당직이다.

당직 사관은 확실하고 말해야 한다.

.2.1 지금부터 당신이 당직이다.

B1/2 트림, 경사와 복원성

.1 배가 even keel이다(현재는)

.1.1 The vessel is ... metres down by the head / stern(at present).
.2 There is no list (at present).
.2.1 (present) list is ... degrees to port / starboard.
.3 Fuel / ballast / fresh water / oil was transferred from(no.) ... tank(s) to(no.) ... tank(s) to correct the list.
.3.1 We must transfer fuel / ballast / fresh water / oil from(no.) ... tank(s) to(no.) ... tank(s) to correct the list.
.4 Deck cargo / cargo was restowed(in (no.) ... hold(s)) to correct the list.
.4.1 We must restow cargo in(no.) ... hold(s) to correct the list.
.5 (present) stability is good / poor.
.6 (no.) ... double bottom tank(s) was / were filled to improve the stability.
.7 Fuel / ballast / fresh water / oil was transferred from(no.) ... tank(s) to(no.) ... tank(s) to improve the stability.
.7.1 We must transfer fuel / ballast / fresh water/ oil from(no.) ... tank(s) to(no.) ... tank(s) to improve the stability.
.8 Cargo was restowed in(no.) ... hold(s) / on deck to improve the stability.
.8.1 We must restow cargo in(no.) ... hold(s) / on deck to improve the stability.
.9 Containers were restowed from ... to ... to improve the stability.
.9.1 We must restow containers from ... to ... to improve the stability.

B2 Safety on Board

B2/1 General Activities
The phrases of this section apply to most of the emergencies covered in this chapter.

B2/1.1 Raising alarm
.1 Operate the general emergency alarm.
.2 Inform the Master / Chief Engineer /... .
.3 Inform the ... coast radio station / vessels in vicinity(on radio).
.4 Request assistance(on radio) from ... and report.
.4.1 Assistance was
~ requested from ... .

.1.1 배가 선수 / 선미쪽으로 ...미터 가라앉았다.(현재는)
.2 경사가 없다.(현재는)
.2.1(현재)경사는 좌현으로 / 우현으로 ...도 기울어져 있다.
.3 연료 / 밸러스트 / 청수 / 기름을 경사를 바로 잡기 위해(no.)...탱크(들)에서 (no.)...탱크(들)로 이송했다.
.3.1 우리는 연료 / 밸러스트 / 청수 / 기름을 경사를 바로 잡기 위하여(no.)...탱크(들)에서...탱크(들)로 이송했다.
.4 갑판적 화물 / 화물을 경사를 바로 잡기 위해서((no.)...hold(s)안에) 재적재했다.
.4.1 우리는 경사를 바로잡으려고(no.)...hold(s)에 재적재해야 한다.
.5 (현재)복원성은 좋다/나쁘다.
.6 (no.)...double bottom tank(s)는 복원성을 향상시키기 위해 채웠다.
.7 연료 / 밸러스트 / 청수 / 기름을 복원성 향상을 위해서(no.)...탱크(들)에서 (no.)... 탱크(들)로 이송되었다.
.7.1 우리는 연료 / 밸러스트 / 청수 / 기름을 복원성 향상을 위해서(no.)...탱크(들)에서(no.)...탱크(들)로 이송해야 한다.
.8 화물이 복원성 향상을 위해서(no.)...hold(s) / 갑판상에 재적재했다.
.8.1 우리는 복원성 향상을 위해(no.)...hold(s)/갑판상의 화물을 재적재해야 한다.
.9 컨테이너들은 복원성 향상을 위해 ...에서...로 재적재되었다.
.9.1 복원성 향상을 위해 컨테이너들을 ...에서...로 재적재해야 한다.

B2 선상의 안전

B2/1 일반적인 행동들
이 장의 문구들은 대부분의 비상시에 적용한다.

B2/1.1 알람의 울림
.1 일반 비상 알람을 울려라.
.2 선장 / 기관장 / ... 에게 알려라.
.3 ...연안 무선국 / 가까운 배들에게(무선으로) 알려라.
.4 ...로부터(무선으로)도움을 요청하고 보고하라.
.4.1 도움은
~ ...로부터 요청되었다.

~ offered by … .

~ accepted from … .

.5 Transmit a SECURITE / PAN-PAN / distress alert / MAYDAY and report.

.5.1 A SECURITE / PAN-PAN / distress alert / MAYDAY was transmitted.

.6 Was the distress alert / MAYDAY acknowledged?

.6.1 Yes, the distress alert / MAYDAY was acknowledged by … coast radio station / MRCC / vessel(s) in vicinity.

.6.2 No, the distress alert was not acknowledged(yet).

.6.1.1 Repeat the distress alert.

B2/1.2 Briefing crew and passengers

Also see B4 " Passenger Care".

.1 Make the following announcement(on the PA - system):

.2 This is your Captain speaking.

.2.1 We have grounded / a minor flooding / a minor fire in … .

.2.2 There is no immediate danger to crew, passengers or vessel - and there is no reason to be alarmed.

.2.3 For safety reasons I request all crew members to go to their assembly stations.

.2.3.1 All officers to report to the bridge.

.2.3.2 Watchkeepers remain at stations until further order.

.2.4 As soon as I have further information I will make another announcement - there is no danger at this time.

.2.5 Fire fighting teams / damage control teams are fighting the fire / flooding.

.2.6 We also have radio contact with other vessels / coast radio stations.

.2.7 The fire / flooding is under control.

.3 This is your Captain speaking. I have another announcement:

.3.1 The fire / flooding is not under control yet.

.3.2 Leave the engine room / superstructure / your stations / your cabins / … immediately - close all openings.

.3.3 Take lifejackets with you.

.3.3.1 Take your emergency equipment with you according to the muster list.

.3.4 Stand by fire fighting stations / damage control stations and report.

~ ...로부터 제공되었다.
~ ...로부터 받아들여졌다.

.5 SECURITE / PAN-PAN / 조난 경보 / MAYDAY를 송신하고 보고해라.
.5.1 SECURITE / PAN-PAN / 조난 경보 / MAYDAY는 송신되었다.
.6 조난 신호 / MAYDAY를 인지했나?
.6.1 그렇다, 조난 신호 / MAYDAY는 ...coast radio station / MRCC / 근처의 배에 의해 인지되었다.
.6.2 아니다, 조난 신호는 인지되지 못했다.(아직)
.6.1.1 조난 신호를 반복해라.

B2/1.2 선원과 승객들에게 알림
또한 B4 "승객보호"을 참조하라.

.1 다음을 방송하라.(확성장치로)
.2 선장이 말하는 것이다.
.2.1 우리는 ...에 좌초 / 약간의 침수 / 소형 화재가 났다.
.2.2 선원, 승객들 또는 배에 당장의 위험은 없다 - 그래서 알람을 울린 이유도 없다.
.2.3 안전을 이유로 선원들에게 그들의 집결 위치로 갈 것을 요구한다.
.2.3.1 모든 사관들은 브리지로 보고하라.
.2.3.2 당직자들은 다른 지시가 있을 때까지 현 위치에서 대기하라.
.2.4 다른 정보들이 있으면 바로 다른 지시를 할 것이다 - 현재는 위험이 없다.
.2.5 화재 진압반 / 손상제어반들이 화재를 진압하고 있다 / 침수를 막고 있다.
.2.6 우리는 또한 다른 배들 / 연안국들에게 무선 연락을 했다.
.2.7 화재 / 침수는 제어중이다.
.3 선장이다. 나는 다른 지시를 내린다.
.3.1 화재 / 침수는 아직 통제하고 있지 못하다.
.3.2 기관실 / 거주 구역 / 당신의 위치 / 당신의 선실 / ...에서 즉시 떠나라 - 모든 출입구가 닫힌다.
.3.3 구명동의를 가지고 가라.
.3.3.1 비상 부서 배치표에 따라 당신의 비상 장비를 가지고 가라.
.3.4 화재진압반 / 손상제어반 준비하고 보고하라.

.3.4.1 Fire fighting stations / damage control stations are standing by.
.3.5 All crew members to assembly stations.
.3.6 Follow the escape routes shown.
.3.7 The route to the assembly station is ... not clear.
.3.7.1 The route to the assembly station will be via ... .
.3.8 Assemble

~ on deck.
~ on the foredeck / afterdeck.
~ on the ... deck on port side / starboard side.
~ on the ... deck forward of ... / aft of ... .

.3.9 Do not

~ go to the lifeboat / liferaft stations before ordered.
~ enter the lifeboats / liferafts - the order to enter will be given from the bridge / by the officers.

.3.10 The following department(s) / crew members will(temporarily) disembark for safety reasons.

B2/1.3 Checking status of escape routes

.1 Check the escape routes and report.
.1.1 All escape routes are clear.
.1.2 The escape route(s) from ...(to ...) / via ... is / are blocked / not clear(yet).
.1.3 The escape route(s) from ...(to ...) / via ... will be clear in ... minutes..

B2/1.4 Checking status of lifeboats / liferafts

.1 Check the launching tracks and report.
.1.1 All launching tracks are clear.
.1.2 The launching track(s) of no. ...lifeboat / liferaft is / are not clear(yet).
.1.3 The launching track(s) of no. ... lifeboat / liferaft will be clear in ... minutes.
.2 Check the working parts and report.
.2.1 All working parts are free.
.2.2 The roll(s) / block(s) / rigging / ... of no. ...lifeboat is / are not free(yet).
.2.3 The roll(s) / block(s) / rigging / ... of no. ... lifeboat will be free in ... minutes.

.3.4.1 화재진압반 / 손상제어반 위치에서 대기중이다.
.3.5 모든 선원들은 집합 위치로 가라.
.3.6 보이는 비상 탈출로를 따라가라.
.3.7 ... 집합 위치로 가는 길은 명확하지 않다.
.3.7.1 집합 위치로 가는 길은 ...을 경유할 것이다.
.3.8 집합
~ 갑판에
~ 선수갑판 / 선미갑판에
~ 좌현쪽 / 우현쪽 ...갑판위에
~ ...의 앞 / ...의 뒤 갑판위에
.3.9 금지한다
~ 지시가 있기 전에 구명정/구명뗏목에 가지 마라.
~ 구명정 탑승 / 구명벌 - 탑승 명령이 선교 / 항해사로부터 내려질 것이다.
.3.10 안전을 이유로 다음 부서(들) / 선원들은(일시적으로) 하선할 것이다.

B2/1.3 비상 탈출로 상태 점검
.1 비상탈출로를 점검하고 보고하라.
.1.1 모든 비상탈출로에는 장애물이 없다.
.1.2 ...로부터(...으로 가는)/ ...을 경유하는 비상탈출로(들)는 막혀 있다 / 명확하지 않다.(아직)
.1.3 ...로부터(...으로 가는)/...을 경유하는 비상탈출로(들)는 ...분 안에 명확해질 것이다.

B2/1.4 구명정/구명뗏목의 상태 점검
.1 진수 트랙을 점검하고 보고하라.
.1.1 모든 진수 트랙들은 양호하다.
.1.2 No. ...구명정 / 구명뗏목의 진수 트랙(들)은 양호하지 않다.(아직)
.1.3 No. ...구명정 / 구명뗏목의 진수 트랙(들)은 ...분 안에 양호하게 될 것이다.
.2 작동 부위들을 점검하고 보고하라.
.2.1 모든 작동 부위들은 양호하다.
.2.2 No. ...구명정의 roll(s) / block(s) / 삭구 /... 는 양호하지 않다.(아직)
.2.3 No. ...구명정의 roll(s) / block(s) / 삭구 /...는 ...분 안에 자유롭게 될 것이다.

.3 Check the securings of the launching appliances and report.
.3.1 All securings are in the correct position.
.3.2 The securing of no. ... lifeboat / liferaft is not in the correct position.
.3.2.1 Correct the position of the securing .
.3.3 The securing of no. ... lifeboat / liferaft is damaged.
.3.3.1 Replace / repair the securing.
.3.4 The harbour pin(s) of no. ...lifeboat is / are missing.
.3.4.1 Replace the harbour pin(s).
.4 Check the fuel / oil of the lifeboat engine(s) and report.
.4.1 The fuel tank of no. ...lifeboat engine is full / not full.
.4.1.1 Fill up fuel.
.4.2 The oil level of no. ... lifeboat engine is normal / below normal.
.4.2.1 Fill up oil.
.5 Operate the lifeboat engine(s) and report.
.5.1 All lifeboat engines are operational.
.5.2 No. ... lifeboat engine is not operational(yet).
.5.3 No. ... lifeboat engine will be operational in ... minutes.
.6 Check the bilge pumps of the lifeboats and report.
.6.1 All bilge pumps are operational.
.6.2 The bilge pumps of no. ... lifeboat are not operational(yet).
.6.3 The bilge pumps of no. ... lifeboat will be operational in ... minutes.
.7 Check the drain plugs and report.
.7.1 All drain plugs are available.
.7.2 The drain plug(s) in no. ... lifeboat is / are missing.
.7.2.1 Replace the drain plug(s).
.8 Check the slip gear in the lifeboats and report.
.8.1 All slip gear is in the correct position and secured.
.8.2 The slip gear of no. ... lifeboat is not in the correct position.
.8.2.1 Correct the position of the slip gear.
.8.3 The slip gear of no. ... lifeboat is not secured.
.8.3.1 Secure the slip gear.
.9 Check the lifeboat equipment and report.
.9.1 All lifeboat equipment is complete and operational.

.3 진수 장비의 고박장치들을 점검하고 보고하라.
.3.1 모든 고박장치는 제 위치에 있다.
.3.2 No. …구명정 / 구명뗏목의 고박장치는 정확한 위치에 있지 않다.
.3.2.1 고박장치 위치를 바로 하라.
.3.3 No. …구명정 / 구명뗏목의 고박장치는 손상을 입었다.
.3.3.1 고박장치를 교체하라 / 수리하라.
.3.4 No. …구명정의 harbour pin(들)은 없다.
.3.4.1 Harbour pin(들)을 교체하라.
.4 구명정 엔진(들)의 연료 / 기름을 점검하고 보고하라.
.4.1 No. …구명정 엔진 연료 탱크가 가득 찼다/차지 않았다.
.4.1.1 연료를 채워라.
.4.2 No. … 구명정 엔진 기름 양은 정상이다 / 정상보다 낮다.
.4.2.1 기름을 채워라.
.5 구명정의 엔진(들)을 작동하고 보고하라.
.5.1 모든 구명정 엔진들은 작동이 된다.
.5.2 No. …구명정 엔진은 작동이 안된다.(아직)
.5.3 No. …구명정 엔진은 …분 안에 작동 될 것이다.
.6 구명정의 빌지 펌프들을 점검하고 보고하라.
.6.1 모든 빌지 펌프들은 작동이 된다.
.6.2 No. …구명정의 빌지 펌프들은 작동이 안된다.(아직)
.6.3 No. …구명정의 빌지 펌프들은 …분 안에 작동이 될 것이다.
.7 드레인 플러그들을 체크하고 보고하라.
.7.1 모든 드레인 플러그들은 쓸 수 있다.
.7.2 No. …구명정의 드레인 플러그(들)는 없어졌다.
.7.2.1 드레인 플러그(들)를 다시 장착시켜라.
.8 구명정안의 슬립 기어를 점검하고 보고하라.
.8.1 모든 슬립기어가 정확한 위치에 있고, 고정되어 있다.
.8.2 No. …구명정의 슬립기어는 정확한 위치에 있지 않다.
.8.2.1 슬립기어를 정확한 위치에 놓아라.
.8.3 No. …구명정의 슬립기어는 고정되어 있지 않다.
.8.3.1 슬립기어를 고정시켜라.
.9 구명정 장비를 체크하고 보고하라.
.9.1 모든 구명정 장비는 완벽하고 작동중이다.

.9.2 The lifeboat equipment is not complete.
.9.2.1 Complete the lifeboat equipment..
.10 Launch / hoist no. ... lifeboat(s) and report.
.10.1 The launching appliances are operational.
.10.2 The launching appliances are not operational.
.10.3 No. ... winch / davit is not operational(yet).
.10.3.1 No. ... winch / davit will be operational in ... minutes.
.10.4 Hoist no. ... lifeboat(s).
.11 Secure the lifeboat(s) and report.
.11.1 Lifeboat(s) is / are secured .
.12 Check the liferafts and report.
.12.1 All liferafts are in position and operational.
.12.2 No. ... liferaft(s) is / are not operational.
.12.3 The inflation cord of no. ... liferaft is not secured on board.
.12.3.1 Secure the inflation cord.
.12.4 No. ... liferaft container is damaged.
.12.4.1 Replace the liferaft container in the next port.
.12.5 The inspection tag of no. ... liferaft is expired
.12.5.1 Replace the liferaft in the next port.

B2/1.5 Ordering evacuation
.1 Evacuate all rooms / spaces / decks / ... and report.
.1.1 All rooms / spaces / decks / ... evacuated.
.2 Evacuate engine room and report.
.2.1 Engine room evacuated.
.3 Evacuate no. ... hold(s) / tank(s) and report.
.3.1 No. ... hold(s) / tank(s) evacuated.
.4 Evacuate superstructure and report.
.4.1 Superstructure evacuated.
.5 Evacuate accommodation and report.
.5.1 Accommodation evacuated.
.6 Do not enter ... deck / space / area.
.7 Report missing persons / injured persons / casualties.

.9.2 구명정 장비는 완비되어 있지 않다.
.9.2.1 구명정 장비를 완비하라.
.10 No. ...구명정(들)을 진수하라. / 감아올려라.
.10.1 진수 장치는 작동중이다.
.10.2 진수 장치는 작동이 되지 않는다.
.10.3 No. ...winch / davit은 작동이 되지 않는다.(아직)
.10.3.1 No. ...winch / davit은 ...분 안에 작동이 될 것이다.
.10.4 No. ...구명정(들)을 감아올려라.
.11 구명정(들)을 고박시키고 보고하라.
.11.1 구명정(들)은 고박되었다.
.12 구명뗏목을 점검하고 보고하라.
.12.1 모든 구명뗏목들은 제자리에 있고 작동가능하다.
.12.2 No. ...구명뗏목(들)은 작동이 안된다.
.12.3 No. ...구명뗏목의 inflation cord는 배위에 고정되어 있지 않다.
.12.3.1 Inflation cord를 고정시켜라.
.12.4 No. ...구명뗏목 container는 손상되었나.
.12.4.1 다음 항구에서 구명뗏목 container를 교체하라.
.12.5 No. ...구명뗏목의 검사 tag는 유효기간이 끝났다.
.12.5.1 다음 항구에서 구명뗏목을 교체하라.

B2/1.5 대피 명령
.1 모든 방들에서 / 공간에서 / 갑판에서 /...에서 대피하고 보고하라.
.1.1 모든 방들/공간들/갑판들/...에서 대피했다.
.2 기관실에서 대피하고 보고하라.
.2.1 기관실에서 대피했다.
.3 No. ...hold(들) / 탱크(들)에서 대피하고 보고하라.
.3.1 No. ...hold(들) / 탱크(들)에서 대피했다.
.4 선루에서 대피하고 보고하라.
.4.1 선루에서 대피했다.
.5 선실에서 대피하고 보고하라.
.5.1 선실에서 대피했다.
.6 ...갑판 / 공간 / 지역에 들어가지 마라.
.7 실종자 / 부상자 / 사상자들을 보고하라.

.7.1 No persons missing / injured.
.7.2 Number of missing persons / injured persons / casualties is:... .
.7.3 ... deck / space / area not accessible(yet).
.8 Provide first aid (in the vessel's hospital / at a safe place).
.8.1 Request medical assistance from ...(on radio).
.9 All persons are outside the danger area.

B2/1.6 Roll call

.1 Report number of all persons / passengers / crew members at assembly stations.
.1.1 Number of all persons / passengers / crew members at assembly station ...is ...
.1.2 Number of persons / passengers / crew members at assembly station ... is complete.
.1.3 Number of persons / passengers / crew members at assembly station ... is not complete(yet).
.1.4 ... passenger(s) / crew member(s)is / are missing.
.2 Search for missing passenger(s) / crew member(s) and report.
.2.1 Missing passenger(s) / crew member(s) recovered.
.2.2 Missing passenger(s) / crew member(s) not recovered(yet)-(search is continuing).
.3 Watchkeepers to assembly stations.
.4 Lifeboatmen! Check the equipment of the crew at assembly stations and report.
.4.1 Equipment of the crew at assembly station ... is complete.
.4.2 Equipment of the crew at assembly station ...is not complete(yet).
.4.3 Complete the equipment and report.
.4.3.1 Go for blanket / stretcher / ... and report.
.5 Lifeboatmen! Check the outfit of the passengers at assembly stations and report.
.5.1 Outfit of the passengers at assembly station ... is correct.
.5.2 Outfit of the passengers at assembly station ... is not correct(yet).
.5.2.1 Correct the outfit and report.

.7.1 실종자 / 부상자들은 없다.
.7.2 실종자 / 부상자 / 사망자의 숫자는...이다.
.7.3 ...deck / 공간 / 지역은 접근하지 못한다.(아직)
.8 응급치료를 행하라(배의 병원에서/안전한 곳에서)
.8.1 ...로부터 의료 도움을 요청해라.(무선으로)
.9 모든 사람들은 위험한 곳에서 밖으로 나갔다.

B2/1.6 인원 점검
.1 집합 위치에 있는 모든 사람들 / 승객들 / 승무원들의 숫자를 보고하라.
.1.1 집합 위치 ...에 있는 모든 사람들 / 승객들 / 승무원들의 숫자는 ...이다.
.1.2 집합 위치 ...에 있는 모든 사람들 / 승객들 / 승무원들의 숫자는 완전하다.
.1.3 집합 위치 ...에 있는 모든 사람들 / 승객들 / 승무원들의 숫자는 완전하지 않다.(아직)
.1.4 ...승객(들) / 승무원(들)이 실종되었다.
.2 실종된 승객(들) / 승무원(들)을 찾고 보고해라.
.2.1 실종된 승객(들) / 승무원(들)을 찾았다.
.2.2 실종된 승객(들) / 승무원(들)은 찾지 못했다.(아직)-(계속 찾고 있는 중)
.3 당직자들는 집합 위치로 모여라.
.4 정장! 집합 위치에 있는 승무원들의 장비를 점검하고 보고해라.
.4.1 집합 위치...에 있는 승무원들의 장비는 완벽하다.
.4.2 집합 위치...에 있는 승무원들의 장비는 완벽하지 않다.(아직)
.4.3 장비를 완벽하게 하고 보고하라.
.4.3.1 담요/ 들 것 / ...을 들고 오고 보고하라.
.5 정장! 집합 위치 승객들의 복장을 점검하고 보고하라.
.5.1 집합 위치...에 있는 승객들의 복장은 완벽하다.
.5.2 집합 위치 ...에 있는 승객들의 복장은 완벽하지 않다.(아직)
.5.2.1 복장을 수정하게 하고 보고하라.

.5.2.2 Put on warm clothing / long sleeved shirt / long trousers / strong shoes / head covering / ... and report.

.6 Passengers and crew ! Follow the lifeboatmen to the lifeboat stations / liferaft stations on the embarkation deck.

B2/1.7 Ordering abandon vessel

.1 Swing out no. ... lifeboat(s) and report.

.1.1 No. ... lifeboat(s) swung out.

.2 Lower no. ... lifeboat(s) alongside the embarkation deck and report.

.2.1 No. ... lifeboat(s) is / are alongside the embarkation deck.

.3 Enter the lifeboat(s)(no. ...) and report.

.3.1 Enter the lifeboat(s) / liferaft(s) over the ... deck.

.3.2 Enter the lifeboat(s) / liferaft(s) over the ladders / nets / manropes.

.3.3 Jump into the water and enter the lifeboat(s) / liferaft(s).

.3.4 Jump onto the liferaft(s) alongside the vessel.

.3.5 Do not push each other when entering.

.3.6 Assist injured / helpless persons.

.3.7 Clear the entrance of the lifeboat / liferaft.

.3.8 Sit down in the lifeboat / liferaft immediately.

.3.9 Hold on to the ropes or to your seat when launching.

.4 No. ... lifeboat(s) / liferaft(s) entered.

.5 Let go no. ... lifeboat(s) / liferaft(s) and report.

.5.1 No. ... lifeboat(s) / liveraft(s) is / are let go.

.6 Throw over board no. ... liferaft and report.

.6.1 No. ... liferaft thrown over board.

.7 Inform coast radio stations / vessels in vicinity about the number of lifeboats / liferafts launched and report.

.7.1 Inform coast radio stations / vessels in vicinity about the number of persons in each lifeboat / liferaft and report.

.7.2 Inform coast radio stations / vessels in vicinity about the number of crew members remaining on board.

.7.3 Coast radio station ... / vessels in vicinity informed.

.8 Stand clear of the vessel and report.

.5.2.2 따뜻한 옷 / 긴 소매 셔츠 / 긴 바지들 / 강한 양말 / 헬멧 / ...를 착용하고 보고하라.

.6 승객들과 승무원 여러분! 정장을 따라 승정 갑판에 있는 구명정 / 구명뗏목 승정 위치로 가십시오.

B2/1.7 퇴선 명령

.1 No. ...구명정(들)을 선외로 내리고 보고하라.

.1.1 No. ...구명정(들)은 선외로 내려졌다.

.2 No. ...구명정(들)을 승정갑판까지 강하시키고 보고하라.

.2.1 No. ...구명정(들)은 승정감판에 있다.

.3 (No. ...) 구명정(들)에 승정하고 보고해라.

.3.1 구명정(들)/ 구명뗏목(들)에 ...deck을 경유하여 들어가라.

.3.2 구명정(들) / 구명뗏목(들)에 사다리들 / 그물들 / manrope를 이용하여 들어가라.

.3.3 물에 뛰어들어 구명정(들) / 구명뗏목(들)에 들어가라.

.3.4 배 옆의 구명뗏목(들)위로 뛰어라.

.3.5 들어살 때 서로 밀시 마라.

.3.6 부상자 / 도움이 필요한 사람들을 도와줘라.

.3.7 구명정 / 구명뗏목의 입구를 확보해라.

.3.8 구명정 / 구명뗏목에서 즉시 앉아라.

.3.9 진수할 때 로프를 잡거나 혹은 벨트를 묶어라.

.4 No. ...구명정(들) /구명뗏목(들)에 승정했다.

.5 No. ...구명정(들) / 구명뗏목(들) 내리고 보고하라.

.5.1 No. ...구명정(들) / 구명뗏목(들) 강하되었다.

.6 No. ...구명뗏목은 배에서 던지고 보고하라.

.6.1 No. ...구명뗏목이 배에서 던져졌다.

.7 진수된 구명정들 / 구명뗏목들의 숫자를 연안국 / 주변의 선박들에게 알리고 보고해라.

.7.1 각 구명정 / 구명뗏목의 인원수를 연안국 / 주변의 선박들에게 알리고 보고해라.

.7.2 배에 남아있는 인원수를 연안국 / 주변의 선박들에게 알려라.

.7.3 ...연안국 / 주변의 선박들에게 알렸다.

.8 배에서 멀리 떨어지고 보고해라.

.8.1 No. ... lifeboat(s) / liferaft(s) standing clear.
.8.2 No. ... lifeboat(s) / liferaft(s) not standing clear.
.9 Rescue boat / no. ...motor lifeboat!
Assist no. ... lifeboat(s) / liferaft(s) and report.
.9.1 Rescue boat / no. ... motor lifeboat is assisting.
.9.2 No. ... lifeboat(s) / liferaft(s) standing clear of the vessel now.

B2/1.8 In - boat procedures
Also see: B4 " Passenger Care" 2.5 and 2.6.
.1 Stand by engine / pumps / lookout / entrance and report.
.1.1 Engine / pumps / lookout / entrance is / are standing by.
.2 Recover persons in water and report.
.2.1 Number of persons recovered is: ... .
.2.2 Keep lookout for further persons in water.
.2.3 Report the total number of persons in lifeboat(s) / liferaft(s).
.2.3.1 The total number of persons is now: ... .
.3 Report the number of injured persons.
.3.1 No persons injured.
.3.2 The number of injured persons is: ... .
.3.3 Provide first aid to injured persons .
.3.4 Secure injured / helpless persons.
.4 Let go sea anchor and report.
.4.1 Sea anchor is let go.
.5 Report the number of lifeboats / liferafts in sight.
.5.1 The number of lifeboats / liferafts in sight is: ... .
.6 Contact the lifeboat(s) / liferaft(s) on radio and report.
.6.1 Lifeboat(s) / liferaft(s) contacted.
.6.2 No contact possible.
.7 Give distress signals for identification.
.7.1 Fire rockets for identification.
.7.2 Use glasses / lamps / mirrors for identification.
.7.3 Give sound signals / ... signals for identification.
.8 Start the engine. and report.

.8.1 No. …구명정(들) / 구명뗏목(들)은 배에서 떨어졌다.
.8.2 No. …구명정(들) / 구명뗏목(들)은 배에서 떨어지지 못했다.
.9 구조정 / no. … 모터 구명정을 구조하라!
No. …구명정(들) / 구명뗏목(들)을 도와주고 보고하라.
.9.1 구조정 / no. …모토 구명정이 도와주고 있다.
.9.2 No. …구명정(들) / 구명뗏목(들)은 지금 배에서 떨어져 있다.

B2/1.8 보트 내부 절차
또한 B4 "승객보호" 2.5와 2.6을 참조하라.
.1 엔진 / 펌프들 / 경계 / 입구를 준비하고 보고하라.
.1.1 엔진 / 펌프들 / 경계 / 입구 준비가 되었다.
.2 물에 빠진 사람들을 구조하고 보고하라.
.2.1 구조한 사람들의 숫자는 …이다.
.2.2 물에 빠진 사람들을 더 찾아봐라.
.2.3 구명정(들) / 구명뗏목(들)안에 있는 모든 인원수를 보고하라.
.2.3.1 총인원수는 지금 …이다.
.3 부상자들의 숫자를 보고해라.
.3.1 부상자가 없다.
.3.2 부상자들의 숫자는…이다.
.3.3 부상자들에게 응급 치료 해줘라.
.3.4 부상자 / 도움이 필요한 사람들을 안전하게 하라.
.4 Sea anchor를 투하하고 보고하라.
.4.1 Sea anchor를 투하시켰다.
.5 보이는 구명정들 / 구명뗏목들의 숫자를 보고하라.
.5.1 보이는 구명정들 / 구명뗏목들의 숫자는 …이다.
.6 무선을 통해 구명정(들) / 구명뗏목(들)에 교신하고 보고하라.
.6.1 구명정(들) / 구명뗏목(들)과 교신했다.
.6.2 교신이 가능하지 않다.
.7 식별을 위해 조난 신호를 보내라.
.7.1 식별하기 위해 로켓을 발사해라.
.7.2 식별하기 위해 유리 / lamp / 거울을 사용해라.
.7.3 식별하기 위해 음파 /…신호를 보내라.
.8 엔진 시동 걸고 보고해라.

.9 Set sail.
.10 Use oars.
.11 Join the other lifeboat(s) / liferaft(s).
.11.1 Connect the lifeboats / liferafts with lines and report.
.11.2 ... lifeboats / liferafts connected.

B2/2 Occupational Safety

B2/2.1 Instruction
.1 Prepare a training plan for occupational safety.
.2 When was the last training session on occupational safety?
.2.1 The last training session was on ...(date)
.3 When is the next training session on occupational safety?
.3.1 The next training session is on ...(date).
.4 Are new crew members / passengers instructed on occupational safety?
.4.1 Yes, new crew members / passengers are instructed.
.4.2 No, new crew members / passengers are not instructed(yet).
.4.3 Instruct new crew members / passengers by ...(time) / on ...(date).
.5 Participation in training sessions on occupational safety is mandatory.

B2/2.2 Practical occupational safety
.1 Instruct crew on occupational safety before departure.
.2 Have special instruction on dangerous goods / heavy lifts/ cargo securing / illumination / ventilation / ... .
.3 Where are dangerous goods carried on board?
.3.1 Dangerous goods of IMO Class ... are carried
~ on deck(in roped-off areas).
~ in no. ... hold(s).
~ in ... / on... .
.4 Prepare an emergency plan.
.5 Brief all crew members / passengers on the symptoms caused by dangerous substances.
.6 What signals / communications are used in case of emergency ?

.9 돛을 준비하라.
.10 노를 이용해라.
.11 다른 구명정(들) / 구명뗏목(들)과 합류하라.
.11.1 구명정들 / 구명 뗏목들에 줄로 연결하고 보고해라.
.11.2 ...구명정들 / 구명 뗏목들에 연결했다.

B2/2 작업 중 안전

B2/2.1 교육
.1 작업 중 안전을 위해 훈련계획을 짜라.
.2 작업 중 안전에 관련하여 가장 최근의 훈련일은 언제냐?
.2.1 최근 훈련한 것은 ... 였다(날짜).
.3 작업 중 안전을 위한 다음 훈련은 언제할거냐?
.3.1 다음 훈련은 ... 할거다.(날짜)
.4 새로운 승무원들 / 승객들에게 작업 중 안전에 대해 교육시켰는가?
.4.1 그렇다, 새로운 승무원들 / 승객들에게 교육시켰다.
.4.2 아니다, 새로운 승무원들 / 승객들에게 교육을 시키지 않았다.(아직)
.4.3 새로운 승무원들 / 승객들에게 ...에(시간) / ...에(날짜) 교육해라.
.5 작업 중 안전과 관련된 훈련에 참가하는 것은 의무다.

B2/2.2 실제 작업상의 안전
.1 출항 전에 작업 중 안전에 대해 승무원들에게 교육시켜라.
.2 위험한 물품 / 무거운 것 들어 올리는 일 / 화물 고정 / 조명 / 환기시키는 것 / ...에 대해 특별 교육을 시켜라.
.3 배에서 위험한 물건은 어디에 싣고 있는가?
.3.1 IMO class 위험한 물건은 ... 에 싣는다.
~ 갑판 위에(밧줄로 둘러친 구역들).
~ no. ...hold(들)에.
~ ...안에 / ...위에.
.4 비상 계획을 준비해라.
.5 모든 승무원들 / 승객들에게 위험 물질들에 의해 야기되는 증상에 대해 알려라.
.6 비상 사태시 무슨 신호 / 통신들을 사용하는가?

.6.1 The following signals / communications are used in case of emergency: ... .

.7 Brief all crew members / passengers

- about restricted areas.
- how to report in / out(when entering / leaving bridge / engine room / ...).

.8 Do not enter the unmanned(engine) room /... space without permission.

.8.1 Report on telephone / radio / ... while in the(engine) room /... space every ... minutes.

.9 Brief all crew members / passengers on the storm.

.9.1 Attention!
Entering the forecastle / main deck / weather side / ... of the vessel is prohibited / dangerous(due to storm).

.9.2 Attention!
Make use of hand rails and lifelines in corridors and on deck.

.9.3 Attention!
Close all dead lights and storm doors.

.9.4 Attention!
Secure all loose objects in your cabins / on deck / in ... .

.10 Brief all crew members / passengers on winter conditions / tropical conditions.

.11 Check the completeness and availability of the occupational safety equipment and report.

.11.1 Occupational safety equipment is complete and available.

.11.2 Following occupational safety equipment is not complete / available: ...

.11.3 Occupational safety equipment will be complete and available in ... hour(s).

.12 Appoint an officer / a crew member in charge of safety before working.

.13 Take additional safety measures for the

~ work on masts.
~ work outboard.
~ work in hold(s) / tank(s).
~ work in extreme weather conditions / ... .

.6.1 비상사태의 경우 다음의 신호들 / 통신들을 사용한다 : ....
.7 모든 승무원들 / 승객들에게 알려라.
- 제한 구역에 대해.
- (출입할 때 / 브리지를 나갈 때 / 기관실 / ...) 어떻게 보고하고 들어오는지 / 나가는지.

.8 허가 없이 사람이 없는(기관)실 / ...구역에 들어가지 마라.
.8.1 (기관)실 / ...구역에 있는 동안 매 ... 분마다 전화 / 무전기로 알려라.
.9 모든 승무원들 / 승객들에게 폭풍이 오는걸 알려라.
.9.1 주의해라!
선수 / 매인 데크/weather side / 배의 ...에 들어가는 것은 금지된다 / 위험하다 (폭풍 때문에)
.9.2 주의해라!
복도와 갑판에서는 핸드레일과 생명줄을 잡아라.
.9.3 주의해라!
모든 현창 안뚜껑과 덧문을 닫아라.
.9.4 주의해라!
선실 / 갑판에 / ...에 있는 모든 풀어진 짐들을 고정시켜라.
.10 모든 승무원들 / 승객들에게 날씨상태 / 태풍의 상태를 알려라.
.11 작업 중 안전한 장비의 완전성과 유용성을 점검하고 보고해라.
.11.1 작업상 안전한 장비는 완전하고 이용 가능하다.
.11.2 다음의 작업상 안전한 장비는 완전하지 / 이용 가능하지 못하다.
.11.3 작업상 안전한 장비는 ...시간 안에 완전하고 이용 가능할 것이다.
.12 일하기 전에 안전을 책임질 사관 / 승무원을 임명해라.
.13 추가의 안전조치를 해라
~ 마스트에서 일하는 것.
~ 선외에서 일하는 것.
~ hold(들) / 탱크(들)안에서 일하는 것.
~ 극한의 날씨 상태에서 일하는 것.

B2/2.3 Occupational accidents

.1 Accident in engine room / in no. ... hold / in no. ... tank / in superstructure / in accommodation / in ... space / on deck / outboard / on pier / on ... / in ... .

.2 Report injured persons / casualties:

.2.1 No person injured.

.2.2 The number of injured persons / casualties is: ... .

.3 What happened?

.3.1 Explosion / fire in ... .

.3.2 Accident with cargo.

.3.3 Fall from .../ into ... .

.3.4 Electrical accident in ... .

.3.5 Leakage of gas / ... .

.3.6... .

.4 Take immediate action to recover injured person(s) / casualties.

.4.1 Provide first aid.

.4.2 Take immediate action to control the danger area.

.5 What kind of assistance is required?

.5.1 No assistance is required.

.5.2 Medical / technical assistance is required.

.5.3 Shoreside assistance is required.

.6 Secure the danger area and report.

.6.1 The danger area is secured.

.7 Prepare an accident report.

B2/3 Fire Protection and Fire Fighting

B2/3.1 Fire protection

.1 Checking status of equipment

.1 Have fire patrols(every ... hour(s) / ... time(s) every watch).

.1.1 Have fire patrols

~ in all spaces.

B2/2.3 작업 상 사고

.1 기관실 / no. …hold / no. …탱크 / 선루안 / 선실안 / …공간안 / 갑판위 / 배 밖 / 선창 위 / …위 / …안에서의 사고가 발생했다.

.2 부상자들 / 사상자들을 보고해라.

.2.1 부상자들 없다.

.2.2 부상자들 / 사상자들의 숫자는 …이다.

.3 무슨 일이 났는가?

.3.1 …안에 폭발 / 불이 났다.

.3.2 화물에 사고가 났다.

.3.3 …로부터 / …안에 떨어졌다.

.3.4 …안에 전기사고발생했다.

.3.5 가스 / …가 샌다.

.4 부상자(들) / 사상자들이 회복되게 즉시 행동을 취하라.

.4.1 응급조치를 취하라.

.4.2 위험한 지역을 제어할 수 있게 즉시 행동을 취하라.

.5 필요힌 도움이 무잇인가?

.5.1 도움은 필요 없다.

.5.2 의료 / 기술적인 도움이 요구된다.

.5.3 육상측 도움이 요구된다.

.6 위험한 지역을 안전하게 하고 보고하라.

.6.1 위험한 지역을 안전하게 했다.

.7 사고 보고서를 준비하라.

B2/3 화재 방비와 화재 진압

B2/3.1 화재 방비

.1 장비상태의 점검

.1 화재 순찰을 해라(매…시간마다 / 매…시간 당직마다).

.1.1 화재 순찰을 해라…

~ 모든 구역을.

~ in the engine room / cargo hold(s) / superstructures / accommodation/ ... .
~ on deck.

.1.2 Have a permanent fire watch.
.2 Is everything in order?
.2.1 Yes, everything is in order.
.2.2 No, following is not in order: ... .
.3 Check the fire / smoke alarm(s) and report.
.3.1 All fire / smoke alarms are operational.
.3.2 Fire / smoke alarm(s) in ... is / are not operational(yet).
.3.3 Fire / smoke alarm(s) in ... will be operational in ... minutes.
.4 Check the portable extinguishers and report.
.4.1 All portable extinguishers are in position and operational.
.4.2 The portable extinguishers in ...

~ are not in position(yet)..
~ will be in position in ... minutes..
~ are not accessible(yet).
~ will be accessible in ... minutes.
~ are missing.

.4.2.1 Replace the missing portable extinguisher(s).
.4.3 The inspection tag(s) of the portable extinguisher(s) in ... is / are broken / expired.
.4.3.1 place the portable extinguisher(s) with broken / expired inspection tag(s).
.5 Check the fire mains and report.
.5.1 All fire mains are operational.
.5.2 The hydrant(s) in ... is / are not operational(yet)..
.5.2.1 The hydrant(s) will be operational in ... minutes.
.5.3 The hose(s) to hydrant(s) in ... is / are worn / cut.
.5.3.1 Replace the worn / cut hose(s).
.5.4 The hose(s) / spanner(s) / nozzle(s) to hydrant(s) in ... is / are missing.
.5.4.1 Replace the missing hose(s) / spanner(s) / nozzles(s).
.5.5 The fire pump(s) in ... is / are not operational(yet).
.5.5.1 Fire pump(s) in ... will be operational in ... minutes.

~ 기관실 / 화물 창고(들) / 선루 / 선실 / ...안을.
~ 갑판 위.
.1.2 계속적으로 화재 당직을 서라.
.2 모든 것이 양호한가?
.2.1 그렇다, 모든 것이 양호하다.
.2.2 아니다, 다음은 규정대로가 아니다. : ...
.3 화재 / 연기 알람(들)을 점검하고 보고해라.
.3.1 모든 화재 / 연기 알람들은 작동중이다.
.3.2 ...에 있는 화재 / 연기 알람(들)은 작동중이지 않다.(아직)
.3.3 ...에 있는 화재 / 연기 알람(들)은 ...분 안에 작동될 것이다.
.4 휴대용 소화기를 점검하고 보고해라.
.4.1 모든 휴대용 소화기는 제 위치에 있고 작동중이다.
.4.2 ...에 있는 휴대용 소화기는
~ 제자리에 없다.(아직)
~ ...안에 제자리에 있을 것이다.
~ 접근이 불가능하다.(아직)
~ ...분 접근할 것이다.
~ 잃어버렸다.
.4.2.1 잃어버린 휴대용 소화기(들)를 제자리에 갖다 놓아라.
.4.3 ...안에 휴대용 소화기의 검사표(들)은 훼손되었다 / 만기가 되었다.
.4.3.1 훼손된/만기가 된 휴대용 소화기의 검사표(들)를 새로 갖다 놓아라.
.5 소방 시설을 점검하고 보고해라.
.5.1 모든 소방 시설은 작동 가능하다.
.5.2 ...에 있는 소화전(들)이 작동이 안된다.(아직)
.5.2.1 ...분 안에 소화전(들)이 작동될 것이다.
.5.3 ...에 있는 소화전(들)의 호스(들)가 낡았다 / 끊어졌다.
.5.3.1 낡은 / 끊어진 호스(들)를 교체하라.
.5.4 ...안에 있는 소화전(들)의 호스(들) / 스패너(들) / 노즐(들)이 없다.
.5.4.1 잃어버린 호스(들) / 스패너(들) / 노즐(들)을 새로 갖다 놓아라.
.5.5 ...에 있는 fire pump(들)들이 작동 되지 않는다.(아직)
.5.5.1 ...에 있는 fire pump(들)은 ...분 안에 작동될 것이다.

.5.6 The water pipe(s) in ... is / are leaking.
.5.6.1 Repair the leaking water pipe(s) in ... .
.5.7 The water pipe(s) in ... is / are blocked.
.5.7.1 Free the blocked water pipe(s) in ... .
.5.8 Pressure in the water pipe(s) in ... is too high / low.
.5.8.1 Reduce / increase pressure in the water pipe(s)in ... .
.6 Check the fixed foam / gas fire extinguishing system and report.
.6.1 The fixed foam / gas system is operational.
.6.2 The fixed foam/gas system is not operational(yet)
.6.2.1 The fixed foam / gas system will be operational in ... minutes.
.7 Check the sprinkler system and report.
.7.1 The sprinkler system is operational.
.7.2 The sprinkler system in ... is not operational(yet).
.7.2.1 The sprinkler system in ... will be operational in ... minutes.
.8 Check the ventilation system and report.
.8.1 The ventilation system is operational.
.8.2 The ventilation system is not operational(yet)
.8.2.1 The ventilation system will be operational in ... minutes.
.8.3 The remote control is not operational(yet).
.8.3.1 The remote control will be operational in ... minutes
.8.4 The indicators are not operational(yet).
.8.4.1 The indicators will be operational in ... minutes.
.8.5 The fire dampers in ... are not operational(yet).
.8.5.1 The fire dampers in ... will be operational in ... minutes.
.8.6 The fire dampers in ... are painted stuck.
.8.6.1 Clear the fire dampers.
.9 Check the skylights / windows / ... and report.
.9.1 The skylights / windows / ... in / to ... are open.
.9.1.1 Close the skylights / windows / ... in / to ... .
.10 Check the watertight door control and report.
.10.1 The watertight door control is operational.
.10.2 The watertight door control in ... is not operational(yet).
.10.3 The watertight door control in ... will be operational in ... minutes.

.5.6 ...안에 있는 water pipe(들)이 세고 있다.
.5.6.1 ...의 세고 있는 water pipe(들)을 수리해라.
.5.7 ...에 있는 water pipe(들)은 막혔다.
.5.7.1 ...에 막힌 water pipe(들)을 뚫어라.
.5.8 ...의 water pipe(들) 압력이 너무 높다 / 낮다.
.5.8.1 ...에 있는 water pipe(들) 압력을 감소 / 증가시켜라.
.6 고정식 폼 / 가스 소화 시스템을 점검하고 보고해라.
.6.1 고정식 폼 / 가스 시스템은 작동 가능하다.
.6.2 고정식 폼 / 가스 시스템은 작동이 안된다.(아직)
.6.2.1 고정식 폼 / 가스 시스템은 ...분 안에 작동 될 것이다.
.7 스프링클러 시스템을 점검하고 보고해라.
.7.1 스프링클러 시스템은 작동 가능하다.
.7.2 ...에 있는 스프링클러 시스템은 작동이 안된다.(아직)
.7.2.1 ...에 있는 스프링클러 시스템은 ...분 안에 작동될 것이다.
.8 환기 시스템을 점검하고 보고하라.
.8.1 환기 시스템은 작동 가능하다.
.8.2 환기 시스템은 작동이 안된다.(아직)
.8.2.1 환기 시스템은 ...분 안에 작동될 것이다.
.8.3 리모트 컨트롤은 작동이 안된다.(아직)
.8.3.1 리모트 컨트롤은 ...분 안에 작동될 것이다.
.8.4 인디케이터는 작동이 안된다.(아직)
.8.4.1 인디케이터는 ...분 안에 작동이 될 것이다.
.8.5 ...안에 있는 fire damper들은 작동이 안된다.(아직)
.8.5.1 ...안에 있는 fire damper들은 ...분 안에 작동이 될 것이다.
.8.6 ...안에 있는 fire damper들은 페인트로 고착되었다.
.8.6.1 Fire damper들을 작동하게 해라.
.9 스카이라이트들 / 창문들 / ...를 점검하고 보고해라.
.9.1 ...안 / ...에 있는 스카이라이트들 / 창문들 / ...는 열려 있다.
.9.1.1 ..안 / ..에 있는 스카이라이트들 / 창문들 / ...를 닫아라.
.10 수밀문을 점검하고 보고해라.
.10.1 수밀문은 작동 가능하다.
.10.2 ...에 있는 수밀문은 작동이 안된다.(아직)
.10.3 ...에 있는 수밀문은 ...안에 작동이 될 것이다.

.11 Check the electrical lighting and report
.11.1 The electrical lighting is operational.
.11.2 The electrical lighting in ...is not operational(yet).
.11.3 The electrical lighting in ... will be operational in ... minutes.
.11.4 Switch on / off the electrical lighting in ... .
.12 Check the emergency power supply and report.
.12.1 The emergency power supply is operational.
.12.2 The emergency power supply is not operational(yet).
.12.3 The emergency power supply will be operational in ... minutes.
.13 Check the firemen's outfits and report.
.13.1 All firemen's outfits are complete and available.
.13.2 The firemen's outfits are not complete.
.13.2.1 Complete the firemen's outfits.

B2/3.2 Fire fighting and drills
.1 Reporting fire
.1 Fire on board!
.1.1 Smoke / fumes / fire / explosion
~ in engine room.
~ in no. ... hold(s) / tank(s).
~ in superstructure / accommodation.
~ in ... space.
~ on deck / ... .
.1.2 Smoke / fumes from ventilator(s).
.1.3 Burnt smell / fumes in .../ from... .
.2 Report injured persons / casualties:
.2.1 No person injured.
.2.2 Number of injured persons / casualties is: ... .
.3 What is on fire?
.3.1 Fuel / cargo / car(s) / truck(s) / waggon(s) / containers(with dangerous goods) / ... on fire.

.11 전등을 점검하고 보고해라.
.11.1 전등은 작동 가능하다.
.11.2 ...에 있는 전등은 작동이 안된다(아직)
.11.3 ...에 있는 전등은 ...분 안에 작동이 될 것이다.
.11.4 ...에 있는 전등을 켜라 / 꺼라.
.12 비상 전원 공급 장치를 점검하고 보고해라.
.12.1 비상 전원 공급 장치는 작동 가능하다.
.12.2 비상 전원 공급 장치는 작동이 안된다.(아직)
.12.3 비상 전원 공급 장치는 ...안에 작동이 될 것이다.
.13 소방원 장비를 점검하고 보고해라.
.13.1 모든 소방원 장비는 완벽하고 쓸 수 있다.
.13.2 소방원 장비는 완벽하지 않다.
.13.2.1 소방원 장비를 완벽하게 해라.

B2/3.2 화재 진압과 훈련
.1 화재 보고
.1 배에 불이 났다!
.1.1 연기 / 연무 / 불 / 폭발이 났다.
~ 기관실에서.
~ no. ...hold(들) / 탱크(들)에서.
~ 선루 / 선실에서.
~ ...공간 안에서.
~ 갑판위 / ...에서.
.1.2 환풍기로부터 연기 / 연무가 난다.
.1.3 ...안에서 / ...로부터 탄 냄새 / 연무가 난다.
.2 부상자들 / 사상자들을 보고해라:
.2.1 부상자는 없다.
.2.2 부상자들 / 사상자들의 숫자는 ...이다.
.3 어떤 화재인가?
.3.1 연료 / 화물 / 자동차(들) / 트럭(들) / waggon(s) / 컨테이너들(위험한 물질이 있는) /... 의 불이 났다.

.3.6 No information(yet).
.4 Is smoke toxic?
.4.1 No, smoke not toxic.
.4.2 Yes, smoke toxic
.5 Is fire under control?
.5.1 Yes, fire(in ...) under control.
.5.2 No, fire(in ...) not under control(yet).
.5.2.1 Fire spreading(to ...).
.5.2.2 Fire(in ...) not accessible.
.6 Report damage.
.6.1 No damage.
.6.2 Minor / major damage in .../ to ... .
.6.3 No power supply(in ...).
.6.4 Making water in ... .
.7 Pressure on fire mains!
.8 Shut down main engine(s) / auxiliary engine(s) / ... and report.
.8.1 Main engine(s) / auxiliary engine(s) / ... shut down.
.9 Stop fuel and report.
.9.1 Fuel stopped.
.10 Close all openings(in ... / in all rooms) and report.
.10.1 All openings(in ... / in all rooms) closed.
.10.1.1 Openings in ... not accessible.
.11 Switch off ventilator(s)(in ...) and report.
.11.1 Ventilator(s)(in ...) switched off.
.12 Turn bow / stern to windward.
.13 Turn port side / starboard side to windward.
.14 Alter course to ... .

.2 Reporting readiness for action
.1 Stand by fire fighting team / rescue team / first aid team / support team and report.
.1.1 Fire fighting team / rescue team / first aid team / support team standing by.
.2 Stand by main engine and report.

.3.6 아무런 정보 없음(아직)
.4 연기에 유독성인가?
.4.1 아니다, 연기는 유독성이 아니다.
.4.2 그렇다, 유독성이 있다.
.5 불을 제어중인가?
.5.1 그렇다 불(...에 난)은 제어중이다.
.5.2 아니다, 불(...에 난)은 잡히지 않았다.(아직)
.5.2.1 불이 번지고 있다.(...로)
.5.2.2 불(...에 난)에 접근이 불가능하다.
.6 피해를 보고해라.
.6.1 피해가 없다.
.6.2 ...안에 / ...로 조금 / 많은 피해가 있다.
.6.3(...안에)전원 공급이 안된다.
.6.4 ...안에 물을 뿌리다.
.7 Fire main에 압력을 가해라.
.8 주기관(들) / 보조기관(들) / ...를 중지하고 보고하라.
.8.1 주기관(들) / 보조 기관(들) / ...는 멈췄다.
.9 연료 공급을 중지하고 보고하라.
.9.1 연료 공급이 차단되었다.
.10 모든 출입문들(...안에 / 모든 방들의)을 닫고 보고하라.
.10.1 모든 출입문들(...안에 / 모든 방들의)을 닫았다.
.10.1.1 ...안의 개구부 접근이 쉽지 않다.
.11 환풍기(들)(...안에)을 끄고 보고하라.
.11.1 환풍기(들)(...안에) 껐다.
.12 바람 부는쪽으로 선수 / 선미를 틀어라.
.13 바람 부는쪽으로 좌현으로 / 우현으로 틀어라.
.14 ...쪽으로 코스를 바꿔라.

.2 행동을 위한 준비보고
.1 화재진압반 / 구조반 / 응급치료반 / 지원반은 준비하고 보고하라.
.1.1 화재진압반 / 구조반 / 응급치료반 / 지원반은 준비되었다.
.2 주기관을 준비시키고 보고하라.

.2.1 Main engine standing by.
.3 Stand by CO_2 station / ... station/ emergency generator.
.3.1 CO_2 station / ... station / emergency generator standing by.
.4.1 All openings(in ... / in all rooms) closed.
.4.1.1 Openings in ... not accessible.

.3 Orders for fire fighting
.1 Start fire fighting.
.1.1 Take one / two / ... fire fighting teams / ... team(s) to scene.
.2 Go following route:
.2.1 Go through engine room / no. ... hold(s)/tank(s) / superstructure / accommodation / ... space / manhole(s) to ... space / funnel / ... .
.2.2 Go from
~ outside / inside to ... .
~ port side / starboard side to ... .
~ ... to ... .
.3 Take following(additional) safety measures and report.
.3.1 Have two / ... members in one team.
.3.1.1 Number of members in fire fighting team / ... team is: ... .
.3.2 Have lifeline between each other / to outside.
.3.2.1 ... team members have lifelines to each other.
.3.2.2 ... team has lifelines to outside.
.3.3 Have rescue team on stand by.
.3.4 Maintain visual contact / radio contact on walkie-talkie.
.4 Fire fighting team must have following outfit:
.4.1 Fire fighting team must have protective clothing / smoke helmets / breathing apparatus / ... .
.5 Manning of fire fighting team / ... team(s) as follows:
.5.1 Chief Officer / Chief Engineer / ... in command of fire fighting team / ... team(no. ...).
.5.2 Following officer(s) / crew member(s) in fire fighting team /... team: ...
.6 Restrict action(in .../ on ...) to ... minutes.

.2.1 주기관은 준비되었다.
.3 CO2 station / ...station / 비상발전기를 준비해라.
.3.1 CO2 staion / ...station / 비상발전기가 준비되었다.
.4 모든 출입문들(...안에 / 모든 방들을) 닫고 보고해라.
.4.1 모든 출입문들(...안에 / 모든 방들을)닫았다.
.4.1.1 ...안에 있는 개구부로의 접근이 쉽지가 않다.

.3 화재 진압 명령
.1 화재진압 시작
.1.1 일반 / 이반 / ... 화재진압반들 / ...팀(들)은 현장으로 가라.
.2 다음의 길을 따라가라.
.2.1 기관실 / no. ...hold(들) / 탱크(들) / 선루 / 선실 / ...공간 / ... 공간의 대피소(들) / 좁은 통로 / ...를 경유하여 가라.
.2.2 ~로부터 가라
~ 바깥으로 / ...안으로.
~ ...의 좌현 / 우현으로.
~ ...의 ...로.
.3 (부가적인)안전 조치들을 취하고 보고하라.
.3.1 한 팀의 멤버는 둘 / ... 이다.
.3.1.1 화재 진압반 / ...팀 멤버의 숫자는 ...이다.
.3.2 서로 / 밖으로 생명줄을 묶어라.
.3.2.1...팀 멤버들은 서로 생명줄을 묶었다.
.3.2.2 ...팀은 밖으로 생명줄들을 묶었다.
.3.3 구조반을 준비하라.
.3.4 시각적 통신 / 워키토키로 무선 연락을 유지해라.
.4 화재 진압반은 다음 장비를 가지고 있어야 한다.
.4.1 화재 진압반은 방화복 / 소방모 / 호흡장비 / ...을 가지고 있어야 한다.
.5 화재 진압반 / ...팀의 배치는 다음과 같다.
.5.1 화재진압반 / ...팀(no. ...) 지휘는 일항사 / 일기사 / ...이다.
.5.2 다음의 사관(들) / 선원(들)이 화재진압반 / ...팀에 멤버이다.
.6 ...분 으로(...안 / ...정각) 행동을 제한한다.

.6.1 Agree on retreat signal and report.
.6.1.1 Retreat signal for fire fighting team / ... team ... is ... .
.7 Use water / foam / powder / CO2 / sand / ... in ... .
.8 Run out fire hoses and report.
.8.1 Fire hoses run out.
.9 Water on!
.9.1 Water is on.
.10 Cool down ... with water and report.
.10.1 ... cooled down.

.4 Cancellation of alarm
.1 Is the fire extinguished?
.1.1 Yes, fire(in ...) extinguished.
.1.2 No, fire(in ...) not extinguished(yet).
.1.3 Fire restricted to ... space / area
.2 Post a fire watch and report.
.2.1 Fire watch posted(in ...space / area).
.3 Fire extinguishing systems / means remain on stand-by.
.4 Fire fighting team / ... team remain on stand-by.
.5 Rope-off the fire area and report.
.5.1 Fire area roped-off.
.6 Check the fire area every ... minutes / hour(s) for re-ignition and report.
.6.1 Fire area checked, no re-ignition.
.6.2 Fire area checked, re-ignition in ... space / area.
.6.2.1 Re-ignition extinguished.
.7 The fire alarm is cancelled(with following restrictions: ... .)

B2/4 Damage Control
Also see B2/1 "General Activities".

B2/4.1 Checking equipment status and drills
.1 Check the openings in all spaces / in ... and report
.1.1 All openings in ... are closed.

.6.1 후퇴 신호에 동의하고 보고하라.
.6.1.1 화재 진압반 / …팀을 위한 후퇴 신호는 …이다.
.7 물 / 폼 / 분말 / CO2 / 모래 / …안의 …를 사용해라.
.8 소방호스를 신출하고 보고해라.
.8.1 소방호스들을 신출했다.
.9 물 틀어라.
.9.1 물 틀었다.
.10 물로 …의 온도를 낮추고 보고하라.
.10.1 …는 온도가 내려갔다.

.4 경보의 취소
.1 불은 꺼졌는가?
.1.1 그렇다, (…안의) 불은 꺼졌다.
.1.2 아니다, (…안의) 불은 꺼지지 않았다.(아직)
.1.3 …공간 / 지역에 화재가 제한되어 있다.
.2 화재 감시를 세우고 보고하라.
.2.1 화재 감시를 세웠다.(…공간 / 지역 안에)
.3 소방 장치 시스템들 / 수단(방법)들이 대기중이다.
.4 화재 진압팀 / …팀은 대기중이다.
.5 화재 지역을 통제하고 보고하라.
.5.1 화재 지역을 통제했다.
.6 매…분 / 시간마다 화재 구역을 다시 불이 붙는가 점검하고 보고하라.
.6.1 불이 난 곳은 더 이상 재점화는 없다.
.6.2 …공간 / 지역의 불이 다시 점화되었다.
.6.2.1 다시 점화된 곳은 꺼졌다.
.7 화재 경보는 취소되었다.(다음의 제한된 …에 따라)

B2/4 손상 제어
또한 B2/1 "일반적인 행동들"도 참조하라.

B2/4.1 장비 상태의 점검과 훈련
.1 모든 구역들 /…안의 개구부를 점검하고 보고하라.
.1.1 …안의 개구부는 닫혀 있다.

.1.2 Openings in ... are not closed(yet).
.1.3 Openings in ... are not accessible.
.2 Check the watertight door control and report
.2.1 Watertight door control
~ is operational.
~ (in ...) is not operational(yet).
~ (in ...) will be operational in ... minutes.
.2.2 Watertight door(s)(in ...) is / are not accessible.
.3 Check the pumps / emergency generator and report
.3.1(Bilge) pump(s) in ... / emergency generator
~ is / are operational.
~ is / are not operational(yet).
~ will be operational in ... minutes.
.4 Check the power supply and report
.4.1 Power(in / at ...)
~ is available.
~ is not available(yet).
~ will be available in ... minutes.
.5 Check the damage control equipment and report.
.5.1 All damage control equipment is complete and available.
.5.2 Damage control equipment is not complete.
.5.2.1 Complete the damage control equipment.

B2/4.2 Damage control activities
.1 Reporting flooding
.1 We have collided(with ...) .
.2 We have flooding in ... .
.3 Is flooding under control ?
.3.1 Yes, flooding under control.
.3.2 No, flooding(in ...) not under control(yet).
.4 Is danger imminent ?
.4.1 No, danger not imminent.

.1.2 …안의 개구부들은 열려져 있다.(아직)
.1.3 …안의 개구부들은 접근할 수 없다.
.2 수밀문 조정을 체크하고 보고하라.
.2.1 수밀문 조종은
~ 작동 가능하다.
~ (…안의) 작동이 안된다.(아직)
~ (…안의) …분 안에 작동이 될 것이다.
.2.2(…안의) 수밀문(들)은 접근할 수 없다.
.3 펌프들 / 비상 발전기를 점검하고 보고하라.
.3.1 …안의(빌지)펌프(들) / 비상 발전기는
~ 작동 가능하다.
~ 작동이 되지 않는다(아직).
~ …분 안에 작동이 될 것이다.
.4 전원 공급을 점검하고 보고해라.
.4.1 전원은(…안 / …에)
~ 이용 가능하다.
~ 이용하지 못한다.(아직)
~ …분 안에 이용이 가능할 것이다.
.5 손상제어 장비를 점검하고 보고하라.
.5.1 모든 손상제어 장비는 완벽하고 이용 가능하다.
.5.2 손상제어 장비는 완벽하지 않다.
.5.2.1 손상제어 장비를 완벽하게 하라.

B2/4.2 손상 제어 행동
.1 침수 보고
.1 본선은 충돌했다.(…와)
.2 본선은 …에 침수되었다.
.3 침수는 제어할 수 있는가?
.3.1 그렇다, 침수를 제어할 수 있다.
.3.2 아니다, 침수(…안의)는 제어할 수 없다.(아직)
.4 급박한 위험인가?
.4.1 아니다, 급박한 위험은 아니다.

.4.2 Yes, danger of(total) blackout(in ...).
.4.3 Yes, danger of heavy listing / capsizing / sinking / ... .

.2 Reporting readiness for action
.1 Muster damage control team and report.
.1.1 Damage control team complete and mustered.
.2 Is damage control material available?
.2.1 Yes, damage control material available.
.2.2 No, damage control material not available(yet).
.2.3 Damage control material will be available in ... minutes.
.3 Stand by engine room / ... station and report.
.3.1 Engine room / ... station standing by.
.3.2 Engine room / ... station flooded.
.3.3 Engine room / ... station will be standing by in ... minutes.

.3 Orders for damage control
.1 Close all openings / outlets / valves(in ...) and report.
.1.1 All openings / outlets / valves(in ...) closed.
.1.2 Openings / outlets / valves in ... not accessible / not operational.
.2 Switch on / off power(at / on / in) and report.
.2.1 Power(at / on / in ...) switched on / off.
.2.2 Power supply(at / on / in ...) not operational.
.3 Close watertight door(s)(in ...)(by hand) and report.
.3.1 Watertight door(s)(in ...) closed.
.3.2 Watertight door(s)(in ...) not accessible / not operational.
.4 Switch on(bilge) pump(s)(in ...)and report.
.4.1(Bilge) pump(s)(in ...) switched on.
.4.2(Bilge) pump(s)(in ...) not operational.
.5 Switch over(bilge) pump(s) from ... to ... .
.5.1(Bilge) pump(s) switched over.
.5.2 Switching over(bilge) pump(s) not possible.
.6 Start damage control.

.4.2 그렇다,(...안의) 정전의 위험이 있다.
.4.3 그렇다, 심한 경사 / 전복 / 침몰 / ..의 위험이 있다.

.2 행동 준비의 보고
.1 손상제어반을 소집하고 보고하라.
.1.1 손상제어반은 완벽하고 소집되었다.
.2 손상제어 도구는 이용가능한가?
.2.1 그렇다, 손상제어 도구는 이용 가능하다.
.2.2 아니다, 손상제어 도구는 애용할 수 없다.(아직)
.2.3 손상제어 도구는 ...분 안에 이용 가능할 것이다.
.3 기관실 /...스테이션은 준비하고 보고하라.
.3.1 기관실 / ...station은 준비되었다.
.3.2 기관실 / ...station은 침수되었다.
.3.3 기관실 / ...station은 ...분 안에 준비될 것이다.

.3 손상제어 대한 명령
.1 모든(...안의)통로들 / 배출구들 / 밸브들을 닫고 보고하라.
.1.1 모든 통로들 / 배출구들 / 밸브들(...안의)은 닫았다.
.1.2 ...안의 통로들 / 배출구들 / 밸브들은 접근할 수 없다 / 작동이 되지 않는다.
.2 (...에 / ...위에 / ...안에) 전원을 켜고 / 끄고 보고하라.
.2.1 (...에 / ...위에 / ...안에) 전원은 켜졌다 / 꺼졌다.
.2.2 (...에 / ...위에 / ...안에) 전원 공급은 작동이 되지 않는다.
.3 (...안의) 수밀문(들)을(수동으로) 닫고 보고해라.
.3.1 (...안의) 수밀문(들)이 닫혔다.
.3.2 (...안의)수밀문(들)은 접근할 수 없다 / 작동이 되지 않는다.
.4 (...안의)(빌지)펌프(들)을 작동시키고 보고하라.
.4.1 (...안의)(빌지)펌프(들)은 작동이 되었다.
.4.2 (...안의)(빌지)펌프(들)은 작동이 되지 않는다.
.5 (빌지)펌프(들)을 ...에서 ...로 바꿔라.
.5.1 (빌지)펌프(들)을 바꿨다.
.5.2 (빌지)펌프(들)을 바꾸는 것이 가능하지 않다.
.6 손상제어를 시작하라.

.6.1 Take one / two / ... damage control team(s) to scene.
.7 Go following route: ... .
.7.1 Go through engine room / no. ... hold(s)/tank(s) / superstructure / manhole / ... space / ... deck / ... .
.8 Go from
~ outside / inside to ... .
~ port side / starboard side to ... .
~ ... to ... .
.9 Take following(additional) safety measures and report.
.9.1 Have two / ... members in one damage control team.
.9.2 Have lifeline to each other / to outside.
.9.3 Have rescue team on stand by and report.
.9.3.1 Rescue team standing by.
.9.4 Maintain visual contact / radio contact on walkie-talkie.
.10 Damage control team must have following outfit(s).
.10.1 Damage control team must have
~ protective clothing
~ safety helmets.
~ lifejackets.
~ diving equipment / ... .
.11 Manning of damage control team as follows: ... .
.11.1 Chief Officer / Chief Engineer / ... in command of damage control team(no. ...) ...
.11.2 Following officer(s) / crew member(s) in damage control team(no. ...):.. .
.12 Restrict action(in ...) to ... minutes.
.12.1 Agree on retreat signal and report.
.12.1.1 Retreat signal ... .
.13 Stop flooding from inside / outside(... space / area) and report.
.13.1 Flooding stopped
.13.2 Stopping flooding from inside / outside not possible.

.4 Cancellation of alarm
.1 Has flooding stopped ?

.6.1 1 / 2 / ...손상제어반은 현장으로 가라.
.7 ...다음의 길을 따라 가라.
.7.1 기관실 / no. ...hold(들) / 탱크(들) / 선루 / manhole / ...스페이스 / ...갑판 / ... 를 경유하여 가라.
.8 ~로부터 가라

~ 바깥으로 / ...안으로.
~ 좌현 / 우현쪽 ...으로.
~ ...의 ...으로.

.9 (부차적인) 다음의 안전 조치들을 취하고 보고하라.
.9.1 한 손상제어반은 2 / ... 구성이다.
.9.2 서로 / 바깥으로 생명줄을 묶어라.
.9.3 구조반은 대기하고 보고하라.
.9.3.1 구조반은 대기중이다.
.9.4 시각 통신 / 워키토키로 무선 연락을 유지하라.
.10 손상제어반은 다음의 장비(들)를 갖추어야 한다.
.10.1 손상제어반은 갖추어야 한다.

~ 방화복.
~ 안전모.
~ 구명자켓.
~ 잠수 장비/... .

.11 손상제어반 구성은 다음과 같다. : ...
.11.1 손상제어반의(no. ...)지휘는 일항사 / 기관장 ...이다.
.11.2 다음의 사관(들) / 선원(들)이 손상제어반(no. ...) 멤버이다.
.12 ...분 안에(...에)조치를 제한한다.
.12.1 후퇴 신호에 동의하고 보고하라.
.12.1.1 후퇴 신호는 ...
.13 안으로 / 밖으로부터(...스페이스 / 지역에) 침수를 막고 보고하라.
.13.1 침수는 멈췄다.
.13.2 안으로 / 밖으로부터 침수를 멈추게 할 수 없다.

.4 경보의 해제
.1 침수가 멈췄는가?

.1.1 Yes, flooding(in ...) has stopped.
.1.2 No, flooding(in ...) has not(completely) stopped(yet).
.2 Is flooding under control ?
.2.1 Yes, flooding(in ...) under control.
.2.2 Flooding(in ...) below / above capacity of(bilge) pump(s).
.2.3 Flooding restricted to ... space / area.
.3 Post damage control watch and report.
.3.1 Damage control watch posted(in ...).
.4 How much water is in the vessel ?
.4.1 Quantity of water(in ...) about ... tonnes.
.4.2 Quantity of water(in ...) not dangerous.
.5 (Bilge) pump(s) remain on stand by.
.6 Engine room remains on stand by.
.7 Additional emergency generator remains on stand by.
.8 Damage control team remains on stand by.
.9 Rope - off flooded area.
.10 Check leak every ... minutes / hour(s) and report.
.10.1 Leak checked - no flooding.
.10.2 Leak checked - minor / major flooding(in ...).
.10.2.1 Flooding has stopped.
.11 The alarm is cancelled(with following restrictions: ...).

B2/5 Grounding
Also see B2/1 "General Activities"

B2/5.1 Reporting grounding and ordering actions
.1 We are aground.
.2 Stop engine(s).
.3 Close watertight doors and report.
.3.1 Watertight doors closed.
.4 Is vessel(still) making way ?
.4.1 Yes, vessel making way ahead / astern.
.4.2 No, vessel not making way.

.1.1 그렇다,(...안의)침수는 멈췄다.
.1.2 아니다,(...안의)침수는(완벽하게)멈추지 않았다(아직).
.2 침수는 통제할 수 있나?
.2.1 그렇다,(...안의)침수는 통제 가능하다.
.2.2(...안의)침수는(빌지)펌프(들)의 용량 이하 / 이상이다.
.2.3 침수는 ...구역 / 구역으로 제한되었다.
.3 손상제어 당직을 세우고 보고하라.
.3.1(...안에)손상제어 당직을 세웠다.
.4 배에 물이 얼마나 있는가?
.4.1(...안에) 물이 약 ...톤 있다.
.4.2(...안에) 물의 양은 위험하지 않다.
.5(빌지) 펌프(들)는 준비된 상태로 유지한다.
.6 기관실은 준비된 상태로 유지한다.
.7 추가의 비상 발전기도 준비된 상태로 유지한다.
.8 손상제어반은 준비된 상태로 유지한다.
.9 침수 구역을 통제해라.
.10 매...분 / 시간마다 누수 되는 곳을 체크하고 보고하라.
.10.1 누수 되는 곳을 체크했다.-침수는 없다.
.10.2 누수 되는 곳을 체크했다.-(...에)조금/많이 침수되고 있다.
.10.2.1 침수는 멈췄다.
.11 경보는 해제되었다.(다음의 제한으로 : ...)

B2/5 좌초
또한 B2/1 "일반작인 활동"을 참조하라

B2/5.1 좌초의 보고와 행동 명령
.1 본선은 좌초되었다.
.2 엔진(들)을 멈춰라.
.3 수밀문들을 닫고 보고하라.
.3.1 수밀문은 닫혔다.
.4 배는(여전히) 타력이 있는가?
.4.1 그렇다, 배는 전진 / 후진 타력이 있다.
.4.2 아니다, 배는 타력이 없다.

.5 Give "vessel aground" signals.
.6 Inform engine room.
.7 What part is aground ?
.7.1 Vessel aground forward / amidships / aft / full length.
.8 Stand by forward station and aft station and report.
.8.1 Forward station / aft station standing by.
.9 Stand by port anchor / starboard anchor.
.10 What is position ?
.10.1 Position ... .

B2/5.2 Reporting damage
.1 Report damage.
.1.1 No damage.
.1.2 Crack(s) in plating / no. ... double bottom / no. ... hold(s) / tank(s) / main/auxiliary engine(s) foundation / ... .
.1.3 Deformation(s) / indentation(s) to plating / to ... .
.1.4 Deformation(s) / indentation(s) to ... .
.2 Check flooding and report.
.2.1 No flooding.
.2.2 Flooding in ... .
.3 Is danger imminent ?
.3.1 No, danger not imminent.
.3.2 Yes, danger of
~ heavy listing(to port / starboard)
~ decreasing stability.
~ damage by sea.
~ breaking apart.
~ environmental pollution.
~ ... .
.4 What is nature of sea bottom ?
.4.1 Sea bottom rocky.
.4.2 Sea bottom soft.
.5 What is state of tide ?

.5 좌초 신호를 보내라.
.6 기관실에 알려라
.7 좌초된 부분이 어디인가?
.7.1 배가 선수 / 중간 / 선미 / 전체가 좌초되었다.
.8 선수 부서와 선미 부서는 준비하고 보고하라.
.8.1 선수 부서 / 선미 부서는 준비되었다.
.9 좌현 앵카 / 우현 앵카를 준비해라.
.10 위치가 어디인가?
.10.1 위치는 ...

B2/5.2 손상 보고
.1 손상을 보고해라.
.1.1 손상이 없다.
.1.2 Plating에 금 /no. ...doublebottom / no. ...hold(들) / 탱크(들) / 주/보조 기관(들)foudation/...
.1.3 Plating에 / ...에 변형(들) / 움푹 들어감.
.1.4 ...에 변형(들) / 움푹 들어감.
.2 침수를 체크하고 보고해라.
.2.1 침수는 없다.
.2.2 ...에 침수중이다.
.3 급박한 위험인가?
.3.1 아니다, 위험이 급박하지 않다.
.3.2 그렇다, 위험이 있다.
~ 심한 경사(좌현으로 / 우현으로)
~ 복원성 감소.
~ 해수에 의한 피해.
~ 산산조각 부서짐.
~ 환경오염.
~ ... .
.4 저질은 무엇인가?
.4.1 저질은 바위로 되어 있다.
.4.2 저질은 부드럽다.
.5 조류의 상태는 어떤가?

.5.1 No tide.

.5.2 Tide ... metres / rising / falling / turning at ... UTC / within ... hours.

.6 What is wind force and direction ?

.6.1 Wind force Beaufort... from ...(cardinals points) .

.6.1.1 Wind expected to decrease / increase(within the next ... hours).

.6.1.2 Wind expected to back / veer(within the next ... hours).

.6.1 No change expected(within the next ... hours).

.7 What is sea state ?

.7.1 Sea smooth/moderate/rough/high / swell slight/moderate/heavy... metres from ...(cardinal points) .

.7.2 Sea smooth/moderate/rough/high / swell slight/moderate/heavy ... expected to decrease / increase(within the next ... hours).

.7.3 No change expected(within the next ... hours).

.8 What is draft ?

.8.1 Draft ... metres(port side / starboard side) forward / aft / amidships.

.9 What is depth of water ?

.9.1 Greatest depth ... metres(port side / starboard side) forward / aft / amidships.

B2/5.3 Orders for refloating

.1 Are(bilge) pumps operational ?

.1.1 Yes,(bilge) pumps operational.

.1.2 No,(bilge) pumps not operational(yet).

.1.3 (Bilge) pumps will be operational in ... minutes.

.2 Is damage control material available ?

.2.1 Yes, damage control material available.

.2.2 No, damage control material not available(yet).

.2.3 Damage control material will be available in ... minutes.

.3 Stand by engine room and report.

.3.1 Engine room standing by.

.4 Stand by all anchors for letting go.

.5 Report distribution of cargo.

.5.1 No. ... hold(s) / tank(s) ... tonnes(of ... cargo).

.5.1 조석이 없다.
.5.2 조석이 ...metress / 올라간다 / 낮아진다 / ...시에 바뀐다 / ...시간동안
.6 바람의 영향과 방향은?
.6.1 바람의 세기는 ...에서(기본 방위) Beaufort ...이다.
.6.1.1 바람은 감소 / 증가(다음 ...시간 동안) 할 것으로 예상된다.
.6.1.2 바람은 역전 / 순전할 것으로 예상된다(다음 ...시간동안).
.6.1 바람은 변할 것으로 예상하지 않는다(다음...시간동안).
.7 바다의 상태는 어떠한가?
.7.1 바다는 평온한 / 온화한 / 거친 / 높은 / 강한 파도 / moderate / ...로부터 강한...미터의 파도(우점/방점)
.7.2 평온 / 온화한 / 거친 / 높은 / 강한 파도 / moderate / 강한...바다는 감소 / 증가할 것으로 예상된다(다음 ...시간에).
.7.3 변할 것으로 예상하지 않았다(다음...시간에).
.8 흘수는 얼마인가?
.8.1 흘수는 선수 / 선미 / 중앙(좌현 / 우현) ...metres이다.
.9 수심은 얼마인가?
.9.1 가장 깊은 곳이 선수 / 선미 / 중앙(좌현 / 우현)는 ...metres이다.

B2/5.3 재부상을 위한 지시
.1 (빌지)펌프들이 작동이 되는가?
.1.1 그렇다,(빌지)펌프들이 작동이 되고 있다.
.1.2 아니다,(빌지)펌프들은 작동이 안된다(아직).
.1.3 (빌지)펌프들은 ...분 안에 작동이 될 것이다.
.2 손상제어 도구는 이용가능한가?
.2.1 그렇다, 손상제어 도구는 이용 가능하다.
.2.2 아니다, 손상제어 도구는 이용 가능하지 않다(아직).
.2.3 손상제어 도구는 ...분 안에 이용이 가능할 것이다.
.3 기관실은 준비하고 보고하라.
.3.1 기관실은 준비가 되었다.
.4 모든 앵카들을 투묘 준비해라.
.5 화물의 분포를 보고하라.
.5.1 No. ...hold(들) / 탱크(들)에(...화물이)...톤이 있다.

.5.2 Deck cargo foreward / aft / amidships ... tonnes(of ...).
.5.3 Forepeak / afterpeak ... tonnes.
.5.4 No. ... double bottom tank(s) ... tonnes(of ballast / ...).
.6 Transfer cargo from no. ... hold(s) / tank(s) to no. ...hold(s) / tank(s) and report.
.6.1 Cargo from no. ... hold(s) / tank(s) transferred to no. ... hold(s) / tank(s).
.7 Transfer deck cargo from ... to ... and report.
.7.1 Deck cargo from ... transferred to ... .
.8 Pump out forepeak / afterpeak and report.
.8.1 Forepeak / afterpeak pumped out.
.9 Transfer ballast / ... from no. ... double bottom tank(s) to no. ... double bottom tank(s) and report.
.9.1 Ballast / ... from no. ... double bottom tanks transferred to no. ... double bottom tank(s).
.10 Fill forepeak / afterpeak.
.11 Jettison cargo from ... and report.
.11.1 Cargo from ... jettisoned .
.12 Engine(s) full / ... astern / ahead.
.13 Has vessel refloated?
.13.1 Yes, vessel refloated.
.13.2 No, vessel not refloated(yet).

B2/5.4 Checking seaworthiness
.1 Request a(diving) survey.
.2 Report the result of the(diving) survey.
.2.1 No damage.
.2.2 Following damage to the plating:
.2.2.1 Crack(s) in area of ... .
.2.2.2 Deformation(s) / indentation(s) in area of ... .
.2.3 Following damage to the engine(s) / pipe(s):
.2.3.1 Crack(s) in the main engine(s) / auxiliary engine(s) foundation.
.2.3.2 Deformations / fracture(s) to the pipe(s) in / out ... .
.2.3.3 Fractures / bending of the bolt(s) of ...

.5.2 선수 / 선미 / 중앙에 갑판화물(…의)…톤이 있다.
.5.3 Forepeak / afterpeak에 …톤이 있다.
.5.4 No. …double bottom tank(들)에 …톤이 있다.(밸러스트가 / …이)
.6 No. …hold(들)/탱크(들)에서 no. …hold(들)/탱크(들)로 화물을 이송하고 보고하라.
.6.1 화물을 no. …hold(들) / 탱크(들)에서 no. …hold(들) / 탱크(들)로 이송했다.
.7 갑판 화물을 …로부터 …로 옮기고 보고해라.
.7.1 갑판 화물을 …에서 …로 옮겼다.
.8 Forepeak / afterpeak에서 배출하고 보고하라.
.8.1 Forepeak / afterpeak에서 배출했다.
.9 밸러스트 / …를 no. …double bottom tank(들)에서 no. …double bottom tank(들)로 이송하라.
.9.1 밸러스트 / …를 no. …double bottom tank(들)에서 no. …double bottom tank(들)로 이송했다.
.10 Forepeak / afterpeak.를 채워라.
.11 …로부터 화물을 버리고 보고해라.
.11.1 …로부터 화물을 버렸다.
.12 엔진(들)을 full / … astern / ahead해라.
.13 배를 다시 부상했는가?
.13.1 그렇다, 배가 다시 부상되었다.
.13.2 아니다, 배가 다시 부상되지 않았다.(아직)

B2/5.4 감항성 점검
.1 (잠수) 검사를 요청하라.
.2 (잠수) 검사의 결과를 보고해라.
.2.1 손상이 없다.
.2.2 Plating쪽으로 다음과 같은 손상이 있다.
.2.2.1 …의 구역에 금(들)이 갔다.
.2.2.2 …구역에 변형(들) / 움푹 들어간 곳이 있다.
.2.3 다음의 손상은 엔진(들) / 파이프(들)에 있다.
.2.3.1 주기관(들) / 보조기관(들)의 foundation에 금(들)이 있다.
.2.3.2 …안 / …밖의 파이프(들)에 변형들 / 파열이 있다.
.2.3.3 …의 볼트(들)의 파손이 있다. / 구부러졌다.

.2.4 Following damage to the underwater hull:
(also see: .1.2.2)
.2.4.1 Deformation(s) / indentation(s) to the sea water inlet(s) / outlet(s).
.2.4.2 Deformation(s) / indentation(s) to the stem / bulb.
.2.4.3 Deformation(s) to the propeller(s).
.2.4.4(Port / starboard) propeller(s) missing.
.2.4.5 Deformation to the rudder / to ... .
.2.5 Dry - docking is recommended / necessary.
.3 Is the vessel seaworthy ?
.3.1 Yes, the vessel is seaworthy.
.3.2 No, the vessel is not seaworthy(yet).
.3.2.1 The vessel must be repaired and re-inspected.
.3.3 Request ... tug(s).

B2/6 Search and Rescue On-board Activities
For details also see IAMSAR-Manual, London/Montreal, 1998.

B2/6.1 Checking equipment status
.1 Check the lifebuoys and report.
.1.1 All lifebuoys are complete.
.1.2 Lifebuoy(s) at ... is / are damaged / missing.
.1.2.1 Replace the damaged / missing lifebuoy(s).
.2 When was the last man overboard drill ?
.2.1 Last man overboard drill was on ...(date).
.3 Prepare a plan for man overboard drill.
.3.1 Prepare a plan for
~ an announced / not announced drill.
~ a daytime / nighttime drill.
~ a muster(at all stations).
~ a recovering manoeuvre(with dummy / buoy).
.4 Have a drill / manoeuvre / muster on ...(date)

.2.4 다음은 수선 하부의 손상을 다음과 같다.

(또한 1.2.2을 참조하라)

.2.4.1 해수 유입구 / 출구가 변형 / 움푹 들어갔다.

.2.4.2 선수재 / 구형 선수에 변형 / 움푹 들어갔다.

.2.4.3 프로펠러(들)가 변형되었다.

.2.4.4 (좌현 / 우현) 프로펠러(들)가 없다.

.2.4.5 타가 / ...이 변형되었다.

.2.5 Dry-docking를 추천한다. / 필요하다.

.3 배는 감항성이 있는가?

.3.1 그렇다, 배가 감항성이 있다.

.3.2 아니다, 배가 감항성이 없다.(아직)

.3.2.1 그 배는 수리되어야 하고 다시 검사를 해야 한다.

.3.3 ...예인선(들)을 요청하라.

B2/6 선상에서의 수색과 구조 활동

또한 좀더 상세한 것은 IAMSAR-Manual, London/Montreal, 1998을 참조하라.

B2/6.1 장비의 상태를 확인

.1 구명부표를 점검하고 보고하라.

.1.1 모든 구명부표들은 완벽하다.

.1.2 ...에 구명부표는/손상되었다/분실되었다.

.1.2.1 손상된 / 분실한 구명부표를 교체하라.

.2 익수자 훈련을 마지막으로 한 것이 언제인가?

.2.1 마지막 익수자 훈련은 ...이다(요일).

.3 익수자 훈련 계획을 준비하라.

.3.1 ~을 위한 계획을 준비하다.

~ 공지된 / 공지하지 못한 훈련.

~ 낮 / 밤 훈련.

~ 소집(모든 구역에서).

~ 원침로 조종(모형 / 부대와).

.4 ....에 훈련 / 조선 / 소집을 하다.

B2/6.2 Person-overboard activities

.1 Man overboard(on port side / starboard side / astern)!

.2 Drop lifebuoy(s).

.2.1 Sound "man overboard" alarm.

.3 Hoist flag signal "Oscar".

.4 Hard-a-port / hard-a-starboard the wheel.

.5 Is person in water / lifebuoy located ?

.5.1 Yes, person in water / lifebuoy located.

.5.2 Report direction and distance of person in water / lifebuoy.

.5.2.1 Direction at ... points port side / starboard side / ... degrees, distance ... metres.

.5.2.2 Maintain visual contact to person in water / lifebuoy.

.5.3 No, person in water / lifebuoy not located(yet).

.5.3.1 Look out for person in water / lifebuoy and report.

.5.4 Passenger / crew member missing(for ... hours / since ... UTC) - search in vessel negative.

.5.4.1 Stop engine(s).

.5.4.2 Transmit alarm signal - PAN-PAN / distress alert - MAYDAY to radio coast station / Maritime Rescue Co-ordination Centre / vessels in vicinity and report.

.5.4.3 Alarm signal - PAN-PAN / distress alert - MAYDAY transmitted / acknowledged by ... / not acknowledged(yet).

.6 Return manoeuvre ! Port / starboard, steer... degrees.

.7 Report position.

.7.1 Position ... .

.8 Report traffic situation.

.8.1 No vessel in vicinity.

.8.2 Following vessel(s) in vicinity ... .

.9 Report weather situation.

.9.1 Sea smooth/moderate/rough/high - swell slight/moderate/heavy from ... (cardinal points).

.9.2 Winds force Beaufort... from ...(cardinal points).

.9.3 Visibility good/moderate/poor.

B2/6.2 익수자 조치

.1 익수자 발생(좌현 쪽 / 우현 쪽 / 선수 쪽에)!
.2 구명부환(들)을 던져라.
.2.1 "익수자"라는 경보를 울려라.
.3 "OSCAR" 깃발 신호를 올려라.
.4 왼쪽/ 오른쪽으로 최대 선회하여라.
.5 수중에 / 구명부환을 확인했는가?
.5.1 예, 사람이 수중에 / 구명부환에 있습니다.
.5.2 수중 / 구명부환에 있는 사람의 거리와 방향을 보고하라.
.5.2.1 좌현측 / 우현측...지점에...정도의 방향에 , .. 미터 거리에 있다.
.5.2.2 수중에 / 구명부환에 있는 사람의 시각적 연락을 유지하라.
.5.3 아니오. 수중에 / 구명부환에 사람이 있지 않습니다.(아직)
.5.3.1 수중 / 구명부환에 사람이 있는지 관찰하고 보고하라.
.5.4 승객 / 승무원이(...시간 동안/...UTC 이후로) 선박에서 실종이다.
- 선박에서의 수색은 부정적이다.
.5.4.1 엔진을(들을) 멈춰라.
.5.4.2 긴급 신호/조난 신호를 근접한 선박 / 해안무선국 /해사 구조 본부에 송신하고 보고하여라.
.5.4.3 긴급 신호/조난 신호를...으로부터 인지했다 / ...으로부터 인지받지 못했다. (아직)
.6 다시 조선 ! 좌 / 우현 ...정도로 조선하라.
.7 위치보고.
.7.1 ....에 위치.
.8 통항 상황 보고.
.8.1 근처에 선박이 없다.
.8.2 ...근처에 선박(들)이 따라오고 있다.
.9 날씨 상황 보고하라.
.9.1 ...에서부터 바다가 부드럽다 / 온난하다 / 거칠다 / 파도가 높다- 파도가 잔잔하다 / 온난하다 / 황천이다.(우점/방점))
.9.2 ...에서부터 Beaufort 세기가...이다(우점/방점).
.9.3 시정이 좋다 / 보통이다 / 나쁘다.

.9.4 Current ... knots to ...(cardinal points).
.10 Have man overboard stations / lookouts at ... manned and report.
.10.1 Man overboard stations / lookouts at ... manned.
.11 Stand by for recovering from shipboard and report.
.11.1 Standing by for recovering from shipboard.
.12 Stand by boat / motor lifeboat no. ... for letting go and report.
.12.1 Rescue boat / motor lifeboat no. ... standing by for letting go
.13 Let go rescue boat / motor lifeboat.
.14 Use VHF Channel ... / frequency ... for communication
.14.1 Use light signals / flag signals / whistle for communication.
.15.1 Retreat signal ... .
.16 Stand by one / two crew member(s) for rescue in water and report.
.16.1 One / two crew member(s) standing by for rescue in water
.17 Person overboard rescued / recovered
.18 Stand by boat / rescue litter / rescue net / rescue basket / rescue sling and report.
.18.1 Boat / rescue litter / rescue net / rescue basket / rescue sling standing by.
.19 Hoist person and report.
.20 Report condition of survivor.
.20.1 Survivor
~ is in good / bad condition.
~ has hypothermia.
~ is injured.
~ is suffering a shock.
.20.2 Person is dead.

B2/6.3 Rescue operation - reporting readiness for assistance
Also see AI/1.2 "Search and rescue communications"
.1 Received an alarm signal / EPIRB transmission / PAN-PAN / distress alert - MAYDAY at ... UTC on ...(VHF Channel/frequency).
.2 Observed the following distress signal in ... degrees.
.3 Report the distress position.
.3.1 Distress position ... .

.9.4 조류가 ...로 ...노트이다(우점/방점).

.10 익수자 부서 배치 / ...에서 경계를 세우고 보고하라.

.10.1 익수자 부서 배치 / ... 에서 경계를 세워라.

.11 현측으로부터 끌어올릴 준비를 하고 보고하라.

.11.1 현측으로부터 끌어올릴 준비가 되었다.

.12 구조하러 가기 위하여 no...의 보트 / 모터 구명보트를 준비하고 보고하라.

.12.1 구조하러 가기 위한 no... 구조정 / 모터 구명보트를 준비하였다.

.13 구조정 / 모터 구명정을 내려라.

.14 교신을 위하여 VHF 채널 ... / 주파수...을 사용하라.

.14.1 교신을 위하여 점등신호 / 깃발신호 / 호각을 사용하라.

.15 구조하는 구조정 / 모터 구명보트를 위한 퇴각신호는?

.15.1 퇴각 신호는....

.16 익수자를 구조하기 위하여 한 명 / 두 명의 승무원들을 준비하고 보고하라.

.16.1 익수자를 구조하기 위하여 한 명/ 두 명의 승무원들을 준비하였다.

.17 익수자를 구조했다 / 끌어올려졌다.

.18 보트 / 들 것 / 그물 / 비구니 / 붕대를 준비하고 보고하라.

.18.1 보트 / 들 것 / 그물 / 바구니 / 붕대를 준비하였다.

.19 사람을 올리고 보고하라.

.20 생존자의 상태를 보고하라.

.20.1 생존자~

~ 는 상태가 좋다 / 나쁘다.

~ 는 저체온 상태다.

~ 는 다쳤다.

~ 는 충격을 받았다.

.20.2 사람이 죽었다.

B2/6.3 구조작업- 원조를 위한 준비 보고.

또한 AI/1.2 "수색과 구조 교신"을 참조하라

.1 ...(VHF 채널/주파수) 으로 UTC에 경보 신호 / EPIRB / 긴급 통신 / 조난구조신호를 수신했다.

.2 ...도에서 다음의 조난 신호를 관찰했다.

.3 조난 위치를 보고하라.

.3.1 조난 위치는....

.4 Was the alarm signal / EPIRB transmission / PAN-PAN / distress alert - MAYDAY acknowledged?

.4.1 The alarm signal / EPIRB transmission / PAN-PAN / distress alert - MAYDAY was acknowledged by ... / not acknowledged(yet)..

.4.2.1 Acknowledge the PAN-PAN / distress alert - MAYDAY - RELAY. Transmit a MAYDAY - RELAY to ...(radio station).

.5 Watch the radar.

.6 Have the lookouts manned and report.

.6.1 Lookouts are manned.

.7 Contact vessels in vicinity of the distress and report.

.7.1 We have contact to following vessel(s) in vicinity of the distress: .... .

.7.2 We have no contact(yet).

.8 Request information from the vessel in distress and report.

.8.1 We have following information from the vessel in distress: ... .

.8.2 We have no information(yet).

.9 Stand by lines / lifebuoys / nets / derricks / cranes / ... and report.

.9.1 Lines / lifeboats / nets / derricks / cranes / ... standing by.

.10 Stand by lifeboats / rescue boat and report.

.10.1 Lifeboats / rescue boat standing by.

.11 Stand by liferaft(s) as boarding station(s) and report.

.11.1 Liferaft(s) standing by as boarding station(s).

.11.2 Let go liferaft(s) as boarding station(s) with ... crew members(each).

.12 Stand by ... crew members for assisting survivors in water and report.

.12.1 ... crew members standing by for assisting survivors in water.

.13 Switch on the deck lighting / outboard lighting / search lights.

.14 Stand by line throwing apparatus and report.

.14.1 Line throwing apparatus standing by.

B2/6.4 Conducting search

.1 We / MV ... will act as On-scene Co-ordinator.

.1.2 Inform radio coast station(s) / MRCC/ vessels in vicinity.

.2 Stand by bridge team / lookouts for information / signals of On-scene Co-ordinator.

.4 경보 신호 / EPIRB / 긴급 통신 / 조난 통신이 확인되었는가?

.4.1 경보 신호 / EPIRB / 긴급 신호 / 조난 신호가 ...으로부터 확인되었다 / 확인되지 않았다(아직).

.4.2.1 긴급 신호 / 조난 신호 - 중계를 확인했다.
조난 신호를 송신하라 - ...로 중계하라(무선국).

.5 레이더를 주시하라.

.6 경계를 세우고 보고하라.

.6.1 경계를 세웠다.

.7 조난 위치 부근의 선박과 교신하고 보고하라.

.7.1 우리는 조난 위치 부근 다음의 선박과 교신하였다.

.7.2 우리는 교신하지 못했다.(아직)

.8 조난 선박으로부터 정보를 요구하고 보고하라.

.8.1 우리는 조난 선박으로부터 다음과 같은 정보를 얻었다:.......

.8.2 우리는 정보를 받지 못했다.(아직)

.9 줄 / 구명부표 / 그물 / 데릭 / 크레인 / ...을 준비하고 보고하라.

.9.1 줄 / 구명부표 / 그물 / 데릭 / 그래인 / .... 준비되었다.

.10 구명정 / 구조정을 준비하고 보고하라.

.10.1 구명정/구조정이 준비되었다.

.11 승정 위치에서 구명벌을 준비하고 보고하라.

.11.1 승정 위치에 구명벌이 준비되었다.

.11.2 ... 승무원과 함께 승정위치에서 구명벌을 내려라.

.12 익수 생존자의 원조를 위해 ...선원들을 준비하고 보고하여라.

.12.1 익수 생존자의 원조를 위해 ...선원들을 준비하였다.

.13 갑판등 / 외부등 / 탐색등을 켜라.

.14 Line throwing 장비를 준비하고 보고하라.

.14.1 Line throwing 장비를 준비하였다.

B2/6.4 수색의 실시

.1 본선 / MV ..이 현장 지휘자 역할을 할 것이다.

.1.2 해안무선국/ MRCC / 근접한 선박에게 알려라.

.2 현장 지휘자 통보 / 신호에 대비하여 선교팀 / 경계원을 준비하여라.

.2.1 Following information / signal received from On-scene Co-ordinator
.3 We carry out search pattern ... / radar search.
.3.1 We start search pattern ... radar search at ... UTC.
.3.1.1 Inform the crew / lookouts / engine room.
.4 Bridge team / lookouts !
Keep sharp lookout for signals / sightings of the vessel in distress and report every ... minutes.
.4.1 Light signals / smoke signals / sound signals / ... signals in ... degrees.
.4.2 Objects / vessel in distress / lifeboat(s) / life raft(s) / person(s) in water in ... degrees
.5 Stand by rescue team / boat crews / engine room and report.
.5.1 Rescue team / boat crews / engine room standing by.
.6 Transmit the following information / signals to the searching vessel(s): ... .

B2/6.5 Rescue activities
Also see B2/6.2 "Person-overboard activities"
.1 Rescue persons in following order:
- persons in water
- injured / helpless persons
- women and children
- passengers
- crewmembers.
.2 Ask the survivor(s) the following information:
.2.1 What was the total number of persons on board the vessel in distress ?
.2.1.1 Total number of persons was: ... .
.2.2 What was the number of casualties ?
.2.2.1 Number of casualties was: ... .
.2.3 What was the number of lifeboats / liferafts launched ?
.2.3.1 Number of lifeboats / liferafts launched was: ... .
.2.4 What was the number of persons in lifeboats / liferafts ?
.2.4.1 Number of persons in lifeboats / liferafts was: ... .
.2.5 What was the number of persons in water ?
.2.5.1 Number of persons in water was: ... .

.2.1 현장지휘자로부터 받은 정보 / 신호를 받았다.
.3 우리는 ...수색 방식 / 레이더 탐색을 실행하였다.
.3.1 우리는 ...UTC에 ...레이더 search로 수색 방식을 시작하였다.
.3.1.1 승무원 / 경계원 / 기관실에 알려라.
.4 선교 팀 / 경계자들!
조난 선박의 신호 / 목격을 세심히 경계하고 매...분마다 보고하라.
.4.1 ...에서 등화신호 / 연기신호 / 음향신호 / ...신호가 있다.
.4.2 ...에서 물체들 / 조난 선박 / 구명벌 / 구조정 / 익수자가 있다.
.5 구조팀 / 보트 승무원들 / 기관실은 준비하고 보고하여라.
.5.1 구조팀 / 보트 승무원들 / 기관실은 준비하였다.
.6 수색 선박에게 다음의 정보 / 신호를 송신하라:... .

B2/6.5 구조 활동
역시 B2/6.2 "익수자 행동"을 참조하라.
.1 다음의 순서에 따라 사람을 구조하라:
- 익수자
- 상처 입은 / 무력한 사람들
- 여자와 아이.
- 승객들
- 승무원들.
.2 다음의 정보를 생존자들에게 물어라.
.2.1 조난 선박 위의 사람들의 총수가 얼마였는가?
.2.1.1 사람들의 총수는:....
.2.2 사상자의 수는 얼마인가?
.2.2.1 사상자의 수는:....
.2.3 진수된 구명정 / 구명벌의 수는 얼마인가?
.2.3.1 진수된 구명정 / 구명벌의 수는:......
.2.4 구명정 / 구명벌 안에 사람들의 수는 얼마인가?
.2.4.1 구명정 / 구명벌 안의 사람들의 수는:....
.2.5 익수자의 수는 얼마인가?
.2.5.1 익수자의 수는:....

.3 Inform ... coast radio station about the name(s) / call sign(s) and destination of the vessel(s) with the survivors.

.3.1 Inform about the number of survivors on(each) vessel.

.3.2 Inform about the condition of the survivors.

.4 Inform ... coast radio station about the condition of the vessel in distress:

.4.1 The vessel in distress

~ capsized / sunk / adrift(near position ...) / drifting in ... degrees.

~ grounded(in position: ...).

~ on fire.

~ not under command.

.5 Transmit the following safety message / navigational warning:

Vessel in distress(in position ...) danger to navigation.

B2/6.6 Finishing with search and rescue operations

.1 Search and rescue finished at ... UTC.

.1.1 Inform the crew / lookouts / engine room.

.2 We resume on-board routine at ... UTC.

.3 Inform the coast radio station / searching vessels about the cancellation of search and rescue.

.4 We proceed with our voyage.

B3 Cargo and Cargo Handling

B3/1 Cargo Handling

B3/1.1 Loading and unloading

.1 Loading capacities and quantities

.1 What is the deadweight of the vessel?

.1.1 The deadweight is ... tonnes

.2 What is the hold / bale / grain capacity of vessel?

.2.1 The hold / bale / grain capacity is ... cubic metres.

.3 What is the container capacity of the vessel?

.3 ...해안 무선국에 선명 / 호출 부호 그리고 생존자과 함께 한 선박의 목적지를 통보하라.

.3.1(각)선박에 생존자들의 수를 통보하라.

.3.2 생존자들의 상태에 대해 통보하라.

.4 조난 선박의 상태에 대해서...해안 무선국에 통보하라.

.4.1 조난 선박은

~ 전복되었다 / 가라앉았다 / 표류하다(...위치근처) / ...정도에서 표류하다.

~ 좌초되다(...위치에서).

~ 화재가 나다.

~ 조종불능이다.

.5 다음의 안전 메시지 / 항행 경보를 송신하라:

(...에 위치에서) 항해상 위험하다.

B2/6.6 수색과 구조작업의 완료

.1 수색과 구조가 ...UTC에 완료되다.

.1.1 승무원 / 경계 / 엔진룸에 알려라.

.2 ...UTC에 우리는 일상적인 업무를 재개한다.

.3 수색과 구조작업의 취소에 대해 해안무선국 / 수색 선박들에게 통보하라.

.4 본선은 본선의 항해를 계속 진행한다.

B3 화물과 화물 취급

B3/1 화물 취급

B3/1.1 적하와 양하

.1 적하량과 양

.1 선박의 deadweight는 얼마인가?

.1.1 deadweight .....톤이다.

.2 선박의 선창 / bale / 곡물 수용량은 얼마인가.

.2.1 선창 / bale / 곡물 수용량은 ....큐빅 미터다.

.3 선박의 컨테이너 수용량은 얼마인가?

.3.1 The container capacity is ... TEU.

.4 How many 20'/ 40' containers will the vessel load?

.4.1 The vessel will load ... 20'/ 40' containers.

.5 How many cubic metres of cargo space are required?

.5.1 ... cubic metres of cargo space are required.

.6 How many tonnes / cubic metres can the vessel still load?

.6.1 The vessel can still load ... tonnes / cubic metres.

.7 How much deck cargo can the vessel load?

.7.1 The vessel can load ... tonnes / cubic metres / ... 20'/40' containers on deck.

.8 How many cars / trailers / trucks / ... can the vessel load?

.8.1 The vessel can load ... cars / trailers / trucks / ... .

.9 What is the size of the hatch openings?

.9.1 The size of the hatch openings is ... by ... metres.

.10 What is the safety load of no. ... hold?

.10.1 The safety load of the ... deck of no. ... hold is ... tonnes per square metre.

.11 The vessel will still bunker ... tonnes of fuel / fresh water/ ... .

.2 Dockside / shipboard cargo handling gear and equipment

.1 Are dockside / floating cranes available?

.1.1 Yes, dockside / floating cranes are available.

.1.2 No, dockside / floating cranes are not available.

.2 What is the capacity of the crane?

.2.1 The capacity of the crane is ... tonnes

.3 What is the maximum reach of the crane?

.3.1 The maximum reach of the crane is ... metres.

.4 What is the handling capacity of the container crane / bridge?

.4.1 The handling capacity of container crane / bridge is ... containers per hour.

.5 What is the handling capacity of the grain elevator/ore loader/ ... ?

.5.1 The handling capacity of the grain elevator / ore loader / is ... tonnes / cubic metres per hour.

.6 What is the pumping capacity of the cargo pumps?

.6.1 The pumping capacity of the cargo pumps is ... tonnes per hour.

.3.1 컨테이너 수용량은.....TEU다.
.4 20' / 40' 컨테이너를 얼마나 실을 수 있는가?
.4.1 선박은 20' / 40' 컨테이너를....실을 수 있다.
.5 몇 입방 미터의 화물 공간이 필요한가?
.5.1 ...입방 미터의 화물공간이 필요하다.
.6 몇 톤 / 입방 미터를 선박에 더 실을 수 있는가?
.6.1 선박에 아직까지 ....톤 / 입방 미터를 실을 수 있다.
.7 얼마나 많이 갑판적 화물을 선박이 실을 수 있는가?
.7.1 선박은...톤 / 입방 미터 / ...20' / 40' 컨테이너를 갑판 위에 실을 수 있다.
.8 얼마나 많은 자동차 / trailer / 트럭 / ...을 실을 수 있는가?
.8.1 선박은 ...자동차 / trailer / 트럭 /...을 실을 수 있다.
.9 해치 개구의 크기는 얼마인가?
.9.1 Hatch 개구의 크기는 ...X... 미터이다.
.10 No....선창의 안전 적하량은?
.10.1 No....선창의 ...갑판의 안전 적하량은 평방 미터당....몇 톤이다.
.11 선박은 여진히 ...톤의 연료 / 청수 /...을 실을 수 있다.

.2 부두쪽 / 선박측 화물 취급 장치와 장비
.1 부두쪽 / floating crane은 사용가능한가?
.1.1 예, 부두쪽 / floating crane은 사용 가능합니다.
.1.2 아니오, 사용할 수 없습니다.
.2 크레인의 수용능력은?
.2.1 크레인의 수용 능력은...톤이다.
.3 크레인의 최대 도달거리는 얼마인가?
.3.1 크레인의 최대 도달거리는....미터다.
.4 컨테이너 크레인 / 갠트리 크레인의 취급 수용능력은?
.4.1 컨테이너 크레인 / 갠트리 크레인의 하역 능력은 시간당 ...컨테이너다.
.5 곡물 elevator / ore loader / ...의 취급 수용능력은?
.5.1 곡물 elevator / ore loader / ...의 취급 수용능력은 시간당...톤 / 평방 미터이다.
.6 Cargo pump의 pumping 능력은?
.6.1 Cargo pump의 pumping 능력은 시간당...톤이다.

.7 Are(light) fork-lift trucks for the cargo holds available?
.7.1 Yes,(light) fork-lift trucks are available.
.7.2 No,(light) fork-lift trucks are not available.
.8 Only use electric fork-lift trucks in the holds.
.9 What is the capacity of the fork-lift truck?
.9.1 The capacity of the fork-lift truck is ... tonnes.
.10 What is the capacity of the derricks / cranes of the vessel?
.10.1 The capacity of the derricks / cranes of the vessel is ... tonnes.
.11 What is the capacity of the ... slings?
.11.1 The capacity of the ... slings is ... tonnes.
.12 These slings do not permit safe cargo handling.
.12.1 Replace the slings.
.13 Are bob-cats available for trimming?
.13.1 Yes, bob-cats are available for trimming.
.13.2 No, bob-cats are not available for trimming.

.3 Preparing for loading / unloading
.1 Prepare the vessel for loading / unloading.
.2 Unlock the hatch covers.
.3 Rig the hatchrails in no. ... hold(s).
.4 Give notice of readiness to load/unload by ... UTC/local time.
.5 Is the cargo list available and complete?
.5.1 Yes, the cargo list is available and complete .
.5.2 No, the cargo list is not available and complete(yet).
.5.3 The cargo list will be available and complete in ... minutes.
.6 Complete the stowage plan.
.7 Make the stability calculation.
.8 Are the holds clean / dry / free of smell ?
.8.1 Yes, the holds are clean / dry / free of smell.
.8.2 No, the holds are not clean / dry / free of smell(yet).
.8.3 The holds will be clean / dry / free of smell in ... minutes / hours.
.8.3.1 Clean the hold(s) / deck(s).
.9 Are the safety arrangements in the hold(s) operational?

.7 화물 선창에 지게차의 사용이 가능한가?
.7.1 네, 사용 가능합니다.
.7.2 아니오, 사용할 수 없습니다.
.8 오직 선창에서는 전기 지게차만 사용할 수 있습니다.
.9 지게차의 수용 능력은?
.9.1 지게차의 수용 능력은 …톤이다.
.10 선박의 데릭 / 크레인의 수용 능력은 얼마인가?
.10.1 선박의 데릭 / 크레인의 수용 능력은….톤이다.
.11 …슬링의 수용 능력은 얼마인가?
.11.1 …슬링의 수용 능력은…톤이다.
.12 이 슬링 들은 안전 화물 취급에 허가가 안된다.
.12.1 슬링을 교체하라.
.13 Trimming을 위해 bob-cat를 사용할 수 있나?
.13.1 네, 사용 가능합니다.
.13.2 아니오, 사용할 수 없습니다.

.3 적하 / 양하를 위한 준비
.1 적하 / 양하를 위하여 선박을 준비하여라.
.2 해치 덮개 잠금장치를 푸시오.
.3 No.….선창에 해치 난간을 설치하라.
.4 …UTC / 지방시에 적하 / 양하를 하역준비완료 통지를 제출하라.
.5 화물리스트는 사용가능하고 완전한가?
.5.1 예, 사용 가능하고 완전합니다.
.5.2 아니오, 사용할 수 없고 완전하지 않습니다.(아직)
.5.3 화물리스트는….분 이내에 사용가능하고 완전할 것이다.
.6 적하 계획을 완료하라.
.7 복원성 계산을 하여라.
.8 선창은 깨끗한가 / 건조한가 / 냄새가 안 나는가?
.8.1 네 선창은 깨끗하고 / 건조하고 / 냄새가 나지 않습니다.
.8.2 아니오, 선창은 깨끗하지 않다 / 건조하지 않다 / 냄새가 납니다.
.8.3 선창은 …분 / 시 이내에 깨끗해질 것이다 / 건조해질 것이다 / 냄새가 없어질 것이다.
.8.3.1 선창 / 갑판을 청소하여라.
.9 선창에 있는 안전 장비는 작동하는가?

.9.1 Yes, the safety arrangements in the hold(s) are operational.
.9.2 No, the safety arrangements in the hold(s) are not operational(yet).
.9.3 The safety arrangements in the hold(s) will be operational in ... minutes.
.10 Fill the double bottom tank(s) / ballast tank(s) before loading the heavy lifts.
.11 What is the maximum loading rate / unloading rate?
.11.1 The maximum loading rate / unloading rate is ... tonnes per hour.
.11.2 Do not exceed the loading rate / unloading rate of ... tonnes per hour.

.4 Operating cargo handling equipment and hatches
.1 Open all hatches before loading / unloading.
.2 Are the cranes / derricks operational?
.2.1 Yes, the cranes / derricks are operational.
.2.2 No, the cranes / derricks are not operational(yet).
.2.3 The cranes / derricks will be operational in ... minutes.
.3 Rig the derrick(s) / crane(s) of no. ... hold(s).
.4 Check the preventers.
.5 Keep the safe working load of derrick(s) / crane(s).
.6 Instruct the winchmen / cranemen .
.7 Clean the tween deck(s) before opening lower hold(s).
.8 Switch on / off the hold ventilation.
.9 Switch on / off the hold lights.
.10 Close / open the cargo port(s) to no. ... hold(s).

.5 Maintaining / repairing cargo handling equipment
.1 Check the hold(s) / hatch cover(s) / derrick(s) / ... for damage and report.
.1.1 The hold(s) / hatch cover(s) / derrick(s) / ... is / are in order.
.1.2 The cargo battens are damaged.
.1.3 The rubber seals of the hatch cover(s) are damaged.
.1.4 The preventer(s) of no. ... hold(s) is / are damaged.
.1.5 The(Container) lashings are damaged.
.1.6 ... is / are damaged.
.1.6.1 Replace the damaged ... .
.2 The hold ladder(s) is / are bent.

.9.1 그렇다, 작동 가능하다.
.9.2 아니오, 아직 작동 가능하지 않다.
.9.3 ...분 이내에 작동될 것이다.
.10 중량 화물을 선적하기 전에 이중저 탱크/ 발라스트 탱크를 가득 채워라.
.11 최대 적하율 / 양하율이 얼마인가?
.11.1 최대 적하 / 양하율은 시간당...톤이다.
.11.2 적하 / 양하율은 시간당....톤을 초과하지 마라.

.4 화물 취급 장비와 해치의 작동
.1 적하 / 양하 하기 전에 모든 해치를 개방하라.
.2 크레인과 데릭이 작동되는가?
.2.1 그렇다, 작동 가능하다.
.2.2 아니오, 작동하지 가능하지 않다(아직).
.2.3 크레인 / 데릭은....분 이내에 작동 가능할 것이다.
.3 No....선창의 데릭 / 크레인을 준비하라.
.4 Prevente를 점검하라.
.5 데릭 / 크레인의 안전 하중을 지켜라.
.6 윈치맨 / 크레인맨에을 교육하라.
.7 하부 선창을 열기 전에 트윈 덱을 청소하라.
.8 선창 환풍기를 켜라 / 꺼라.
.9 선창 전등을 켜라 / 꺼라.
.10 No. ... 선창 화물 개구를 닫아라 / 열어라.

.5 화물 취급 장비의 유지 / 보수
.1 선창 / 해치 덮개 / 데릭 / ....의 손상 여부를 점검하고 보고하라.
.1.1 선창 / 해치 덮개 / 데릭 / ....은 상태 양호하다.
.1.2 cargo battens이 손상되었다.
.1.3 해치 덮개의 rubber seal들이 손상되었다.
.1.4 No...선창의 preventer가 / 들이 손상되었다.
.1.5 (컨테이너) 고박장치들이 손상되었다.
.1.6 ...이 / 들이 손상되었다.
.1.6.1 손상된....을 교체하라.
.2 선창 사다리(들)가 / 들이 구부러졌다.

.2.1 Straighten the hold ladder(s).
.3 Are the hold ventilators operational?
.3.1 Yes, the hold ventilators are operational.
.3.2 No, the hold ventilators are not operational(yet).
.3.3 The hold ventilators will be operational in ... minutes.
.4 Are the winch motors operational?
.4.1 Yes, the winch motors are operational.
.4.2 No, the winch motor of no. ... derrick is not operational(yet).
.4.3 The winch motor of no. ... derrick will be operational in ... minutes.
.5 Check the repair works personally.

.6 Briefing on stowing and securing
.1 Check the
~ careful and safe stowage.
~ complete unloading.
~ proper use of handling gear.
~ careful separation of different lots.
.2 Close the hatches in case of rain / snow / ... .
.3 Refuse damaged / crushed / renailed /wet /torn/ resewn / ...
boxes / cartons / cases /crates / bags / ... .
.4 Do not overstow cartons with other goods ... .
.5 Do not use hooks for handling bags.
.6 Stow ventilation ducts into the bag cargo.
.7 Place dunnage between the tiers.
.8 Stow the
~ ... into tween deck of no. ... hold.
~ pallets / cartons / ... closely together.
~ ... in reefer hold.
~ empty containers in topmost tiers .
~ container(s) onto hatch cover(s).
~ ... .
.9 Check the
~ containers for damage.

.2.1 선창 사다리(들)를 곧게 펴라.
.3 선창 환풍기들이 작동 가능한가?
.3.1 그렇다, 작동 가능하다.
.3.2 아니오, 작동 가능하지 않다.(아직)
.3.3 ...분 이내에 선창 환풍기가 작동 가능할 것입니다.
.4 윈치 모터들이 작동 가능한가?
.4.1 네 작동 가능합니다.
.4.2 아니오, No...데릭의 윈치 모터가 작동 가능하지 않습니다.(아직)
.4.3 No...데릭의 윈치 모터가 ....분 이내에 작동 가능할 것입니다.
.5 수리 작업을 직접 확인하라.

.6 적하와 고정에 대한 설명
.1 확인하라.
~ 조심스럽고 안전한 적하.
~ 양하의 완료.
~ handling gear를 적당히 사용했는지.
~ 다른 품목을 주의 깊게 분리했는지.
.2 비 / 눈 / ....의 경우 해치를 닫아라.
.3 손상된 / 찌그러진 / renailed / 젖은 / 찢어진 / 다시 재봉한 / ... box / carton / case / crate / bag을 적재하지 마시오.
.4 판자 상자 위에 다른 상품 적재하지 마라.
.5 Bag 취급시 후크로 사용하지 마라.
.6 부대화물에 통풍관을 실어라.
.7 층 사이 gunnage를 깔아라.
.8 실어라
~ no...선창의 트윈 갑판 안에.
~ pallet / carton / ...은 서로 가까이.
~ 냉동선창안에.....
~ 최상층에는 빈 컨테이너를.
~ 해치 덮개 위에 컨테이너를.
~ ... .
.9 확인하라.
~ 컨테이너의 손상을.

~ correct interlock of the stowpieces.
~ correct fixing of the rope clips.
~ ... .

.10 Secure the heavy lift(s) immediately.
.11 Relash all lashings.

B3/1.2 Handling dangerous goods

Also see IMO-IMDG Code, London 1994, as revised.

.1 Briefing on nature of dangerous goods

.1 What is the IMO-Class of these goods?
.1.1 The IMO-Class of these goods is: ... .
.2 This package contains IMO - Class ... goods.
.3 These goods are flammable / poisonous / ... .
.3.1 Handle these goods with caution.
.4 These goods emit flammable gases in contact with water.
.4.1 Keep these goods dry.
.5 These goods are liable to spontaneous heating and combustion.
.6 Do not touch ... .

.2 Instructions on compatibility and stowage

.1 Observe the IMDG-Code when loading / stowing.
.2 Check the
~ proper segregation of goods.
~ correct technical names in documents.
~ correct marks / labels.
~ compatibility of IMO-Class ... goods.
.3 Stow IMO-Class ... goods
~ away from living quarters / away from ... .
~ separated(by one hold) from IMO-Class ... goods.
~ under / on deck.
.3.1 Cover IMO-Class ... goods on deck with tarpaulins / ... .

~ 적부용구가 잘 연결됐는지.
~ 로프 클립이 정확히 고정됐는지.
~ … .

.10 중량물을 즉시 고정하라.
.11 모든 고박을 다시 고박하라.

B3/1.2 위험 품목의 취급

1994년 런던에서 개정된 IMO-IMDG Code를 참조하라.

.1 위험 화물의 성상에 대한 요약

.1 이 화물의 IMO-Class는 어떤 것인가?
.1.1 이 화물의 IMO-Class 는……. 이다
.2 이 패키지는 IMO-Class…화물을 포함하고 있다.
.3 이 화물들은 가연성이다 / 유독성이다 / …이다.
.3.1 주의하여 이 화물들을 취급하여라.
.4 이 화물들은 물과 접촉하면 가연성 가스를 방출한다.
.4.1 건조하게 하여라.
.5 이 화물들은 자칫하면 자가 발열하고 연소한다.
.6 …만지지 마라.

.2 적하와 적합성에 대한 지시

.1 적하 / 양하할 때 IMDG-Code를 준수하여라.
.2 확인하라.

~ 제품을 적절한 격리상태.
~ 서류에 기술적인 이름들이 일치하는지.
~ 마크와 라벨이 정확한지.
~ .. 화물의 IMDG Class 적합성.

.3 IMO-class …화물을 적재하라.

~거주 구역과 떨어져서 / …으로부터 떨어져.
~ IMO-class …화물으로부터 격리(한 hold로)하여.
~ 갑판 아래 / 위.

.3.1 갑판위의 IMO-class …화물을 방수포 / ..으로 덮어라.

.4 Stow

~ flammable goods away from the engine room bulkhead / … .

~ infectious substances separated by one hold / compartment from foodstuffs.

~ … drums away from IMO-Class … goods at a minimum of … metres.

.5 Brief the stevedores on the dangerous goods in number … hold(s).

.6 Refuse damaged / wet / … packings with dangerous goods.

.7 Ventilate the hold(s) before entering.

.8 Load / unload IMO … goods first.

.9 No smoking during loading / unloading.

.3 Reporting incidents

.1 Sling(s) with bottles / drums / … of IMO … goods were dropped on deck / into no. … hold / on pier … .

.1.1 Liquid / powder / gas is spilling.

.2 Several drums / barrels / tanks / … are deformed(and leaking).

.3 The … container with IMO … goods is spilling out of the door.

.4 Spilling substances of IMO … escaped into the sea / harbour water

.4.1 Inform the pollution control.

.5 Temperature in locker / container/ … with IMO-Class … goods is increasing (rapidly).

.6 Orange / red / … smoke is developing from IMO-Class … goods(on deck).

.7 Explosion in no. … hold.

.7.1 Damage to gas tank / container /….

.8 Minor / major fire in number … hold.

.8.1 Fire extinguished.

.8.2 IMO-Class … goods re-ignited.

.8.3 Fire under control.

.8.4 Fire not under control(yet).

.8.4.1 Operate the general emergency alarm.

.8.4.2 Alarm the harbour fire brigade / … .

.9 Report injured persons / casualties.

.4 적재하라.

~ 기관실 격벽/...으로부터 가연성 물질과 떨어져서.

~ 감염성 물질을 식료품으로부터 / 선창만큼 한 구획 떨어져.

~ IMO class...화물으로부터 최소...미터 떨어져 ...

.5 No....선창에 위험 화물에 대해서 하역인부들에게 설명하라.

.6 손상된 / 젖은 / ... 위험 화물은 거부하라(선적하지 마라).

.7 들어가기 전에 선창을 환기하라.

.8 IMO-Class ..화물을 먼저 적하 / 양하하라.

.9 적하 / 양하 하는 동안에는 담배를 피우지 마라.

.3 사고의 보고

.1 IMO 등급... 화물이 든 병/드럼/...을 담은 슬링이 갑판/제...번 화물창/...부두에 떨어졌다.

1.1 액체 / 분말 / 가스가 새고 있다.

.2 몇몇 드럼 / 통 / 탱크 / ...이 변형이 되었다.(그리고 샌다.)

.3 IMO...화물의 ...컨테이너가 문 밖으로 새고 있다.

.4 새어나간 IMO ... 화물이 바다로 / 항만으로 누출되었다.

.4.1 오염 통제소에 알려라.

.5 IMO-class... 화물이 있는 locker / 컨테이너...안의 온도가 올라가고 있다.(급속히)

.6 IMO-class ... 화물로부터 오렌지 / 붉은 / ... 연기가 발생하고 있다.(갑판위에)

.7 No...선창에 폭발이 일어났다.

.7.1 가스탱크 / 컨테이너 / ... 이 손상 입었다.

.8 No ... 선창에 작은 / 큰 화재가 났다.

.8.1 화재가 진화되었다.

.8.2 IMO-class ... 화물이 다시 발화되었다.

.8.3 화재가 진압되고 있다.

.8.4 화재가 진압되지 않다.(아직)

.8.4.1 일반 비상 경보를 작동하여라.

.8.4.2 Harbour 소화대 / ... 에 경보를 전하라.

.9 부상자 / 사상자를 보고하여라.

.9.1 No person injured.
.9.2 Number of injured persons / casualties is ... .

.4 Action in case of incidents
.1 Take actions according to the Emergency Plan.
.2 Turn the vessel out of the wind - the spilling gas / smoke is toxic.
.3 Put on protective clothing and breathing apparatus.
.4 Stop the spillage.
.5 Let the spillage evaporate.
.6 Remove the spillage with synthetic scoops.
.6.1 Use absorbents for the spillage.
.6.2 Do not touch the spillage.
.7 Separate contaminated goods from other goods.
.8 Cover contaminated goods with tarpaulins / ... .
.9 Only open the container / hold / locker / ... when smoking is stopped.
.10 Cool down the container/ ... with water.
.11 Ventilate the hold(s) carefully.
.12 Close the hatch - operate the fire extinguishing system.
.13 Fight the fire from a great distance.
.14 Flood no. .. hold(s).
.15 Rescue persons.
.15.1 Take injured persons / casualties to a safe area.
.15.2 Provide first aid to injured persons / casualties.
.15.3 Call the ambulance.
.16 Take off and dispose contaminated clothing.
.17 Alter course for the nearest port(- inform on radio).

B3/1.3 Handling liquid goods, bunkers and ballast - pollution prevention

.1 Preparing safety measures
.1 Plug the scuppers / drip-trays and report.
.1.1 All scuppers / drip-trays are plugged.
.2 Close the sea-valves / discharges and report.

.9.1 아무도 다치지 않았다.
.9.2 부상자 / 사상자의 수는 … 이다.

.4 사고시의 조치
.1 비상 계획에 따라 행동하라.
.2 선박이 바람을 받지 안게 선회하라 - 새는 가스 / 연기가 유독하다.
.3 방화복과 자장식 호흡구를 착용하라.
.4 유출을 막아라.
.5 유출물이 증발하도록 하라.
.6 합성 자료 삽으로 유출물을 제거하라.
.6.1 흡착제를 사용하여라.
.6.2 유출물에 손대지 마라.
.7 다른 화물로부터 오염된 화물을 격리하라.
.8 방수포 / … 으로 오염된 화물을 덮어라.
.9 오직 연기가 멈췄을 때만 컨테이너 / 선창 / 로커 / …을 열어라.
.10 물 /…로 컨테이너를 냉각시켜라.
.11 조심스럽게 선창을 환기하라.
.12 해치를 닫아라 - 소화 시스템을 작동시켜라.
.13 거리를 두고 불을 진압해라.
.14 No. … 선창에 물을 채우시오.
.15 사람들을 구조해라.
.15.1 부상자 / 사상자를 안전한 지역으로 데려가라.
.15.2 부상자 / 사상자에게 응급조치를 취하라.
.15.3 구급차를 불러라.
.16 오염된 옷을 벗고 없애라.
.17 가까운 항구로 항로를 바꿔라(- 무선국에 알린다).

B3/1.3 액체 화물, 벙커와 발라스트의 취급 - 오염방지.

.1 안전 대책을 준비하라.
.1 배수구 / drip-tray로 막고 보고하라.
.1.1 모든 배수구 / drip-tray를 막혔다.
.2 해수 밸브 / 선외변을 닫고 보고하라.

.2.1 All sea-valves / discharges are closed.
.3 Stand by absorbent materials and report.
.3.1 Absorbent materials standing by.
.4 Stand by spill control gear and report.
.4.1 Spill control gear standing by.
.5 Stand by emergency fire pump / foam monitor / fire extinguishers and report.
.5.1 Emergency fire pump / foam monitor / fire extinguishers standing by.
.6 Fit bonding wire and report.
.6.1 Bonding wire is fitted.
.7 Maintain contact on VHF Channels ... with the bunker barge / oil terminal.
.8 Is the oil pollution prevention plan available ?
.8.1 Yes, the oil pollution prevention plan is available.
.8.2 No, the oil pollution prevention plan is not available(yet).
.8.3 The oil pollution prevention plan will be available in ... minutes.
.9 Instruct the pumpman / ... and report.
.9.1 Pumpman / ... is instructed.

.2 Operating pumping equipment
(including: phrases for communication with bunker barge / oil terminal)
.1 What is the(maximum) loading rate / discharge rate ?
.1.1 The(Maximum) loading rate / discharge rate is: ... tonnes per hour.
.2 Is the COW - system / inert gas system operational ?
.2.1 Yes, the COW - system / inert gas system is operational .
.2.2 No, the COW - system / inert gas system is not operational(yet).
.2.3 The COW - system / inert gas will be operational in ... minutes.
.3 When will crude oil washing start ?
.3.1 Crude oil washing will start in ... minutes.
.4 Are your tanks inerted?
.4.1 Yes, my tanks are inerted.
.4.2 No, my tanks are not inerted(yet).
.4.3 My tanks will be inerted in ... minutes.
.5 What is the pressure in the inerted tanks?
.5.1 The pressure in the inerted tanks is ... bar.

.2.1 모든 해수 밸브 / 선외변은 닫혔다.
.3 흡착제를 준비하고 보고하라.
.3.1 흡착제가 준비되었다.
.4 누출 제어 기구를 준비하고 보고하라.
.4.1 누출 제어 기구가 준비되었다. .
.5 긴급히 비상소화펌프 / 폼모니터 / 소화기를 준비하고 보고하여라.
.5.1 비상소화펌프 / 폼모니터 / 소화기를 준비하였다.
.6 Bonding wire 연결하고 보고하여라.
.6.1 Bonding wire가 연결되었다.
.7 벙커 바지 / 오일 터미널과의 VHF 채널 ... 으로 연락을 유지하라.
.8 유류 오염방지 계획이 이용가능한가 ?
.8.1 네, 이용 가능합니다.
.8.2 아니오, 사용 가능하지 않습니다(아직)
.8.3 유류 오염방지 계획이 ... 분 이내에 사용가능해질 것이다.
.9 펌프맨 / ... 에게 지시하고 보고하여라.
.9.1 펌프맨 / ...이 지시받았다.

.2 펌핑 장비의 작동

포함 : 벙커바지 / 오일터미널과의 교신을 위한 문구

.1 (최대)적하율 / 양하율이 얼마인가?
.1.1 (최대)적하율 / 양하율은 시간당 ... 톤이다.
.2 COW -system / inert gas system이 작동 가능한가?
.2.1 네, 작동 가능합니다.
.2.2 아니오. 작동 가능하지 않습니다(아직).
.2.3 COW - system / inert gas system이 ... 분 이내에 작동할 것이다.
.3 언제 원유 세정을 시작할 것인가?
.3.1 원유 세정을 ... 분 이내에 시작할 것이다.
.4 귀선의 탱크가 불활성 되어 있나?
.4.1 네 , 불활성 되어 있습니다.
.4.2 아니오, 불활성 되지 않았습니다(아직).
.4.3 ...분 이내에 탱크가 불활성 될 것이다.
.5 불활성 탱크의 압력은 얼마인가?
.5.1 불활성 탱크의 압력은 ... 이다.

.6 What is the pumping pressure ?
.6.1 The pumping pressure is ... bar.
.7 Can we connect the loading arm ?
.7.1 Yes, you can connect the loading arm.
.7.2 No, you cannot connect the loading arm(yet).
.7.3 Connect the loading arm in ... minutes.
.8 Inform ... minutes before loading / discharge will start / finish.
.8.1 Loading / discharge will start / finish in ... minutes.
.9 What is the back pressure for stripping ?
.9.1 The backpressure for stripping is... bars.
.10 Are the cargo hoses / booms connected ?
.10.1 Yes, the cargo hoses / booms are connected.
.10.2 No, the cargo hoses / booms are not connected(yet).
.10.3 The cargo hoses / booms will be connected in ... minutes.
.11 Are the cargo hoses / booms disconnected ?
.11.1 Yes, the cargo hoses / booms are disconnected.
.11.2 No, the cargo hoses / booms are not disconnected(yet).
.11.3 The cargo hoses / booms will be disconnected in ... minutes.
.12 Are you ready to load / discharge?
.12.1 Yes, I am ready to load / discharge.
.12.2 No, I am not ready to load / discharge(yet).
.12.3 I will be ready to load / discharge in ... minutes.
.13 Keep a safe working pressure.
.14 Open the valve(s) and report.
.14.1 All full open aboard / ashore.
.15 Close the valve(s) and report.
.15.1 All full closed aboard / ashore.
.16 Start pumping(slowly).
.17 Are you pumping / receiving ?
.17.1 Yes, I am pumping / receiving.
.17.2 No, I am not pumping / not receiving.
.18 Increase / decrease pumping rate to ... revolutions / bar..
.19(Quantity received) - stop pumping.

.6 펌핑 압력은 얼마인가?
.6.1 펌핑 압력은 ... 이다.
.7 Loading arm과 본선 라인을 연결해도 되는가?
.7.1 네, loading arm을 연결해도 된다.
.7.2 아니오. loading arm은 연결할 수 없습니다(아직).
.7.3 ...분 이내에 loading arm과 연결하라.
.8 적하 / 양하를 시작 / 마치기 ... 분 전에 알려라.
.8.1 ...분 이내에 적하 / 양하를 시작 / 종료할 것이다.
.9 Stripping을 위한 배압은 얼마인가?
.9.1 Stripping을 위한 배압은 ... bar이다.
.10 화물 호스 / boom 들이 연결되어 있나?
.10.1 네, 연결되어 있습니다.
.10.2 아니오, 연결되지 않았습니다.(아직)
.10.3 화물 호스 / boom들이 ... 분 이내에 연결될 것입니다.
.11 화물호스 / boom이 분리되었나?
.11.1 네, 화물호스 / boom들이 분리되었습니다.
.11.2 아니오, 분리되지 않았습니다(아직).
.11.3 화물호스 / boom들은 ... 분 이내에 분리될 것입니다.
.12 적하 / 양하할 준비가 되었나?
.12.1 네 준비되었습니다.
.12.2 아니오, 준비하지 못했습니다(아직).
.12.3 ...분 이내에 적하 / 양하 준비를 할 것입니다.
.13 안전 작업 압력을 지켜라.
.14 Valve를 열고 보고하라.
.14.1 배로의 / 육상으로의 밸브를 열어라.
.15 Valve를 닫고 보고하라.
.15.1 선박으로 / 육상으로의 밸브를 완전히 닫아라.
.16 펌핑을 시작하라(천천히)
.17 송출하고 / 받고 있나?
.17.1 네, 송출하고 있다 / 받고 있습니다.
.17.2 아니오, 송출하고 있지 않다. / 받지 않고 있습니다.
.18 ...회전 / bar 로 펌핑 속도를 증가 / 감소하라.
.19 (받은 양)- 펌핑을 멈춰라.

.3 Reporting and cleaning up spillage

.1 Leak at manifold connection!

.1.1 Overflow at ... !

.2 Stop pumping !

.3 How much is spilled ?

.3.1 Spill is about ... tonne(s).

.4 Treat spill with ... .

.5 Stand by oil clearance team and report.

.5.1 Oil clearance team standing by.

.5.2 All crew assist to remove the spill.

.5.4.1 Spillage stopped.

.5.4.2 Spill cleaned up.

.5.4.3 Spill waste contained in save-all/... .

.6 Oil / ... escaping into sea / harbour water!

.6.1 Inform pollution control!

.4 Ballast handling

.1 Plug the scuppers and report.

.1.1 All scuppers are plugged.

.2 Open / close the sea suction valve / ballast tank valve no. ... and report.

.2.1 Sea suction valve / ballast tank valve no. ... is open / closed.

.3 Start the ballast pump and report.

.3.1 Ballast pump started.

.4 Stop the ballast pump(- ballast overflow!) and report.

.4.1 Ballast pump stopped.

.5 Pump out ballast tank no. ... and report.

.5.1 Ballast tank no. ... is pumped out.

.5.2 Stop the ballast pump - ballast dirty !

.5 Cleaning tanks

.1 Pump the slops into the slop tank .

.2 Dispose the sludge into the sludge tank.

.3 Order a shore slop tank / slop barge.

.3 유출물을 제거 및 보고
.1 Manifold connection에서 새고 있다!
.1.1 ....에서 넘치고 있다!
.2 펌핑을 멈춰라!
.3 유출된 양이 얼마인가?
.3.1 ...톤 정도 유출되었다.
.4 ...으로 유출을 처리하라.
.5 유류 제거 팀을 준비하고 보고하라.
.5.1 유류 제거 팀을 준비하였다.
.5.2 모든 승무원은 유출물 제거에 원조하라.
.5.4.1 유출이 멈췄다.
.5.4.2 유출물을 청소하였다.
.5.4.3 유출물을 제거한 쓰레기가 받침 접시 / ...에 있다.
.6 유류 / ... 이 해상으로 / 항만 바다로 유출되었다.
.6.1 오염 방제소에 알려라!

.4 발라스트 취급
.1 갑판 배수구를 막고 보고하라.
.1.1 모든 배수구를 막았다.
.2 No....의 해수 유입 밸브 / 발라스트 탱크 no. ... 밸브를 열고 / 닫고 보고하라.
.2.1 해수 유입밸브 / 발라스트 탱크 no. ... 밸브를 열었다 / 닫았다.
.3 발라스트 펌프를 작동하고 보고하라.
.3.1 발라스트 펌프가 작동되었다.
.4 발라스트 펌프를 멈추고(- 발라스트가 넘친다!) 보고하라.
.4.1 발라스트 펌프가 멈췄다.
.5 No. ... 발라스트 탱크를 배출하고 보고하여라.
.5.1 No. ... 발라스트 탱크를 배출했다.
.5.2 발라스트 펌프를 멈춰라 - 발라스트가 더럽다!

.5 탱크 청소
.1 슬롭 탱크로 slop를 펌핑해서 보내라.
.2 Sludge 탱크 속으로 sludge를 처리하라.
.3 육상 slop tank / slop barge를 요청하라.

.3.1 We have ... tonnes of slops / sludge.
.4 Start / stop pumping slops.
.5 Keep a safe working pressure.

B3/1.4 Preparing for sea

.1 Close and secure the hatch covers for sea and report
.1.1 Hatch covers closed and secured.
.2 Lash and secure the goods for sea and report.
.2.1 Goods lashed and secured.

(In ro/ro-ferries: The execution of the instructions 3,4 and 5 given from the bridge on radio should be confirmed from the person in charge of the corresponding station using phrases 3.1, 4.1 and 5.1)

.3 Close and secure the bow door / stern door and report.
.3.1 Bow door / stern door closed and secured.
.4 Fold and secure the bow ramp / stern ramp / side ramp and report.
.4.1 Bow ramp / stern ramp / side ramp folded and secured.
.5 Lash and secure all cars / trucks / wagons / ... and report.
.5.1 All cars / trucks / wagons / ... lashed and secured.
.6 Lower and secure the derricks / cranes and report.
.6.1 Derricks / cranes lowered and secured.
.7 Check the seaworthiness of the holds and report
.7.1 Holds seaworthy.
.8 How much ballast can we take(down to her marks)?
.8.1 We can take ... tonnes of ballast.
.9 Check the trim.
.9.1 Fill the forepeak to decrease the stern trim.
.9.2 Fill the double-bottom tank(s) .
.9.3 Pump fuel from ... tank to ... tank to bring the vessel upright.

B3/2 Cargo Care

B3/2.1 Operating shipboard equipment for cargo care

.1 Is the equipment for cargo care operational?

.3.1 우리는 ... 톤의 slops / sludge를 가지고 있다.
.4 Slop 펌핑을 시작 / 멈춰라.
.5 안전 작업 압력을 지켜라.

B3/1.4 항해를 위한 준비
.1 항해를 위해 해치 덮개를 닫고 고박해서 보고하라.
.1.1 해치 커버를 닫았고 고박하였다.
.2 항해를 위해 화물들을 고박하고 보고하라.
.2.1 화물들을 고박하였고 안전하게 하였다.
(ro/ro-ferries에서 : 선교 무선으로부터 주어진 지시사항 3,4 그리고 5의 실행은 3.1, 4.1 그리고 5.1의 문구를 사용하여 교신하는 곳을 책임지는 사람으로부터 확인되어져야 한다.)
.3 선수 / 선미 문을 닫고 고박하여 보고하라.
.3.1 선수 / 선미 문을 닫았고 고박하였다.
.4 선수 ramp / 선미 ramp / 선측 ramp를 접고 고박해서 보고하라.
.4.1 선수 ramp / 선미 ramp / 선면 ramp를 접고 고박했다.
.5 모든 자동차 / 트럭 / 마차 / .... 을 고박하고 보고하라.
.5.1 모든 자동차 / 트럭 / 마차 / ...을 고박하였다.
.6 데릭 / 크레인들을 내리고 안전하게 하고 보고하라.
.6.1 데릭 / 크레인들을 내렸고 안전하게 하였다.
.7 선창의 감항성을 확인하고 보고하여라.
.7.1 선창은 감항성이 있다.
.8 얼마의 발라스트를 실을 수 있나(mark까지 내려가도록)?
.8.1 우리는 ... 톤 발라스트를 실을 수 있다.
.9 트림을 확인하라.
.9.1 선미 트림이 감소하도록 forepeak를 가득 채워라.
.9.2 이중저 탱크에 가득 채워라.
.9.3 선박을 똑바로 하기 위해서 ...탱크에서 ...탱크로 연료를 이송하라.

B3/2 화물 관리

B3/2.1 화물 관리를 위한 선박장비의 작동
.1 화물 관리를 위한 장비는 작동 가능한가?

.1.1 Yes, the equipment for cargo care is operational.
.1.2 No, the ...(equipment) is not operational(yet).
.1.3 The ...(equipment) will be operational in ... minutes.
.2 What is the air change rate of the hold ventilators?
.2.1 The air change rate of the hold ventilators is ... -fold.
.3 Are the temperature / humidity recorders in the hold(s) operational?
.3.1 Yes, the temperature / humidity recorders in the hold(s) are operational.
.3.2 No, the temperature / humidity recorders in the hold(s) are not operational(yet).
.3.3 The temperature / humidity recorders in the hold(s) will be operational in ... minutes.
.4 Instruct the crew how to connect reefer plugs / clip-on units / ... and report.
.4.1 The crew is instructed how to connect reefer plugs / clip-on units / ... .

B3/2.2 Taking measures for cargo care

.1 Carrying out inspections
.1 The holds must be inspected by the surveyor before loading.
.2 Check the reefer holds for proper loading preparation and report.
.2.1 The reefer holds are ready for loading.
.2.2 The reefer holds are not ready for loading(yet).
.2.3 The reefer holds will be ready for loading in ... minutes.
.3 Are the holds clean(dry and free of smell)?
.3.1 Yes, the holds are clean(dry and free of smell).
.3.2 No, the holds are not clean(dry and free of smell)(yet).
.3.3 The holds will be clean(dry and free of smell) in ... minutes / hours.
.4 Check the operation of the hold ventilators and report
.4.1 The hold ventilators are operational.
.4.2 The hold ventilators(in no. ... hold(s)) are not operational(yet).
.4.3 The hold ventilators(in no ... hold(s)) will be operational in ... minutes.
.5 Order a surveyor to check the reefer plugs / cargo securings.
.6 Is the certificate of survey available and complete?
.6.1 Yes, the certificate of survey is available and complete.

.1.1 네, 작동 가능하다.
.1.2 아니오, 작동 가능하지 않다.(아직)
.1.3 ...(장비)는 ... 분 이내에 작동될 것입니다.
.2 선창 환풍기의 공기 치환율은 얼마인가?
.2.1 선창 환풍기의 공기 치환율은 ... 이다.
.3 선창 안의 온도 / 습도 기록계들이 작동 가능한가?
.3.1 네, 작동 가능하다.
.3.2 아니오, 작동 가능하지 않다.(아직)
.3.3 선창 안의 온도 / 습도 기록계들이 ... 분 이내에 작동될 것이다.
.4 Reefer plugs를 연결하는 법 / 클립 온 유니트 / ...의 연결 방법을 승무원들에게 교육하고 보고하라.
.4.1 승무원은 reefer plugs를 연결하는 법 / 클립 온 유니트/ ... 하는 법을 교육받았다.

B3/2.2 화물 관리를 위한 조치의 실시

.1 검사의 실시
.1 반드시 적하 전에 검사관에 의하여 선창을 검사받아야 한다.
.2 냉동 선창이 적적한 적하 준비가 되었는지 확인하여 보고하라.
.2.1 선창은 적하 준비가 되었다.
.2.2 Reefer 선창들은 적하 준비가 되지 않았다(아직)
.2.3 Reefer 선창은 ... 이내에 적하 준비가 될 것이다.
.3 선창을 청소하였나(건조하고 냄새가 없이)?
.3.1 네, 청소하였습니다(건조하고 냄새가 없이.).
.3.2 아니오, 선창은 아직 청소하지 않았습니다(건조하고 냄새가 없이)
.3.3 선창은 ... 분 / 시 이내에 청소되어질 것이다.(건조하고 냄새가 없이)
.4 선창 환풍기들의 작동을 확인하고 보고하라.
.4.1 선창 환풍기들은 작동 가능하다.
.4.2 선창환풍기들(no. ... 선창 안의)은 작동 가능하지 않다.(아직)
.4.3 선창환풍기들(no. ... 선창 안의)은 ... 분 이내에 작동 가능할 것이다.
.5 검사관에게 reefer plug / 화물 고박 확인을 지시하라.
.6 검사 증명서는 사용할 수 있고 완전한가?
.6.1 예, 사용할 수 있고 완전합니다.

.6.2 No, the certificate of survey is not available and complete(yet).
.6.3 The certificate of survey will be available and complete in ... minutes /hours.
.7 Check the lashings and securings every day / ... hours..
.8 Enter all checks into the log - book.
.9 Before unloading open the hatches only when the surveyor is present.

.2 Describing damage to the cargo
Also see section B2/1.2.3 "Reporting incidents"
.1 The ...(cargo) is in a bad condition.
.2 The packages of ...(cargo) are
~ wet / damp / mouldy.
~ marked by fresh water / sea water.
.3 The metal of ...(cargo) is rusty.
.4 The bands of ...(cargo) are broken / missing / rusty.
.5 The crates / cases with ...(cargo) are renailed.
.5.1 The boards of crates/cases with ...(cargo) are loose.
.6 The marks / labels on ...(cargo) are unclear / illegible /false.
.7 The contents of drums / barrels / ... are unknown.
.8 The weight of the ...(cargo) is unknown.
.9 The boxes / crates / cases / ... with ...(cargo) are damaged.
.10 The bags / bales with ...(cargo) are torn / resewn / spilling.
.11 The drums / barrels / ... with ...(cargo) are deformed / spilling.
.12 The boxes / cartons / cases/ ... with ...(cargo) are crushed.
.13 The bags / boxes / cartons / ... with ...(cargo) are not full / slack / empty.
.14 The bags / boxes / cartons / ... with ...(cargo) are second hand.
.15 The boxes/cartons/cases/ ... with bottles of ...(cargo) are(partly) broken.
.16 The ...(cargo) is(partly)
~ eaten by rats /worms.
~ infected by vermin.
~ missing.
.17 ... container(s) are damaged.

.6.2 아니오, 사용할 수 없고 완전하지 않다(아직).
.6.3 검사증명서는 ... 분 / 시 이내에 사용할 수 있고 완전해질 것이다.
.7 매일 / 매시 고박과 안전을 확인하라.
.8 모든 확인 사항을 로그 북에 기재하라.
.9 검사관이 있을 때만 양하하기 전에 해치를 열어라.

.2 화물 손상의 설명
B2/1.2.3 "사고보고"을 참조하라.
.1 ....(화물)은 상태가 나쁘다.
.2 ...(화물)의 패키지가
~ 젖었다 / 습기 찼다 /곰팡이가 났다.
~ 청수 / 해수 자국이 났다.
.3 ...(화물)의 금속이 녹슬었다.
.4 ...(화물)의 끈이 부러졌다 / 분실됐다 / 녹슬었다.
.5 ...(화물)의 case / crate가 다시 못질되어졌다.
.5.1 ...(화물)에의 crate / case의 board가 느슨해졌다.
.6 ...(화물)의 마크 / 라벨이 불명확하다 / 불명료하다 / 잘못되었다.
.7 드럼 / 배럴 / ... 의 내용물을 알 수가 없다.
.8 ...(화물)의 무게을 알 수가 없다.
.9 ...(화물)에의 박스 / crate / 상자 / ... 이 손상되었다.
.10 ...(화물)의 가방 / bale이 찢어졌다 / 다시 기워졌다 / 새고 있다.
.11 ...(화물)의 드럼 / 배럴 / ... 이 형태가 변형되었다. / 새고 있다.
.12 ...(화물)의 박스 / carton / 상자 / ... 이 구겨졌다.
.13 ...(화물)의 가방 / 박스 / carton / ... 이 가득 차지 않았다 / 느슨하다 / 비었다.
.14 ...(화물)의 가방 / 박스 / carton / ... 이 중고다.
.15 ...(화물)의 가방 / 박스 / carton / ...이 부서졌다(부분적으로)
.16 ...(화물)이(부분적으로)
~ 쥐 / 벌레에 의해 갉아 먹혔다.
~ 해충에 영향을 받았다.
~ 분실했다.
.17 ... ... 컨테이너가 손상되었다.

.17.1 ... container(s) were damaged
~ before loading.
~ during loading.
~ by shifting on board.
~ by heavy seas.

.18 ... container(s) were washed overboard(- inform on radio).

.19 The temperature in no. ... hold is above normal / below normal / critical / ... degrees Celsius.

.20 The humidity of ...(cargo) is above normal / below normal / critical.

.3 Taking actions

Also see section B2/1.2.4 "Action in case of incident"

.1 Switch on the hold ventilation to supply / exhaust air.

.2 Switch off the hold ventilation(in case of shipping seas).

.3 Switch on / off the automatic temperature control / recorder.

.4 Relash the container(s) /car(s) / trucks(s)... in no. ... hold / on ... deck.

.5 Replug the reefer container(s) in no. ... hold/on deck.

.6 Secure the shifting cargo in no. ... hold / on ... deck.

.7 Protect the deck cargo of ...(cargo) against sun / rain / shipping seas.

.8 Keep the deck cargo of ...(cargo) wet / dry.

.9 Check the contents of drum(s) / barrel(s) /container(s) / ... with false labels.

B4 Passenger Care

The phrases of this chapter should help Masters, officers and crew members of passenger vessels and passenger ferries to inform passengers on safety aspects and to manage them in case of an emergency.

.17.1 ... 컨테이너가 손상되었다
~ 적하 전에.
~ 적하하는 동안.
~ 배 위에서 이동중에.
~ 황천항해에 의하여.

.18 ... 컨테이너가 선외로 쓸려갔다.(- 무선으로 알려라)

.19 No. ... 선창의 온도가 보통보다 높다 / 보통보다 낮다 / 임계치이다 / ... 도이다.

.20 ...(화물)의 습도가 보통보다 높다 / 보통보다 낮다 / 임계치이다.

.3 행동 조치

B2/1.2.4 " 사건이 발생한 경우의 행동"을 참조하라

.1 공기 공급 / 배출하기 위해 선창 환풍기를 켜라.

.2 선창 환풍기를 꺼라.(파도를 뒤집어 썼을 경우)

.3 자동 온도 조절 / 기록계 스위치를 켜라/꺼라.

.4 No. ... 선창 / ... 갑판 위의 컨테이너 / 자동차 / 트럭을 다시 고박하라.

.5 No. ...선창 / 갑판 위의 reefer 컨테이너 플러그를 다시 끼우시오.

.6 No. ... 선창 / 갑판 위의 이동 화물을 안전하게 하라.

.7 태양 / 비 / 해수로부터 ...(화물)의 갑판화물을 보호하라.

.8 ...(화물)의 갑판 화물을 젖은 / 건조하게 유지하라.

.9 잘못된 라벨로부터 드럼 / 배럴 / 컨테이너 / ...의 내용물을 확인하라.

B4 승객 관리

이장의 문구는 긴급 상황의 경우 승객을 관리하고 안전의 관점에 대하여 승객들에게 알리도록 하기 위해 선장, 사관, 여객선의 승무원에게 도움을 주어야 한다.

B4/1 Briefing and Instruction

B4/1.1 Conduct of passengers on board

.1 General information on conduct of passengers

.1 Ladies and Gentlemen. This is Captain ... speaking.
I have pleasure in informing you that all safety equipment is in full working order The bow / stern doors are closed and secured. The vessel is in all respects ready for sea. Please listen carefully to the safety instructions which follow. In the unlikely event of an emergency, please obey the orders given on the public address system.

.2 Passengers are requested to read all notes and leaflets concerning safety regulations.

.3 All regulations concerning the vessel's routine have to be obeyed.

.2 Briefing on prohibited areas, decks, and spaces

Safety regulations do not permit passengers to enter the following spaces:

- navigating bridge
- engine room
- manoeuvring areas at the front and back end of the vessel
- cargo rooms and compartments
- service rooms
- all areas and spaces marked "Crew only"
- all closed, sealed or roped off areas, spaces and rooms
- car decks when the vessel is at sea.

B4/1.2 Briefing on safety regulations, preventive measures and communications

.1 Drills

.1 International regulations require all passengers to be assembled in a drill which has to take place within 24 hours of departure..

.2 A drill will be held to familiarize passengers with their assembly stations, with their life-saving equipment and with emergency procedures.

B4/1 상황설명과 교육

B4/1.1 선박에서 승객의 행동

.1 승객 행동에 대한 일반적인 정보

.1 신사 숙녀 여러분. 선장 ... 입니다. 저는 여러분께 모든 안전 장비가 제대로 작동되는 있다는 것을 알리게 되어 기쁩니다.
선수 / 선미 문들은 폐쇄되었고 안전하게 했습니다. 선박은 모든 면에서 항해를 할 준비가 되었습니다.
다음의 안전 지시사항을 주의 깊게 들어주십시오. 만약 비상 사태와 같은 있음직하지 않는 경우에는 공공 마이크 시스템에서 내려지는 지시를 따라 주십시오.

.2 승객들에게 안전 규칙에 관련된 모든 주의와 전단을 읽어 주십시오.

.3 선박의 일상에 관련된 모든 규칙은 따라야 합니다.

.2 금지된 구역, 갑판 그리고 장소에 대한 요약.

안전 규칙은 다음의 공간에 승객들이 들어가는 것을 허용하지 않습니다.

- 항해 브리지
- 기관실
- 선박의 끝에 앞과 뒤의 manoeuvring 지역
- 화물실과 구획
- 운항실
- "오직 선원만"이라고 마크된 모든 공간과 장소
- 모든 폐쇄된, 봉인된 또는 밧줄로 막아진 지역, 공간 그리고 방
- 선박이 바다에 있을 때 car deck.

B4/1.2 안전 규칙, 예방책과 교신에 대한 설명

.1 훈련들

.1 국제적인 규칙은 출발하기 24시간 이내에 모든 승객들을 집합 장소에 모이도록 하는 훈련을 요구한다.

.2 이 훈련은 승객들이 그들의 소집 장소와 안전 장비 및 비상절차에 익숙하게 할 것이다.

.3 All passengers must attend this drill.

.2 The general emergency alarm

.1 In case of emergency seven short blasts and one prolonged blast will be given with the ship's whistle and the alarm system.

.2 Remain calm when you hear the general emergency alarm.

.3 Passengers will be taught how to act and behave in cases of emergency.

.3 Preventing / reporting fire

.1 Always remember that fire is the greatest hazard aboard ship.

.2 Always act immediately if you detect fire, smell, fume or smoke.

.3 Always inform a member of the crew if you detect fire, smell fume or smoke.

.4 Be careful to extinguish cigarettes completely.

.5 Put used cigarettes in a container provided.

.6 Never smoke in bed.

.7 Never smoke on deck except in areas labelled as smoking areas.

.8 Never throw a cigarette overboard.

.9 The use of naked light and open fire is strictly prohibited.

.10 Never use lighted candles.

.11 Never hang anything over or near an electric bulb.

.12 Never use an electric iron in a cabin. If you need to iron something use the ironing room on .... deck. The key may be collected at the information desk.

.13 If you detect a fire, smell, fume or smoke act immediately as follows:

- Call out "Fire !"
- Operate the nearest fire alarm
- Inform a member of the crew
- Telephone the navigating bridge.
- The number to dial is ....

.3 모든 승객들은 이 훈련에 참석하여야 한다.

.2 일반 비상 경보

.1 비상시 7번의 단음과 1번의 장음이 선박의 whistle과 경보 시스템에 의해 주어질 것이다.

.2 일반 비상 경보를 들었을 때 침착성을 유지하라.

.3 승객들은 비상시 어떻게 행동해야 하는지 교육받을 것이다.

.3 화재 예방 / 보고

.1 화재는 선박에서 가장 위험하다는 것을 항상 기억해라.

.2 만약 당신이 화재를 발견하거나, 냄새를 맡거나, 가스 냄새를 맡거나 연기를 보았다면 항상 즉시 행동하라.

.3 만약 화재, 냄새 또는 연기를 발견하였다면 항상 선원들에게 알려라.

.4 담뱃불은 완전하게 끄도록 주의하라.

.5 제공되는 용기 안에 담배를 버려라.

.6 침실 안에서 절대 담배를 피우지 마라.

.7 흡연구역이라고 표기된 지역을 제외하고 갑판에서 담배를 피우지 마라.

.8 담배를 선외로 던지지 마라.

.9 나화와 노출된 등을 사용하는 것은 엄격히 금지되어 있다.

.10 절대로 양초를 사용하지 마라.

.11 절대로 전구 위나 근처에 어떤 것도 매달아 놓지 마라.

.12 선실에서 절대로 전기다리미를 쓰지 마라. 만약 필요하다면 갑판의 다리미실에서 사용하라. 열쇠는 아마도 information desk 에 있을 것이다.

.13 만약 당신이 화재, 냄새 또는 연기를 발견했다면 즉시 다음과 같이 행동하라.

- "불이야!"라고 외쳐라!
- 근처의 화재 경보를 작동시켜라.
- 승무원에게 알려라.
- 선교에 전화를 해라.
- 전화번호는.....

.4 PA announcements on emergency

.1 Attention please! Attention please!
This is your captain with an important announcement.
I repeat, this is your captain with an important announcement.

.1.1 We have grounded / a minor flooding(in ...)/ a minor fire(in ...).

.1.2 There is no immediate danger to our passengers or the ship
- and there is no reason to be alarmed.

.1.3 For safety reasons we request all passengers to go to their assembly stations on deck .. and wait there for further instructions.

.1.4 Please follow the instructions given by the officers and crew.

.1.5 The ship's fire fighting team / damage control team is fighting the fire / flooding.

.1.6 We also have radio contact with other ships / radio coast stations.

.1.7 The fire / flooding is under control.

.1.8 As soon as I have further information I will make another announcement. I ask you kindly to remain calm. There is no danger at this time.

.2 This is your Captain speaking. I have another announcement.
The fire / flooding is not under control yet.

.2.1 There is smoke/ flooding in ... - access to this area is prohibited..

.2.2 For safety reasons we request all passengers to prepare to go to their assembly stations. Access to the assembly stations will be via ....
Do not forget to take your lifejackets and blankets with you.

.2.3 All passengers of deck no. ... are requested to follow the crew members who will escort you to your assembly stations.

.2.4 When you get to your assembly stations put on your lifejackets and wait for further orders.

.2.5 Do not go to the lifeboat stations until you are ordered to do so.

.2.6 Go to your lifeboat stations.

.2.7 Follow the escape routes shown.

.2.8 Do not enter the lifeboats / liferafts. The order to enter the lifeboats / liferafts will be given from the bridge or by the officers.

.2.9 We have just received a message from shore / other vessels that assistance is on the way. Assistance should arrive within approximately .... hours.

.4 비상에 대한 방송

.1 주지하십시오! 주지하십시오!

선장입니다. 중요한 공지 사항을 하겠습니다.

반복합니다 중요한 공지 사항을 하겠습니다.

.1.1 우리는 좌초되었다 / 사소한 침수가 발생했다.(...에)/사소한 화재가 났다(...에).

.1.2 현재는 우리의 승객과 배에는 위험이 없습니다 - 그리고 경보를 울릴 어떠한 이유도 없습니다.

.1.3 안전을 이유로 우리는 모든 승객들이 갑판 위의 그들의 소집장소에 모이고 다음의 지시를 기다리기를 요구합니다.

.1.4 사관과 승무원들로부터 주어지는 지시를 잘 따라주십시오.

.1.5 선박의 소화진화반 / 손상제어반은 화재 / 침수 작업에 있습니다.

.1.6 우리는 또한 다른 선박들 / 해안 무선국과 연락했습니다.

.1.7 화재 / 침수가 통제하에 있습니다.

.1.8 추가의 정보를 얻자마자 또 다른 공지 사항을 발표하겠습니다.

침착함을 유지하기를 요청합니다. 지금은 위험이 없습니다.

.2 선장입니다. 또 다른 공지 사항을 발표하겠습니다.

화재 / 침수가 아직 통제하에 있지 않습니다.

.2.1 ... 안에 연기 / 침수되었다 - 이 지역에의 접근을 금지합니다.

.2.2 안전을 이유로 우리는 모든 승객들이 소집 장소로 가는 준비를 할 것을 요청합니다. ....을 경유하여 소집장소에 집합하십시오. 당신의 구명동의와 담요를 잊지 마십시오.

.2.3 No. ... 갑판의 모든 승객들은 당신들의 소집장소로 당신들을 인도할 승무원들을 따르기를 요청합니다.

.2.4 여러분이 소집장소에 도착하면 구명동의를 입고 다음의 지시를 기다려 주십시오.

.2.5 그렇게 하라는 다른 지시를 받기 전까지는 구명정으로 가지 마십시오.

.2.6 구명정 부서로 가십시오.

.2.7 표시된 탈출경로를 따라 가십시오.

.2.8 구명정 / 구조정에 들어가지 마십시오. 사관 또는 브리지로부터 구명정 / 구조정에 탑승하라는 명령이 내려질 것입니다.

.2.9 우리는 곧 원조해줄 다른 선박 / 해안으로부터 메시지를 받았다. 대략 ... 시에 원조가 도착할 것이다.

.5 Person overboard

.1 If you see anybody fall overboard, act as follows:

- call out "Man overboard"
- throw lifebuoys overboard
- keep your eyes on the person in the water
- show / tell an officer / crew the person's position in the water, or telephone the bridge immediately, the number is .... .

.6 Protective measures for children

.1 Children must be kept under permanent observation.

.2 Never let children climb or sit on the ship's rails.

.3 Special lifejackets for children are available; please ask the steward / stewardess.

.4 You may leave your children under qualified care in the children's playroom / on the playdeck on .... deck from .... to .... hours.

B4/2 Evacuation and Boat Drill

B4/2.1 Allocating / directing to assembly stations, describing how to escape

.1 When the general emergency alarm is sounded which consists of seven short blasts and one prolonged blast, all passengers have to go to their assembly station. Take your lifejackets and blankets with you. Lifejackets are stored in your cabins under your beds and at your assembly stations. You are encouraged to try on your lifejacket.

.2 All passengers must put on

- warm clothing
- long trousers, long-sleeved shirts / jackets
- strong shoes and head covering.

.3 All passengers with their lifejackets and blankets are requested to go to their assembly stations/ the lounge / the ... immediately.

.4 From your assembly stations you will be escorted to your lifeboats / liferafts.

.5 All passengers are requested to carefully study the safety instructions behind their cabin doors.

.5 익수자
.1 만약 당신이 물에 빠진 사람을 보았다면, 다음과 같이 행동하라:
- "사람이 물에 빠졌다"라고 외쳐라.
- 구명부환를 던져라.
- 익수자에게서 눈을 떼지마라.
- 물에 빠진 사람의 위치를 사관 / 승무원에게, 보이거나/말하거나 또는 즉시 선교에 전화하라, 번호는....

.6 아이들의 보호책
.1 아이는 반드시 지속적인 관찰 아래에 있어야만 한다.
.2 절대로 선박의 난간 위에 앉거나 올라가게 하지 말라.
.3 아이들을 위한 특수 구명동의가 사용 가능하다; 스튜어드 / 스튜어디스에게 요청하라
.4 ... 시에서 ... 까지 ... 갑판 위의 ... playdeck / 유자격자 보호 아래 아이들을 맡길 수 있다.

B4/2 피난과 보트 훈련

B4/2.1 소집장소의 할당 / 소집장소에서의 인도, 탈출 방법에 대한 설명
.1 일곱 번의 단음과 한번의 장음으로 구성된 비상 경보가 울렸을 때 모든 승객들은 소집장소로 가야 한다. 구명동의와 담요를 지참하라. 구명동의는 당신의 선실 침대 아래와 소집장소에 비치되어 있다. 구명동의를 입도록 권고한다.
.2 모든 승객들은 입어야 한다.
- 따뜻한 의복
- 긴 바지, 긴 소매 셔츠 / 쟈켓
- 튼튼한 신발과 머리 보호구.
.3 즉시 모든 승객들은 그들의 구명동의와 담요를 가지고 소집장소 / lounge / ....에 즉시 모여야 한다.
.4 당신의 소집 장소로부터 구명정 / 구조정으로 인도를 받을 것이다.
.5 모든 승객들은 선실문 뒤의 안전지시를 주의 깊게 읽어보길 바란다.

.6 All passengers are requested to follow the escape routes shown.

.7 Do not use lifts / elevators.

.8 All passengers are requested to strictly obey the instructions given by the officers or crew.

.9 When you hear the abandon ship alarm which consists of one prolonged and one short blast repeated continuously, please act in the same manner as under the general emergency alarm.

.10 During the voyage you may hear some other sound signals. These are exclusively for the information of the crew.
Please, act only if you hear the general emergency alarm or the abandon ship alarm.

.11 If you have any questions regarding safety, do not hesitate to ask any of the officers or crew.

B4/2.2 Briefing on how to dress and what to take to assembly stations

.1 Take your lifejacket and a blanket.
You will find your lifejacket under your bed.

.2 Put on warm clothing, long-sleeved shirts, strong shoes and head covering whatever the weather. No high-heeled shoes.

.3 Do not forget personal documents, your spectacles and medicine if necessary.

.4 Do not return to your cabin to collect your property.

B4/2.3 Performing roll call

.1 At your assembly station one of the officers / crew will perform a roll call.

.2 The officer / crew will say "This is a roll call", and s/he will call out the passengers individually by their names.

.3 When your name is called out, please answer loudly "Here".

.4 If one of your cabinmates is not able to attend the roll call, please inform the officer/crew immediately.

.6 모든 승객들은 표시된 탈출경로 따라가도록 한다.

.7 리프트 / 엘리베이터를 사용하지 마라.

.8 모든 승객들은 사관과 승무원에 의해 주어지는 지시를 엄격히 따라주길 요청한다.

.9 당신이 연속적으로 반복되는 한번의 장음과 한번의 단음으로 구성된 퇴선 경보를 들었을 때 비상 경보의 상황에 따라 행동하라.

.10 항해 중 어떤 다른 소리 신호를 들을 것이다. 이것은 선원의 통지를 위한 전용이다.
오직 당신이 일반비상경보 또는 퇴선 경보를 들었을 때만 행동하라.

.11 만약 당신이 안전에 관하여 어떤 질문이 있다면 사관과 승무원에게 주저하지 말고 물어라.

B4/2.2 소집장소에 무엇을 지참하고 어떻게 입는지에 대한 설명

.1 당신의 구명동의와 담요를 지참하라.
당신의 침대아래에서 구명동의를 찾을 수 있을 것이다.

.2 어떤 날씨에서든지 따뜻한 옷, 긴 소매 셔츠, 튼튼한 신발과 머리 보호구를 입어라. 굽 높은 신발은 신지 마라.

.3 개인적인 서류, 필요하다면 안경과 약을 잊지 마라.

.4 당신의 소유물을 가지러 선실로 돌아가지 마라.

B4/2.3 인원 점검의 실시

.1 당신의 소집장소에서 사관 / 승무원 중 한 명이 인원 점검을 실시할 것이다.

.2 사관 / 승무원이 "이것은 인원 점검입니다"라고 말할 것이다. 그리고 그녀/그는 승객들의 개인별로 그들의 이름을 부를 것이다.

.3 당신의 이름이 불리었을 때 크게 "여기요"라고 대답하라.

.4 당신의 선실 동료 중 한 명이 인원점검에 참석하지 못한다면 즉시 사관 / 승무원에게 알려라.

B4/2.4 Briefing on how to put on lifejackets

.1(dependent on type of lifejacket used)

- pull the lifejacket over your head
- tighten the strings well
- pull the strings around your waist and tie in front.

.2 Follow closely the demonstration given by the officer / crew. The crew members will help you if necessary.

.3 Carefully study the demonstration in the pictures in your cabins.

.4 Carefully study the demonstration in the diagram at the assembly station.

B4/2.5 Instructions on how to embark and behave in lifeboats / liferafts

.1 Enter the lifeboat / liferaft only when ordered by an officer / lifeboatman.

.2 Clear the entrance of the lifeboat / liferaft immediately after entering.

.3 Do not push each other when entering the lifeboat / liferaft.

.4 Hold on to ropes or to your seat when lowering / hoisting.

.5 Sit down in the lifeboat / liferaft immediately.

.6 Keep your lifejackets on.

.7 Provisions and drinking water will be distributed by an officer / lifeboatman only.

.8 Strictly obey all instructions given by the officer / lifeboatman.

.9 Discipline in the lifeboat / liferaft is of vital importance.

B4/2.6 On-scene measures and actions in lifeboats / liferafts

.1 Keep a sharp lookout for persons in the water.

.2 Have a line / hook / knife / lifebuoy ready.

.3 Do not take off your shirts / long trousers / head covering whatever the weather.

.4 Pump out the water / free the lifeboat / liferaft from water.

.5 Who needs medical first aid?

.6 Everybody will get the same ration of provisions and water.

.7 Warning! Do not drink sea water whatever the situation.

.8 We will send a MAYDAY.

.9 We will fire rockets / use smoke buoys / ..... to attract attention.

B4/2.4 구명동의 입는 방법에 대한 설명

.1(사용하는 구명동의의 형식에 따라)

- 구명동의을 당신의 머리위로 입어라
- 줄을 꽉 매라
- 매듭을 허리 주위로 두르고 앞에서 묶어라

.2 사관 / 승무원에 의하여 주어진 시범을 주의하여 따라라.
필요하다면 승무원이 당신을 도울 것이다.

.3 당신 선실의 시범 사진을 보고 주의 깊게 습득하라.

.4 소집장소에 시범 그림을 주의 깊게 습득하라.

B4/2.5 구명정 / 구명벌에서의 탑승 방법과 행동의 지시

.1 사관 / 구명정장이 지시했을 때만 구명정 / 구조정에 탑승하라.

.2 탑승 후 즉시 구명정 / 구조정의 출입구를 제거하라.

.3 구명정 / 구조정에 탑승시 다른 사람을 밀지 마라.

.4 내릴 때 / 올릴 때 로프를 잡거나 또는 당신의 자리를 붙잡아라.

.5 즉시 구명정 / 구조정에 앉아라.

.6 구명동의를 입고 있어라.

.7 사관 / 구명정장에 의해서만 식량과 음료가 배분될 것이다.

.8 사관 / 구명정장에 의해 주어지는 모든 지시를 엄격히 따라라.

.9 구명정 / 구조정의 규율은 절대적으로 중요하다.

B4/2.6 구명정 / 구명벌에서의 현장 조치 및 행동

.1 익수자를 주의 깊게 관찰하여라.

.2 줄 / 후크 / 칼 / 구명부환을 준비해라.

.3 어떤 날씨에서든 당신의 셔츠 / 긴바지 / 머리 보호구를 벗지 마라.

.4 구명정 / 구명벌의 물을 퍼내라.

.5 누가 응급조치가 필요한가?

.6 모든 사람들은 같은 양의 식량과 물을 얻을 것이다.

.7 주의하라! 어떤 상황에서든 해수는 마시지 마라.

.8 우리는 조난 신호를 보낼 것이다.

.9 우리는 주의를 끌기 위해서 불꽃탄 / 연기 / ...을 쓸 것이다.

.10 We will join the other lifeboats / liferafts.

B4/3 Attending to Passengers in an Emergency

B4/3.1 Informing on present situation

.1 The vessel was abandoned in position .... due to fire / grounding / collision / flooding / heavy list / serious damage / ... .

.2 Keep calm. There is no reason to panic.
The officers / lifeboatmen know exactly what to do.

.3 There are enough life-saving appliances for everyone on board.

.4 The Maritime Rescue Co-ordination Centre/vessels in the vicinity have already been informed of our situation.

.5 Vessels / helicopters / airplanes are coming to our rescue.

.6 Vessels / helicopters / airplanes will reach us within ...... hours.

.7 We have radio contact with rescue craft.

.8 There are enough provisions and drinking water for 48 hours.

.9 You obtain medicine for seasickness from the lifeboatman.

B4/3.2 Escorting helpless passengers

.1 ...... persons are missing.

.2 Search all cabins / WC /s howers for missing persons.

.3 Assist those who need help.

.4 Help children, elderly, disabled, injured or sick persons with life jackets.

.5 Give assistance when entering lifeboats / life rafts.

.6 We require warm clothing and blankets for the children / elderly / disabled / injured / sick.

.7 We require a stretcher for the disabled / injured / sick.

.8 All persons, please move closer.

.8.1 The elderly / disabled / injured / sick need room to lie down.

.9 Everyone, please, be quiet. The children / the sick need rest.

.10 우리는 다른 구명정 / 구명벌과 합류할 것이다.

B4/3 긴급시에 승객들에 대한 주의

B4/3.1 현재 상황에 대한 통보

.1 선박이 화재 / 좌초 / 충돌 / 침수 / 심각한 경사 / ... 때문에 ... 위치에 퇴선 하였다.

.2 평온을 유지하라. 혼란에 빠질 이유가 없다.
사관 / 구명정장은 무엇을 해야 할지 정확히 알고 있다.

.3 선박 위의 모두를 위한 충분한 구명설비가 있다.

.4 우리의 상황을 이미 근처에 있는 선박/ 해사 구조 Co-ordination Centre에 알렸다.

.5 선박들 / 헬리콥터들 / 항공기들이 우리를 구조하기 위해 오고 있다.

.6 선박들 / 헬리콥터들 / 항공기들이 ... 시간 이내에 우리에게 도착할 것이다.

.7 우리는 구조선과 무선 연락을 하였다.

.8 48시간 동안 쓸 식품과 음료가 충분하다.

.9 당신은 정장으로부터 멀미약을 받을 것이다.

B4/3.2 무력한 승객들의 인도

.1 ....사람이 없어졌다.

.2 잃어버린 사람들을 위해 모든 선실들 / WC / 샤워실을 수색하라.

.3 도움이 필요한 이를 도와라.

.4 구명동의를 입게 아이, 나이가 지긋한, 불구가 된, 상처입거나 다친 사람을 도와라.

.5 구명정/ 구명벌에 탑승할 때 도움을 줘라.

.6 우리는 아이 / 나이가 지긋한 / 불구가 된 / 상처 입은 / 다친 사람들을 위한 따뜻한 옷과 담요가 필요하다.

.7 우리는 불구가 된 / 다친 / 아픈 사람들을 위해 들것이 필요하다.

.8 모든 사람들은 가까이 움직여라.

.8.1 나이가 있는 / 불구가 된 / 상처 입은 / 다친 사람들이 누워있을 방이 필요하다.

.9 모두 조용히 하라. 아이들 / 다친 사람들은 휴식이 필요하다.

항해실습(Ⅱ)

2013년 3월 20일 2판 2쇄 발행

편저자 박 영 수 외
발행인 남 승 우

발행처 도서출판 **상尙 학學 당堂**

서울시 동작구 사당로9가길 6(사당동)
TEL : 02) 595-1692~4
FAX : 02) 595-1394
E-mail : namdoo6@unitel.co.kr
신고 : 2-155호 (1968. 11. 29)

(CD 포함) **정가 25,000원**

ISBN 978-89-93383-34-8 93500
ISBN 978-89-85437-90-5 (세트)

〈디자인〉 편집 엄해숙 / 표지 토틀컴